中 国 名 水 志 丛 书

人民胜利渠志

《人民胜利渠志》编纂委员会 著

中国水利水电出版社
www.waterpub.com.cn
·北京·

内 容 提 要

本志客观系统记录人民胜利渠 70 年来，在规划设计、建设、运行管理过程中积累的经验，取得的成果；从环境水系、机构变迁、区域文化、名人与水、民情风俗等方面，彰显人民胜利渠的地域特点和文化特色，可供国内外关心水利事业的人士阅读、参考。

图书在版编目（CIP）数据

人民胜利渠志 /《人民胜利渠志》编纂委员会著
． -- 北京：中国水利水电出版社，2022.10
（中国名水志丛书）
ISBN 978-7-5226-1004-7

Ⅰ．①人… Ⅱ．①人… Ⅲ．①灌溉渠道－水利史－河南 Ⅳ．①S279.261

中国版本图书馆CIP数据核字(2022)第170303号

策划编辑：李中锋　林　京
责任编辑：范冬阳

审图号：豫 S（2022）020 号

书　　名	中国名水志丛书 **人民胜利渠志** RENMIN SHENGLI QU ZHI
作　　者	《人民胜利渠志》编纂委员会　著
出版发行	中国水利水电出版社 （北京市海淀区玉渊潭南路 1 号 D 座　100038） 网址：www.waterpub.com.cn E-mail：sales@mwr.gov.cn 电话：（010）68545888（营销中心）
经　　售	北京科水图书销售有限公司 电话：（010）68545874、63202643 全国各地新华书店和相关出版物销售网点
排　　版	中国水利水电出版社微机排版中心
印　　刷	北京印匠彩色印刷有限公司
规　　格	184mm×260mm　16 开本　26.25 印张　397 千字
版　　次	2022 年 10 月第 1 版　2022 年 10 月第 1 次印刷
定　　价	**160.00 元**

凡购买我社图书，如有缺页、倒页、脱页的，本社营销中心负责调换
版权所有·侵权必究

《中国名水志丛书》编纂指导委员会

主　　　任　谭徐明
副　主　任　李中锋　李云鹏
委　　　员　顾　浩　陈茂山　左玉河　牛志奇
　　　　　　李训喜　吴浓娣　王瑞芳　张英聘
　　　　　　张景平　周　波　张卫东　王　凯
　　　　　　邱志荣　王梅枝　林　京　赵　新
　　　　　　杨惠淑　耿　涛　尚金亮

《人民胜利渠志》编纂委员会

主　　　任	卢凤民					
常务副主任	王　东	琚龙昌	何长海	罗华梁		
副　主　任	璩社群	余祥海	张存省	王明东	常国兴	朱留杰
委　　　员	白庆只	周　凯	崔恩贵	尚三林	闫明党	陈利利
	王贻森	王　瑞	李宗芳	陈白云	潘韶春	张　艳
	周万银	马小兵	杨满堂	岳增强	张锡林	李中生
	李继纲	彭发运	李长来	岳　涛	王明印	刘国富
	刘国勇					
主　　　编	吴卫星	程国平				
副　主　编	马喜东	李素梅				
统　　　稿	吕志栋	冯凌云	林长贵	魏　敏	岳俊丽	李炳辰
	麻天将	高志鹏				
摄　　　影	吕学义	琚东博	王博文			

参与人员（按姓氏笔画为序）

刁　昆	马晨阳	王　锐	王　楠	王　遥	王亚楠
王丽丽	王国胜	王忠斌	王建峰	王晓光	王菊霞
王福增	牛鹏程	文　维	可东风	左仲昆	石　林
卢了一	申俊华	史传利	冯光连	宁玉清	边志强
邢金海	刘思芳	刘思琪	闫苏予	安庆军	孙　莹
杜向龙	杜学森	李　凯	李　波	李文辉	李志刚
李呈辉	李思文	李洪生	李蒙钊	杨英鸽	杨林同
杨振宇	时和声	沈　炬	宋　威	宋　晨	宋国民
张　艳	张子牛	张心昕	张学平	张绍学	张辉栋
张富有	张福信	陆　焱	林清玺	易心章	岳　涛
周玉海	周传河	周影君	赵　飞	赵　爽	赵　辉
赵东方	赵伟明	赵明虎	赵彦枝	郝洪江	宫冀文
贺丽媛	袁光耀	殷欢庆	郭正林	浮光社	崔馨文
琚宪坤	琚家欣	韩春艳	程顺中	冀洪晓	魏如鹏
魏新成					

《人民胜利渠志》专家委员会

组　　长　谭徐明
委　　员　左玉河　王瑞芳　林　京　李云鹏
　　　　　周　波　王继新　李世军　李　娟
　　　　　王梅枝　杨惠淑

凡 例

一、《人民胜利渠志》系"中国名水志丛书"之一,全面地、客观地记述人民胜利渠兴建、发展的历史。

二、本志区域包括新乡、焦作、安阳3市11个县(市、区)。

三、本志时间上限起自事物发端,下限至2020年12月31日,为确保事物完整性,个别重大事项适当下延。

四、本志采用百科全书体系,分类、目、条目三个层次。综合运用述、记、传、图、表、录等体裁,横排门类,纵述史实。

五、本志采用规范的现代语体文记述。以国家语言文字工作委员会1986年公布的《简化字总表》为准,用简化字记述古地名、古人名、古文献易引起误解时,用繁体字或异体字。

六、本志数字使用以GB/T 15835—2011《出版物上数字用法》为准,标点符号以GB/T 15834—2011《标点符号用法》为准;计量单位按照国务院1984年发布的《关于在我国统一实行法定计量单位的命令》执行,历史计量单位不改。

七、1911年以前纪年采用朝代年号,括号相应公元纪年,1912年起,用公元纪年。

八、各种组织、机构、河流等专有名称使用全称,之后括注规范简称,再次出现时可用简称,如新乡地区专员公署、水利部黄河水利委员会简称"新乡专署""黄委"等;地名、机构名称沿用当时称谓。

九、2022年5月26日，河南省人民胜利渠管理局更名为河南省人民胜利渠保障中心。本志采用相应时期的名称。

总　序

　　20世纪80年代第一次出现了全国编纂江河水利志的热潮。中国地方志从来不乏水利专志、专卷，各级地方志更是多设水利的专篇，但是系统修江河水利志还是历史上的第一次。此后40年，七大江河的江河志、各地的水利志、水利工程志相继出版，有的近年还完成了续志。地方志"存史、资政、教化"的功能在近年的水利事业发展中的作用逐渐发挥出来。江河水利志在当代水利规划、建设和工程管理中成为不可或缺的资料基础，当然江河水利志的属性决定了它的主要受益者是从事水利的管理者、研究者。2018年中国地方志指导委员会发起了"中国名水文化工程计划"，名水志便是此计划达成的目标，其初衷旨在全面、客观、系统地记述中国名江大川的历史与现状，保护江河、保护水资源，保护历史文化遗产，彰显地方、时代特色，为推进生态文明建设，建设美丽中国，传承发展中华优秀传统文化生态文化，实现人与自然和谐发展提供历史经验和现实借鉴。

　　随着城市化的进程，加剧了水资源短缺，以及洪水、干旱与水污染的灾害威胁。与此同时是人们对美好环境更多的向往，对可持续水资源开发和保护的持续关注，还有水利文明和文化与现代水利事业的日益融合。总之，水利行业内外，学界和公众逐渐感受到"水"的热度，"水"也从不同领域多个方面，以多种形式走近公众，今天认知"水"和关心"水"已经成为普遍的文化自觉。名水志的编纂纳入了新一轮修志工作之中，实在是恰逢其时。新时期水利事业的发展，是建立在可持续治水理念基础上的。水利工程规划和建设说到底是决策者和设计者的文化表达，其认同也反映出社会各界与水利从业者的文化融合程度。水利与社会如何达成最大的共识，无论是水的管理者，还是水的受益者，都有必要走近江河，了解江河及其开发利用的历史，了解江河与社会千丝万缕的联系。名水志突破了江河水利志以工程和技术为核心的固有范畴，更多地着笔江河的自然、社会、历史文化，达成水利与社会、水利与文化的相互交融与贯通。

在2021年水利部办公厅组织的首次名水志编纂申报中，全国有107部名水志上报选题，其中17部入选第一批出版计划。必须指出的是，此前长达数十年江河水利志的编修工作为今天名水志的编纂打下了良好基础。这个基础其一是具有良好专业与文化素养的修志队伍，其二是此前留下和近年积累的资料基础。名水志是既具专业性、资料性，更有可读性的志书。期待在既有江河水利志的工作基础上，编纂者进一步发掘资料，展宽领域，凿通江河与自然、社会，现代与历史、技术与文化，成就出更多更精彩的名水志。

所谓名水，或形胜或文化，往往一水兼备形胜与文化。形胜者，江河的天生禀赋。如玉树三江源，北负昆仑，南依唐古拉，可可西里居其西，境内雪峰并列如阵，这是大自然的奇迹。文化者，水利工程对河流的造就。如都江堰，重塑成都平原的河流；昆明湖及长河对北京城市河湖水系的造就。凡有大江大河流经之处，便是经济繁盛、人文荟萃之地，也是水利工程建设和管理的重要区域。著名者，珠江于广州、黄浦江于上海、海河于天津，皆水贯于城，文脉系于水。古往今来无数见证历史的水利事件或水利工程，赋予了江河湖泊超越时空的魅力。江河之间，水利工程的运用和管理之中，逐渐生发、蕴育出的文化，沁入时代长河中而无处不在。

名水志，可谓水利专家修志而又跳出了行业范畴，从河流的自然、人文更多视角，更为开阔的广度为江河立传，为水利立言。名水志具有志书的功能，保持横排纵写、纪事述史的特点。但是，相较传统志书，体例又有所不同。名水志各专业门类、知识点相对独立，又相互贯通，既便于使用者查阅，也利于全面系统的了解。名水志或以水，或以水利工程成志。"水"者，江河、湖泊；而以水利工程成志者，因其特有的历史文化地位，且水利效益的可持续性而入选。名水志究其实质，简而概之是为江河存史。细究，则各志有自己的精彩与独到。大凡如山川地理，水文特质，地文和人文景观，水资源开发与保护，水工程维护与用水管理，河长湖长制之属必在记载之列。至于水利与社会、文化，水利与国家公园，水利与自然保护区，以及水利遗产、区域水文化之属，则是因其所有，当记则详记。总之，有鲜明的地域特点才是上乘。

水利的可持续发展、水资源环境和水利遗产保护的驱动力来自文化。名水志作为有百科全书功能的志书，不仅是存史的宝库，也是给人以思考、以启迪的江河通鉴。无论何人如果从中读懂江河，不行跬步而求得好山好水；若至于实地见江河奔流、碧水蓝天而知其所以然。这样名水志，江河幸甚、读者幸甚。是以为序。

2022 年 8 月 26 日

序

黄河，这条中华民族的母亲河，在孕育华夏文明的同时，曾给沿岸百姓带来深重灾难，素有"三年两决口，百年一改道""黄河宁，天下平"之说，故黄河治理历来是安民兴邦的大事。

新中国成立前，历代统治集团治理黄河一直以防灾为主。新中国刚成立，党中央就提出了"防灾和兴利并重"的治黄方针，一方面，宽河固堤，消除隐患，黄河下游抗洪能力显著增强；另一方面，决定兴修完成引黄灌溉济卫工程（人民胜利渠的前身），让黄河造福中下游百姓。该工程是侵华日军1943年开始施工的，只做了总干渠的一部分，并未全部完成。1950年，黄河水利委员会对引黄灌溉济卫工程进行规划设计，1951年3月，政务院批准开工兴建，1952年4月10日建成通水。

在渠首举行的放水典礼大会上，平原省人民政府把引黄灌溉济卫工程正式命名为"人民胜利渠"，主要有三方面的考虑：一是巨大的水利工程只有在人民革命胜利之后才有修建的可能；二是这一工程的成功，是人民变黄河为利河的开端；三是可以适时地有计划地引黄河水进行播种灌溉，把沙碱地变成良田。所以，人民胜利渠建成通水，结束了千百年来黄河只造福上游河套地区的历史，拉开了大规模开发利用黄河中下游水沙资源的序幕，黄河开始造福中下游百姓。

人民胜利渠在黄河中下游河道首创破堤建闸引水，开辟新中国引黄灌溉之先河，在国内外产生了极大反响。1952年10月31日上午，毛泽东主席在视察黄河时莅临人民胜利渠。在渠首，毛主席听取人民胜利渠建设和引黄灌溉的情况，以及灌溉后的防碱、治碱等问题，并针对有了渠灌忽视井灌的情况作出指示。毛主席说："有了渠也不能忽视井，要合理安排渠灌与井灌。井灌是游击战，渠灌是阵地战。"毛主席还亲手摇启了渠首闸门，然后乘汽车查看整条渠道。当来到新乡市郊人民胜利渠进入卫河处，看到黄河水被引入枯竭的卫河时，他说："今天看了小黄河，在人民手里，害河可以变益河。""要把黄河的事情办好"的伟大号召，就是毛主席来人民胜利渠之前的头一天晚上，在开封同河南省委负责人就河南工作和治理黄河问题交换意见时第一次提出的。1999年6月20日，时任中共中央总书记、国家主席、中央军委主席江泽民同志莅临人民胜利渠视察并题词。国家两代领导核心先后到同一个灌区视察，这在全国灌区中是绝无仅有的，也彰显了两代领导核心对引黄灌溉工作的高度重视。

人民胜利渠开灌后，在井渠结合、盐碱治理、淤灌稻改、浑水灌溉、水沙并用及计划用水等诸多方面率先实践并不断探索，积累了宝贵经验，取得了丰硕成果，成为引黄灌溉的典范和旗帜，人民胜利渠因此被誉为"新中国引黄第一渠"。在人民胜利渠示范带领下，下游灌区如雨后春笋，陆续建成，黄河从此真正成为造福人民的"幸福河"。

人民胜利渠大体上与京广铁路平行，从渠首到入卫河处，全长52.71千米。建成后，通过向卫河输水，自南向北贯通黄河、海河两大水系。20世纪70年代和80年代初期，还曾4次向天津供水，大大缓解了天津市严重缺水局面，是新中国最早的南水北调工程。

开灌70年来，人民胜利渠为灌区粮食丰收、为地方经济社会发展提供了重要的水利支撑和保障，是造福豫北人民的"幸福渠"，也是新中国引黄兴利的一个缩影。

遗憾的是，70年了，由于种种原因，人民胜利渠从未有一本自己的志书。为记录、记叙、记载人民胜利渠70年不平坦的历程，更好保护、传承和弘扬黄河文化，讲好引黄故事，也为迎接、纪念人民胜利渠开灌暨毛主席视察70周年，2021年2月，河南省人民胜利渠管理局正式启动《人民胜利渠志》编纂工作，同年4月，《人民胜利渠志大纲》获得首批"中国名水志文化工程"入选资格。用一年多的时间，一步一步走过来，今天我们终于完成了《人民胜利渠志》的编纂和出版发行，实现了"人民胜利渠人"多年来没能实现的梦想，甚感欣慰。

《人民胜利渠志》能列入首批"中国名水志丛书"，是"天时、地利、人和"共同促成的。《人民胜利渠志》的编纂，适逢中国地方志指导小组与水利部江河水利志指导委员会启动"中国名水志文化工程"，是谓得"天时"。在资料收集过程中，得到黄河水利委员会，国家统计局新乡调查队，河南省水利宣传中心，新乡市水利局、档案局、统计局及新乡县、原阳县、延津县、卫辉市、获嘉县、修武县、武陟县、滑县人民政府史志办、水利局等单位的鼎力相助，是谓得"地利"。《人民胜利渠志》的编纂，同时得到中国名水志文化工程学术委员会、中国水利水电出版社、河南省水利宣传中心及河南省农水技术推广站领导、专家的悉心指导，得到广大"人民胜利渠人"的大力支持，是谓得"人和"。在此，特代表编写组，对以上所有单位、所有个人表示衷心的感谢！

由于是初次编纂志书，尤其是初次编纂中国名水志，我们的经验不足，加之时间紧迫，书中难免会有许多不足之处，敬请读者多提宝贵意见。

是为序。

卢凤民

2022年7月31日

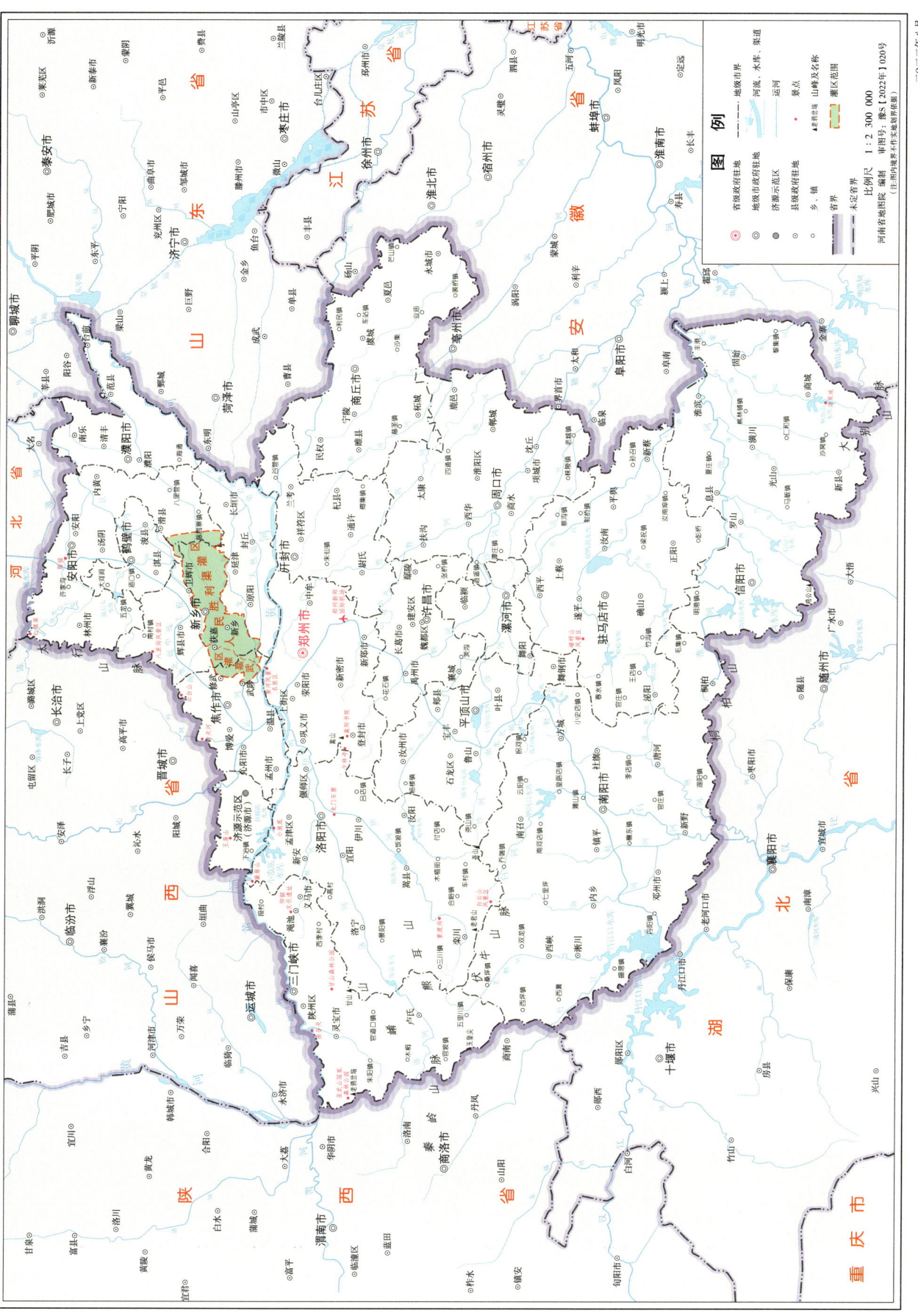

黄河中下游分界线桃花峪

人民胜利渠水源工程鸟瞰图

目 录

凡例

总序

序

大事记 / 1

概述 / 49

区域环境 / 58

    自然环境 / 58

        地质地貌 / 58

        水文气象 / 60

        水旱灾害 / 60

    社会环境 / 60

        政区及沿革 / 61

        区域经济 / 62

        交通 / 63

河流水系 / 65

    黄河 / 65

        史前古道 / 67

        禹河故道 / 67

        西汉故道 / 67

南宋故道　/　68

　　　明清故道　/　69

　　　现代河道　/　69

　　　沁河水系　/　70

　　　金堤河水系　/　71

　　　天然文岩渠水系　/　72

　卫河　/　72

　　　卫河三源　/　74

　　　卫河变迁　/　76

　　　卫河航运　/　80

　　　主要支流　/　82

灌区工程　/　86

　水源工程　/　86

　　　引水渠　/　87

　　　避污工程　/　93

　　　渠首泵站　/　97

　渠道工程　/　99

　　　总干渠　/　100

　　　干渠　/　106

　　　支渠　/　116

　建筑物　/　119

　　　渠首闸　/　119

　　　穿黄河大堤闸　/　123

　　　人民胜利渠总干渠枢纽　/　125

　　　武嘉总干渠枢纽　/　129

水电站 / 131

　　　干渠枢纽 / 133

　泥沙处理工程 / 135

　　　东一、东三灌区沉沙池 / 135

　　　西一灌区沉沙池 / 136

　排水工程 / 137

　　　共产主义渠 / 137

　　　东孟姜女河 / 139

　　　西孟姜女河 / 140

　　　长虹渠 / 141

　　　文岩渠 / 141

　　　大狮涝河 / 142

　信息化建设 / 143

　　　前期信息化科研 / 144

　　　水环境监测与决策支持系统 / 145

　　　防汛抗旱指挥调度系统 / 146

　　　量测水设施专项建设 / 148

供水 / 151

　农业灌溉 / 151

　　　计划用水 / 152

　　　量测水 / 157

　　　灌溉方式 / 161

　济卫济津 / 172

　　　引黄济卫 / 172

　　　引黄济津 / 175

其他供水　/　181

　　城市供水　/　181

　　引黄补源　/　185

　　引黄调蓄　/　188

水价管理　/　189

　　农业水价　/　190

　　非农业水价　/　193

灌区科学研究　/　194

农田灌溉试验　/　195

　　作物田间耗水量试验与分析　/　196

　　旱作物灌溉制度　/　199

　　节水灌溉技术研究　/　202

盐碱地改良试验　/　205

　　盐土冲洗试验　/　206

　　碱化盐土改种植水稻试验　/　207

　　低洼盐碱地沉沙放淤　/　207

　　洪门公社盐碱地改良　/　210

土壤次生盐碱化防治　/　211

　　灌区水盐动态观测　/　211

　　井渠结合防止次生盐碱化观测研究　/　215

　　水盐动态监测预报研究　/　216

　　水盐运动测报及其应用研究　/　217

井渠结合灌溉研究　/　218

　　井渠结合调查及分析　/　218

　　井渠结合管理　/　219

泥沙处理技术 / 221

　　引水技术 / 222

　　沉沙池使用技术 / 223

　　输沙至田间 / 223

　　浑水灌溉 / 224

节水技术改造研究 / 226

　　田间渠系节水技术改造 / 227

　　节水改造专题研究 / 229

　　实用技术 / 230

水稻旱种技术推广 / 232

　　推广区选取 / 232

　　旱种管理 / 233

　　生育期观测 / 234

　　成果推广 / 235

科研合作与成果 / 235

交流与宣传 / 240

　交流 / 240

　　国际交流 / 240

　　国内交流 / 242

　宣传 / 245

　　国家水利风景区 / 246

　　河南省水情教育基地 / 247

　　水工程与水文化有机融合案例 / 248

　　视觉识别系统 / 249

　　文献资料 / 250

　　　　媒体报道 / 252

　　　　新媒体宣传 / 254

　　荣誉 / 258

机构与人物 / 260

　　机构 / 260

　　　　专业管理机构 / 260

　　　　民主管理组织 / 274

　　人物 / 280

　　　　人物传记 / 280

　　　　人物简介 / 283

　　　　人物名表 / 285

名人与水 / 295

　　古代名人与水 / 295

　　　　曹操开白沟运渠 / 295

　　　　杨广开凿永济渠 / 296

　　　　陈鹏年身殉武陟治河 / 296

　　　　爱新觉罗·胤祺敕建嘉应观 / 297

　　当代名人与水 / 298

　　　　毛泽东视察人民胜利渠 / 298

　　　　江泽民考察人民胜利渠 / 300

　　　　傅作义与引黄灌溉济卫 / 300

　　　　王化云与引黄灌溉济卫 / 302

区域文化 / 304

　　文化阵地 / 304

　　　　人民胜利渠渠首闸 / 305

　　　　毛主席视察黄河休息室 / 305

人民胜利渠开灌三十周年纪念碑　/　307

人民胜利渠建设指挥部　/　307

人民胜利渠展览馆　/　309

休息室广场　/　312

展览馆广场　/　313

人民胜利渠总干渠　/　315

新中国计划用水起始地碑　/　318

人文景观　/　319

　　文化遗址　/　319

　　古建筑　/　322

　　历史文物　/　325

　　祠馆　/　327

　　园林　/　330

民间传说　/　332

　　共工治水　/　332

　　船城　/　332

　　孟姜女哭长城　/　333

　　黄河河神柳毅　/　334

诗词碑文　/　335

　　诗词　/　335

　　碑文　/　336

民情风俗　/　343

民俗活动　/　343

　　气象民谚　/　343

　　农事民谚　/　344

　　　　黄河号子　/　344

　　　　武陟大圣鼓　/　345

　　　　青龙宫庙会及祈雨习俗　/　347

　　特色饮食　/　347

　　　　原阳大米　/　347

　　　　四大怀药　/　348

　　　　延津小麦　/　352

　　　　红焖羊肉　/　353

　　　　武陟油茶　/　354

　　　　牛忠喜烧饼　/　356

　　　　获嘉饸饹条　/　356

　　　　卫辉手工空心挂面　/　357

　　　　道口烧鸡　/　358

　　　　延津火烧　/　359

　　　　原阳烩面　/　360

附录　/　361

　　勘查引黄灌田及济卫工程报告　/　361

　　引黄灌溉济卫第一期工程胜利完成人民胜利渠已经

　　　　正式放水　/　369

　　人民胜利渠开灌日期考证　/　371

参考文献　/　372

编纂始末　/　373

索引　/　375

Contents

General Notices

General Preface

Preface

Chronological Events / 1

Introduction / 49

Regional Environment / 58

    Natural Environment / 58

        Geology and Geomorphology / 58

        Hydrology and Climate / 60

        Flood and Drought Disasters / 60

    Social Environment / 60

        Administration Areas and Their Evolution / 61

        Regional Economy / 62

        Transportation / 63

River Systems / 65

    The Yellow River / 65

        Prehistoric Channel / 67

        The Channel in Great Yu Times / 67

        The Channel in West Han Dynasty / 67

        The Channel in South Song Dynasty / 68

        The Channel in Ming and Qing Dynasty / 69

        The Channel in Modern Times / 69

        Qinhe River System / 70

        JinDi River System / 71

        The Tianran Wenyan Canal System / 72

The Weihe River   /   72

    Three Sources of Weihe River   /   74

    Changes of Weihe River   /   76

    Navigation of Weihe River   /   80

    Main Tributaries   /   82

Engineering in Irrigation Areas   /   86

    Source Water Engineering   /   86

        Diversion Canal   /   87

        Contamination Prevention Works   /   93

        Canal Head Pumpstation   /   97

    Canal Engineering   /   99

        Total Main Canal   /   100

        Main Canal   /   106

        Branch Canal   /   116

    Structures   /   119

        Inlet Sluice   /   119

        Sluice through the Dike for Yellow River   /   123

        Junction of the Total Main Canal of the People's Victory Canal   /   125

        Junction of the Total Main Canal of Wujia   /   129

        Hydropower Station   /   131

        Junction of the Total Main Canal   /   133

    Sedimentation Processing Engineering   /   135

        Sedimentation Basins in East 1, East 3 Irrigation District   /   135

        Sedimentation Basin in West 1 Irrigation District   /   136

    Drainage Engineering   /   137

        Communist Canal   /   137

        East Mengjiangnv River   /   139

        West Mengjiangnv River   /   140

        Changhong Canal   /   141

        Wenyan Canal   /   141

        Dashilao River   /   142

    Information Technology Progress   /   143

        Early Scientific Research on IT application   /   144

　　　　Supporting System for Water Environment Monitoring and Decision　/　145
　　　　Command and Control System for Flood and Drought Affairs　/　146
　　　　The Building Task for Water Measurement Facilities　/　148

Water Supply　/　151

Agricultural Irrigation　/　151
　　　　Water Use Planning　/　152
　　　　Water Measuring　/　157
　　　　Irrigation Methods　/　161

Weihe and Tianjin Assistance　/　172
　　　　Diverting Yellow River to Assist Weihe River　/　172
　　　　Diverting Yellow River to Assist Tianjin Municipal Area　/　175

Other Water Supply　/　181
　　　　Water Supply in Urban Areas　/　181
　　　　Diverting Yellow River for Source Water Supplement　/　185
　　　　Diverting Yellow River for Water Regulation and Storage　/　188

Water Price Management　/　189
　　　　Agriculture Water Price　/　190
　　　　Non-agriculture Water Price　/　193

Scientific Research on Irrigation District　/　194

Farm Irrigation Experiments　/　195
　　　　Test and Analysis of Water Consumption Required by Field Crops　/　196
　　　　Irrigation Guideline for Acrid Land Crops　/　199
　　　　Research on Water-saving Irrigation Technology　/　202

Experiments of Saline-alkali Soil Improvement　/　205
　　　　Leaching Experiment for Saline Soil　/　206
　　　　Experiment of Rice Planting in Alkalized Solonchak　/　207
　　　　Silting and Warping in Low-level Saline-alkali Land　/　207
　　　　Saline-alkali Soil Improvement in Hongmen Commune　/　210

Prevention and Treatment for Secondary Saline-alkali Soil　/　211
　　　　Observation of Saline Water in Irrigation District　/　211

Observation and Research on Secondary Saline-alkali Soil
Prevention by Surface Water and Ground Water Interactively / 215

Research on Saline Water Monitoring and Forecast / 216

Research on Monitoring and Forecast of Saline Water Movement
and Its Application / 217

Research on Interactive Irrigation by Surface Water and Ground Water / 218

Investigation and Analysis of Interactive Irrigation by Surface Water
and Ground Water / 218

Management of Interactive Irrigation by Surface Water and Ground
Water / 219

Sedimentation Treatment Technology / 221

Water Diverting Technology / 222

Technology for the Use of Sedimentation Basin / 223

Diverting Sands to Farmland / 223

Muddy Water Irrigation / 224

Research on Habilitation with Water-saving Technology / 226

Habilitation of Filed Canal system with Water-saving Technology / 227

Research Task for Water-saving Habilitation / 229

Practical Technology / 230

Technology Promotion of Dry Cultivation of Rice / 232

Selection of Promoting Areas / 232

Dry Cultivation Management / 233

Observation in Growth Season / 234

Extension of Achievements / 235

Cooperations and Achievements of Scientific Research / 235

Exchange and Publicity / 240

Exchange / 240

International Exchange / 240

Domestic Exchange / 242

Publicity / 245

National Water Park / 246

Henan Provincial Water Education Base / 247

    Cases of Organic Integration between Hydraulic Engineering and Water Culture / 248

    Visual Identity System / 249

    Literature / 250

    Media Reports / / 252

    New Media Publicity / 254

  Honourships / **258**

Organizations and Celebrities / **260**

  Organizations / **260**

    Professional Management Organizations / 260

    Democratic Management Organizaitons / 274

  Celebrities / **280**

    Biographies / 280

    Brief Introduction of Celebrities / 283

    List of Celebrities / 285

Celebrities and Water / **295**

  Ancient Celebrities and Water / **295**

    Cao Cao and Baigou Canal / 295

    Yang Guang and Yongji Canal / 296

    Chen Pengnian Died for River Harnessing in Wuzhi / 296

    Jiaying Temple Built with the Order from Emperor / 297

  Contemporary Celebrities and Water / **298**

    Mao Zedong Inspected the People's Victory Canal / 298

    Jiang Zemin Inspected the People's Victory Canal / 300

    Fu Zuoyi and Irrigation & Weihe Assistance by Diverting Yellow River / 300

    Wang Huayun and Irrigation & Weihe Assistance by Diverting Yellow River / 302

Regional Culture / **304**

  Cultural Facilities / **304**

    Inlet Sluice of the People's Victory Canal / 305

    The Lounge Room Used by Chairman Mao in Visiting Yellow River / 305

　　　　Memorial Monument for 30 Years' Irrigation of the People's Victory Canal　/　307

　　　　Construction Headquarters of the People's Victory Canal　/　307

　　　　Museum of the People's Victory Canal　/　309

　　　　Square of Lounge Room　/　　/　312

　　　　Square of Museum　/　313

　　　　Total Main Canal of the People's Victory Canal　/　315

　　　　Monument of Outset Place of Planning Use of Water in the People's Republic of China　/　318

　　Humanity Landscapes　/　**319**

　　　　Cultural Heritages　/　319

　　　　Ancient Architecture　/　322

　　　　Historic Relics　/　325

　　　　Ancestral Temple　/　327

　　　　Garden　/　330

　　Folk Legends　/　**332**

　　　　Gonggong and Flood Control　/　332

　　　　Ship Town　/　332

　　　　Mengjiangnv Cried at the Great Wall　/　333

　　　　Liu Yi, the God of Yellow River　/　334

　　Poems and Monumental Inscriptions　/　**335**

　　　　Poems　/　335

　　　　Monumental Inscriptions　/　336

Folk Customs　/　**343**

　　Folk Activities　/　**343**

　　　　Climatic Proverbs　/　343

　　　　Agricultural Proverbs　/　344

　　　　Yellow River Shanties　/　344

　　　　Wuzhi Big Drum Performance　/　345

　　　　Qinglonggong Temple Fair and the Praying-for-rain Ritual　/　347

　　Local Foods　/　**347**

　　　　Yuanyang Rice　/　347

　　　　Four Huaiqing Chinese Medicines　/　348

　　　　Yanjin Wheat　/　352
　　　　Braised Lamb with Soy Sauce　/　353
　　　　Wuzhi Fragrant Gruel　/　354
　　　　Niuzhongxi Baked Wheat Roll　/　356
　　　　Huojia Mixed Grain Noodles　/　356
　　　　Weihui Handmade Hollow Noodles　/　357
　　　　Daokao Stewed Chicken　/　358
　　　　Yanjin Baked Cake　/　359
　　　　Yuanyang Stewed Noodles　/　360
Appendixes　/　**361**
　　Report of the Exploration of Engineering to Divert Yellow River for Irrigation and Weihe River Assistance　/　361
　　The People's Victory Canal Formally Played Its Role for Water Transportation　/　369
　　Investigation and Confirmation of the Beginning Irrigation Date of the People's Victory Canal　/　371
Reference　/　**372**
The Whole Process of This Book's Compiling　/　**373**
Indexes　/　**375**

大 事 记

1934 年

是年，国民政府河南省建设厅曾拟定从距武陟县平汉铁路黄河铁桥 400 米处至新乡县东的骆驼湾止，挖总干渠引黄入卫，可灌武陟、获嘉、修武、新乡、汲县等县农田万顷，并能使新乡天津间卫河航运畅通。渠线勘测完毕转入桥涵闸门设计工作后，由于形势变化而终止。

1943 年

6 月，日本帝国主义为掠夺中国的资源，方便新乡至天津间交通运输，由伪华北政务委员会建设总署水利局设计的引黄入卫工程，开始征集民工。

8 月 21 日，引黄入卫工程正式开工。该工程计划在京汉铁路桥以西黄河北岸滩上修闸 5 道，引黄河水 40 立方米每秒，总干渠由黄河大堤经何营、忠义、亢村、小冀至新乡东北骆驼湾入卫河，补充卫河水量，扩大卫河航运能力，并灌溉新乡一带农田 1.87 万公顷。工程由伪河南总署开封工程处施工。

11 月 28 日，国民政府河南省水利局科长张美然奉令前往新乡，与黄河流域水利机构特派员办事处代表、河南省第四区行政督察专员，接管日伪组建的黄河引水委员会工务处和工务总署新乡施工所（今新乡市平原路以北，自由路两侧）。

12 月 26 日，国民政府河南省水利局科长张美然向建设厅厅长杨觉天呈报事竣，并附有日伪黄河引水委员会工务处、工务总署新乡施工所财产清册和《引黄入卫工程查勘报告书》。

年底，引黄入卫工程总干渠竣工，渠首闸用沉箱法施工，因遇流沙而终止。

1944 年

5月，伪河南总署开封工程处在黄河滩上扒口试行放水。旋以日本帝国主义军事失利并投降，干渠建筑物及灌溉配套工程等均未及施工而中止。

1946 年

11月21日，河南省水利局上报《引黄入卫工程器材接收情形》，完成与伪政府的交接。

11月23日，国民政府河南省水利局组织测量队测量日本侵略军规划的引黄灌区及入卫总干渠。测量范围为黄河北岸，沿平汉铁路两侧的获嘉、新乡、汲县、延津等地，测量目的拟继续兴办该工程。测量于12月中旬结束，并把此工程定名为"引黄济卫"工程，拟定修复计划，因缺资金，未动工。

1947 年

4月9日，河南省水利局呈报《引黄入卫第一期工程计划书》。

9月23日，黄河水利工程局召开引黄入汜及引黄入卫技术座谈会，出席者有：万晋、瞿文琳、宋彤、李赋都、陈汝珍、左起彭、严恺、滑建山、卢杰。

1948 年

8月，黄河水利工程总局令河南修防处堵复日伪统治时期在京汉铁路桥附近开挖的引黄济卫进水口。

8月21日，由东向西进行堵筑。8月25日下午，引黄入卫渠口合拢，动用秸柳16.5万千克。并切断了引黄入卫工程引水渠与黄河的连接。

1949 年

5月5日，新乡和平解放。

8月1日，中共中央华北局发出调整华北行政区划的通令，决定在冀南、豫北、鲁西南衔接地区成立平原省，省会设在新乡市，由华北人民政府管辖。

8月12—15日，中共平原省委员会在山东省菏泽市召开第一次扩大会议，宣布平原省委员会组成人员名单。

8月20日，中共平原省委员会、平原省人民政府、平原军区在新乡市举行成立大会。

10月1日，中华人民共和国成立。

11月1—18日，黄委耿鸿枢、周相伦、孟宪奎会同平原省水利局吴宏文，沿京汉铁路两侧至卫河之滨，对计划修建的引黄灌溉济卫工程进行勘察，对建筑物的状况、灌溉效益和济卫通航前景提出《勘查引黄灌田及济卫工程报告》。

11月8—18日，全国各解放区水利联席会议在北京举行。水利部部长傅作义致开幕词并作会议总结。水利部副部长李葆华作《关于当前水利建设的方针和任务的报告》，该报告提出：水利建设的基本方针，是防止水患、兴修水利，以达到大量发展生产的目的。

11月29日，平原省人民政府训令《为颁发堤压河占及公路占地在土改中留作公地办法》确定了引黄灌溉济卫工程占地界限。

1950 年

1月，黄委编制《引黄灌溉济卫工程初步计划》。

3月，黄委引黄灌溉济卫工程处在新乡专区武陟县庙宫成立，内设办公室、工务科、规划设计科等科室，另设测量队。韩培诚任处长，耿鸿枢任副处长，共有职工95人。主要进行引黄灌溉济卫工程的勘察测量和规划设计工作。

5月，苏联农田水利专家古拉依次夫来指导工程规划设计工作。引黄灌溉济卫工程处接受苏联农田水利专家古拉依次夫的建议：以灌溉济卫的实际需要确定引水数量，不能盲目按照日本人的计划引水。

6月，苏联专家古拉依次夫建议引黄灌溉济卫工程在渠首用导流系统防止泥沙入渠。

7月5—11日，水利部部长傅作义、副部长张含英、清华大学水利系教授张光斗，水利部顾问、苏联专家布可夫·沃洛宁等，在黄委副主任赵明甫陪同下，查勘黄河干流潼关至孟津河段，对潼关、三门峡、八里胡同、王家滩、小浪底水库坝址进行比较研究，还了解黄河防汛情况，对引黄灌溉济卫工程渠首闸进行了勘定。

7月28日，中央人民政府水利部《为复对引黄灌溉济卫工程由》：查引黄灌溉济卫工程，为黄河下游兴利工程之创举，本部及黄委对该项工程规划、施工方法及经济效益等，曾一再缜密研究，现已完成计划，即将正式施工，所建穿京汉铁路桥下各项工程，虽系对铁桥安全问题，应认为治黄工作之参考。

10月，政务院批准了《引黄灌溉济卫工程计划书》。

11月2日，中央人民政府水利部《为呈报引黄灌溉济卫工程计划及预算审核意见由》记载：准在具体计划未报送前，先拨本年度预算数四分之一，计小米500万斤在案。原列预算全部工费为8764万斤小米，经核定为8662.70万斤。

12月，成立引黄灌溉济卫渠首指挥所，兴修人民胜利渠渠首闸。

1951年

1月，水利部部长傅作义、副部长张含英及苏联专家布可夫·沃洛宁到新乡专区武陟县庙宫（嘉应观）指导引黄灌溉济卫渠首闸的施工准备工作。

1月，引黄灌溉济卫工程指挥部成立。平原省新乡专区副专员耿起昌任指挥长，引黄灌溉济卫工程处处长韩培诚任指挥部副指挥长，新乡地委书记刘刚任指挥部政委。为保证工程按期完成，灌区内有关县（区）成立县（区）指挥部，指挥长由县（区）长担任。

3月，引黄灌溉济卫第一期工程开工。工程计划主要内容是：引水闸址定在黄河北岸京汉铁路桥上 1500 米处，渠首闸 5 孔，每孔宽 3 米，进水深 2.15 米，钢筋混凝土结构。总干渠自渠首起至新乡市东入卫河止，全长 52.7 千米，计划引水流量 40 立方米每秒，灌溉、济卫各半。灌溉：京汉铁路以西 1 个灌区，以东 2 个灌区，可灌耕地 2.4 万公顷。济卫河流量 20 立方米每秒，加上卫河本身水量，保证新乡至天津行驶 200 吨汽船和 150 吨木船。计划工程费小米 4382 万千克。

7 月 1 日，奉中央"为了增产棉粮，扩大灌溉面积，决定引黄灌溉济卫工程提前于 1952 年 4 月放水灌田"的指示，除完成开工时的计划外，增加西灌区及东一灌区的工程。

7 月，扩大充实引黄灌溉济卫工程处的组织机构：处长韩培诚，副处长耿鸿枢、肖华，总工程师戚葵生、全允杲。工程处内设 6 个科室，下设 7 个施工所、2 个材料转运站、1 个材料采供站。

12 月，引黄灌溉济卫第一期工程完成总干 1 条、干渠 2 条（西一、东一）、支渠 6 条、支排 5 条，全长 249 千米，渠首闸等建筑物 760 座，设计灌溉面积 1.92 万公顷。

1952 年

1 月，组建引黄灌溉济卫工程试水指挥部，指挥耿起昌，副指挥王子元、马诚谦。

3 月 3 日，在引黄灌溉济卫工程处领导下成立引黄灌溉济卫工程放水指挥部，指挥马诚谦，副指挥张效杰。内设秘书、工灌、财务 3 个科。指挥部负责正式放水灌溉济卫工作，设在获嘉县忠义村，是初期的灌溉管理组织形式。

3 月 12 日，引黄灌溉济卫第一期工程竣工试水。经试水，渠道及建筑物都能达到设计要求。

3 月 21 日，政务院第 129 次会议通过的《关于 1952 年水利工作的决定》（以下简称《决定》）指出：引黄灌溉工程应争取春季灌溉 1.33 万公顷，年内达到 2.67 万公顷。黄委在贯彻《决定》中明确：引黄灌溉济卫工程除按计划完成 2.4 万公顷的灌溉面积外，根据灌溉能力，应扩大到 5.33 万公顷，年内完成 3.27 万公顷。

4月10日，引黄灌溉济卫工程，举行放水典礼。引黄灌溉济卫工程被定名为"人民胜利渠"。

7月1日，引黄灌溉济卫第二期工程开工。工程包括东二、东三、新磁、小冀4个灌区及沉沙池工程，灌溉面积为2.9万公顷。

8月18日，水利部灌溉总局通知：要求各省、地建立机构，加强灌溉管理。新乡地区成立新乡专署灌溉管理总局，周照兼任局长，负责全区水利工作，并管辖人民胜利渠。

8月23日，引黄灌溉济卫工程处编制了《人民胜利渠管理局编制草案》。

10月31日，中共中央主席、中央人民政府主席毛泽东一行视察人民胜利渠。

10月，引黄灌溉济卫工程处将汲县（今卫辉市）柳卫坡内的东官道沟规划为引黄东三灌区第四、五支渠的退水渠，把东官道沟更名为长虹渠。

11月，撤销平原省。

12月26—30日，引黄灌区人民胜利渠第一届代表会议在引黄灌溉济卫工程放水指挥部（获嘉县忠义火车站）召开。出席代表627人。会议听取了河南省新乡专区王秉章作的《关于形势任务及引黄灌溉问题》《1952年引黄灌溉济卫工作总结和1953年计划草案》报告；成立了灌区管理委员会，通过了《引黄人民胜利渠第一届代表大会十大决议》。

12月30日，据统计，灌区内盐碱地面积尚有0.67万公顷。

12月，引黄灌溉济卫第二期工程竣工，完成干支渠及支排共长245.5千米（斗渠以下渠道未计），完成土方297.3万立方米，完成建筑物739座。

1953年

1月，撤销引黄灌溉济卫工程放水指挥部。黄委呈请水利部批准成立引黄灌溉济卫管理局，局长马诚谦、副局长张亚夫，直属黄委领导，行政上受新乡地委、专署领导，属国家水利行政部门的一个专业管理机构。

3月，撤销引黄灌溉济卫工程处，并移交引黄灌溉济卫管理局管理。引黄灌溉济卫管理局内设秘书、财务、工程灌溉3个科；下设东一分局、东三分局、西一分局，并下设渠首管理段、何营管理段、王井管理段、田庄管理段4个管理段和试验场、苗圃等直属单位，各分局内设秘书、工程灌溉、财务3个股。

3月，完成的加固工程有：渠首闸，总干上一号、二号、三号桥及一号枢纽工程。引水流量由40立方米每秒提高到50立方米每秒。

8月3日，河南省人民政府通知：引黄灌溉济卫大型工程已基本完成，今后为了使农田水利与发展农业生产更好地密切结合，决定将灌溉管理工作由黄委移交地方政府领导，行政上、政治上省政府委托由新乡专署直接领导，业务上、技术上受省农林、水利部门领导。

8月8日，中央人民政府水利部（复）黄委：同意引黄灌溉济卫工程处撤销其灌溉管理及渠道整理，统由引黄灌溉济卫管理局负责办理并将管理局交河南省人民政府领导，归新乡地委专署全面领导。

8月29日，中央人民政府水利部（函）黄委：同意《一九五三年水费征收办法》（草案）。该办法分总则、水费征收标准、开收日期、征收及解决办法等。

8月，人民胜利渠的灌区骨干工程有：总干渠1条长52.71千米，干渠4条，支渠18条，斗渠215条，建筑物2030座。灌区已达到干、支、斗、农、毛渠及相应的排水沟配套齐全。灌溉面积由原计划的2.4万公顷增加到4.8万公顷。标志着人民胜利渠工程全部完成。

10月，苏联专家契卡索夫赴人民胜利渠帮助编制东三干渠三支渠的用水计划。实行计划用水配水，开始走向科学管理，并建立忠义引黄灌溉试验场，开展科学灌溉研究。

11月，苏联专家儒可夫到灌区指导编制灌溉用水计划，并以东三干三支渠为重点，推广苏联的计划用水经验。

12月，经引黄灌溉工程输水济卫后，卫运河系航运管理局"河丰号"轮船由山东临清市试航新乡市成功。

是年，原黄委引黄灌溉济卫工程处，将所征渠首闸至黄河大堤间秦厂大坝外侧15.3公顷土地交渠首管理段管理。渠首管理段栽植苹果树、葡萄树等建立果园。

1954年

2月12日,第二次灌区代表大会在新乡平原饭店召开,中南水利局及河南省有关单位领导参加会议。灌区内的武陟县、原阳县、获嘉县、新乡县、延津县、汲县等县的县长、农民代表,以及郊区、卫河航运办事处代表和引黄灌溉济卫管理局干部共389人出席会议。经过4天酝酿讨论,形成7项决议。南阳专署、安阳专署、许昌专署、洛阳专署、郑州专署、信阳专署6个专署及郑州市郊区参观团189人观摩了会议,另有参加技术培训班的学员500人旁听了大会报告。

6月,水利部专家和苏联专家拉普图列夫到河南检查泥沙研究和引黄灌区泥沙测验工作,提出泥沙测验工作要统一管理。

10月30日,河南省人民政府发函,将引黄灌区渠道泥沙测验工作移交黄委统一领导。

10月,引黄灌溉济卫工程输水济卫后,卫河水量增加,航运畅通,"河丰号"轮船行驶无阻,开始浚县至新乡市客运,每日往返一次。

12月10—19日,水利部组织山东、山西、陕西、新疆、青海、甘肃、江苏、广西、天津、北京等19个省(自治区、直辖市)水利部门的领导和四川省都江堰灌区、东北查哈阳灌区、盘山农场灌区、山西省汾河灌区、江苏省珥陵灌区等灌区,共59个单位的代表到人民胜利渠东三干三支参观座谈。

是年,国家农业、水利各大专院校、各灌区到东三干三支,参观计划用水经验的有50余次2200多人。计划用水先进经验由点到面在全国其他灌区逐步推广。

1955年

3月6—10日,引黄灌溉济卫第三届灌区代表会议在新乡平原饭店召开。水利部、河南省水利厅、新乡卫河航运办事处、洛阳和安阳两专署、引黄管理局以及新乡县、获嘉县、原阳县、汲县、延津县、武陟县6个县和有关单位314人参加会议。新乡专署作了《关于召开引黄灌溉济卫第三届代表会议总结报告》。大会形成3个议案草案；收到261条提案，包括扩充改善工程、排水、管理养护制度、农民负担、交通、水费等问题。

5月，新乡地委委员牛立峰任引黄灌溉济卫管理局第一局长，马诚谦任局长，秘书科改为办公室。

6月22日，黄委主任王化云在河南省委北院二楼会客室，向毛泽东主席汇报黄河规划问题和在人民胜利渠灌区扩大排水工程防止盐碱化问题。

6月，水利部召开引黄水量分配座谈会。会上确定河南省扩建人民胜利渠，加固渠首闸，将正常引水流量由50立方米每秒增加到70立方米每秒，加大85立方米每秒。

12月，东二、东三、西灌区及济卫沉沙池、东一、新磁沉沙区新建、改建完成。

1956年

2月18—21日，第四次灌区代表大会在新乡豫北宾馆召开。大会通过4项决议。主要内容是：加强领导，认真推行计划用水工作；继续贯彻分级管理制度和"民办公助"及合理负担政策，做好渠道、建筑物养护工作；树立长期建设观点，贯彻征收水费政策；贯彻分级管理制度。

5月1日，三号枢纽工程田庄水电站（即七里营水电站）竣工，装机容量348千瓦，供3个固定抽水站及5个流动抽水站抽水使用。

5月，完成渠首引水加固工程、渠首导流系统；完成东一、东二、东三和西灌区扩建工程。灌溉面积增大到6.4万公顷。

5月，东三干三支渠、樊庄段、小冀段、灌溉试验场获"全国先进生产单位"称号。

5月，中国科学院水利工程研究室与河南省引黄灌溉济卫管理局共同在灌区进行水土改良、作物需水量等多项观测试验研究。

是年，灌区内小河盐碱地试种水稻获得成功。

年底，根据国务院令，河南省引黄灌溉济卫管理局调管理科科长张好谦等20人到山东打渔张灌区担任灌溉管理领导工作。

1957年

2月16—20日，新乡专员公署通知引黄灌区各县人民委员会，新乡、武陟、汲县拖拉机站，引黄灌溉济卫工程管理局、卫河航运办事处在新乡市引黄管理局招待所召开引黄灌区专区引黄灌溉济卫第五届水利代表会议暨首届先进生产（工作）者代表大会，共315人参加会议，大会做出10项决议。

12月，成立引黄灌溉济卫扩建指挥部，兴建共产主义渠、原延封、武嘉、卫东、大功红旗渠等灌区。

1958年

1月，人民胜利渠东四干渠建成。新乡地区发动群众开渠大种水稻。

5月4日，农业部组织山东、陕西、河南3省灌区观摩团到渠首观摩评比。

5月，河南省引黄灌溉济卫管理局内设灌溉、工程、办公、财务、水电、保卫、人事7个科室和工会。局下设温孟、原延封、人民胜利渠、卫东、武嘉、红旗6个分局。并直设园林场、小冀段、何营电站、田庄电站、灌溉试验场、共产主义渠渠首段。人民胜利渠分局副局长赵金盈、冯清玺。分局内设人秘、财务、工程灌溉3个科，下设东一、任庄2个管理段。

7月11日，河南省引黄灌溉济卫管理局干部扩大会议召开，会议本着精减机构、权力下放精神，分局、段只管总干渠和干渠，以下各级渠道由县、社管理，各县分别按渠系和区域成立灌溉管理所。

8月1日，第二座水力发电站（一号枢纽工程何营水电站）建成，装机容量1000千瓦。

8月6日，毛泽东主席视察七里营人民公社，参观了灌区的棉田。

1959 年

1月10日，河南省引黄灌溉济卫管理局人民胜利渠分局由京广铁路忠义车站引黄试验场（获嘉县冯庄乡）搬迁至新乡县小冀镇，开始新址办公。

5月26日，引黄人民胜利渠第六届灌区水利代表会议在新乡市南门外新乡县招待所召开。灌区内新乡市及新乡县、获嘉县、汲县、武陟县、延津县、原阳县等市（县）的18个公社的代表140人，北京水利水电科学研究院专家、人民胜利渠分局领导、职工共154人。大会作出8项决议。

7月27日，河南省引黄灌溉济卫管理局园林场征渠首老果园以东土地30.47公顷。

7月，撤销河南省引黄灌溉济卫管理局，人民胜利渠仍以分局称，隶属新乡专署水利局。赵金盈任分局局长，冯清玺、和振德任副局长。

是年，卫河航运达到高峰，货运年周转量达10529万吨每千米，客运年周转量达5267.9千人每千米。

1960 年

1月24日，人民胜利渠分局编写了《工作情况介绍》。据介绍，人民胜利渠实灌面积达到6.37万公顷。

1月，编发《人民胜利渠的工程管理》一书。

3月16日，中共新乡地委农村工作部批复专署水利局《关于武嘉分局与人民胜利渠分局合并的请示》。合并后，人民胜利渠分局设武嘉管理所，管理所人员按7人配备。

3月21日，人民胜利渠分局《关于召开灌区灌溉所长会议和五县水利建设指挥长会议总结前段工作并布置迎接桃汛开展大引大蓄大灌的报告》中指出：使东五干和水库工程提前投入生产，迎接3月25日放水，大引大蓄大灌。

4月，据《人民胜利渠分局1960年上半年灌溉管理工作总结》记载：人民胜利渠、武嘉两灌区合并，灌区共有16个管理所，其中武嘉、东一、东五3个管理所直属分局，其余则分别隶属各市（县）。

6月9日，《人民胜利渠分局1960年上半年灌溉管理工作总结》记载：1959年播种到1960年6月收获，前后300余天未落透雨，从1960年6月9日起，黄河水由中央统一调配，集中供应山东省、河北省抗旱灌溉，人民胜利渠灌区基本停止渠道灌溉用水，发动群众开始抗旱灌溉斗争。

6月，人民胜利渠分局为县级组织机构，内设：办公室、公务科、灌溉科、财务科、人保科5个单位，下设：王官营、南务、尚村、大辛庄、沙店、任庄6个灌溉管理所和祝楼、永安、胜利水库、亢村4个工程管理所，1个草垫加工厂。灌溉面积由1959年的6.4万公顷，扩大到1960年的9.33万公顷。

10月，据统计，人民胜利渠灌区1952—1955年盐碱地面积发展了0.3万公顷，平均每年递增0.08万公顷；1956—1960年发展了0.1万公顷，每年递增0.02万公顷。

1961年

3月16日，小茶堡电灌站移交渠首园林场管理。

4月20日，田庄水电站，东三干一号、二号、三号固定抽水站及三部流动抽水站由人民胜利渠分局统管。

6月，人民胜利渠分局设置新乡管理段、任庄管理段、小冀管理段、彦当管理段、高庄管理段。

1962年

2月，在河南省委平原地区"以除涝治碱为中心，排灌滞兼施"的方针指导下，人民胜利渠东五干渠废除，东二、东三、东四干渠停灌，保留东一、西一干渠实行控制灌溉。

3月11—14日，人民胜利渠第七次灌区代表大会在新乡平原饭店召开。大会贯彻省委提出的平原地区"以除涝治碱为中心,排灌滞兼施"的治水方针,大会决议:①调整灌区管理体制,实行以渠系为主的统一领导、统一管理;②严格灌区用水管理制度,实行有组织、有领导、有计划的用水,防止长期引水和大水漫灌,控制地下水位上升;③坚决执行定任务、定时间、定水量的"三定"用水制度;④做好水量调配工作,配水计划决定后,各级调配人员按计划指挥干、支、斗渠闸门开关;⑤做好工程管理,根据省水利工作会议精神,根据不同情况,加以整修与保护;⑥税费征收。根据灌区集体情况,本着"以水养水,以渠养渠,合理负担"的原则,在人民胜利渠灌区按历年实灌面积进行征收。

3月15—17日,国务院副总理谭震林在山东范县(今属河南省濮阳市)召开引黄研讨会议。会后,黄河下游引黄涵闸,除河南省人民胜利渠、黑岗口及山东省的盖家沟、簸箕李等涵闸,由于供应航运及城市工业用水继续少量引水外,其余均相继暂停使用。

3月,人民胜利渠分局内设办公室、人保科、灌溉科、财务科、工程治碱科,下设小冀管理段、彦当管理段、任庄管理段、新乡管理段、汲县管理段5个管理段。

6月,苏志高任人民胜利渠分局局长。

1964年

1月31日,印发《人民胜利渠灌区清查整顿方案》。

2月29日—3月3日,人民胜利渠第八次灌区代表大会在新乡平原饭店召开。灌区各县的县长、水利局局长、公社社长、大队长和26个兄弟单位共150名代表参加会议。大会决议:①健全灌区代表会、管委会、干渠管委会、支渠代表会、斗渠管委会等民主组织;②加强工程管理;③落实有效灌溉面积(主要工程具备,群众要求灌溉),保证灌溉面积(工程齐全,地面平整,放水顺利);④严格灌溉用水制度;⑤认真贯彻水费征收政策;⑥绿化灌区,植树造林;⑦开展以"五好"评比为内容的"比、学、赶、帮"运动。

3月13日,卫河共产主义渠管理处将共产主义渠渠首闸前所开荒地移交秦厂园林场。同日，人民胜利渠渠首闸、共产主义渠渠首闸移交秦厂园林场代管。

11月，完成小茶堡电灌站配套工程，衬砌干渠1200米。

1965年

7月11日，新乡地区专员牛立峰率领200多名地直机关干部和园林场职工一起奋战黄河滩，开挖引水渠500米。

7月13—14日，人民胜利渠灌区管理会议召开，豫北试验站、新乡专员公署水利局，新乡县、获嘉县、原阳县、武陟县4个县的领导46人参加会议。新乡地区专员牛立峰对灌区的经验教训进行系统分析。

8月，引黄灌溉济卫工程处《占地赔偿表及赔偿说明》含西灌区、东一灌区、东二灌区、东三灌区、新磁灌区、总干渠、干支沟渠、渠首、沉沙池、斗渠斗排。

1966年

8月12日，新乡专员公署水利局印发《关于明确人民胜利渠及共产主义渠渠道、闸等管理范围的通知》。人民胜利渠渠首自浆砌片石以下100米的渠道与门上两岸树木及管理房10余间交人民胜利渠分局管理，一号枢纽及何营段全部移交人民胜利渠分局管理。

1967年

11月5日，河南省引黄灌溉济卫管理局人民胜利渠分局与祝楼公社祝楼大队、胡庄大队签订《关于祝楼沉沙池放淤的协议书》。

1968年

1月，石文忠、顾源祥、曹洪胜任河南省新乡地区引黄人民胜利渠管理局革命委员会副主任，石文忠主持工作。

10月19日，新乡地区引黄人民胜利渠管理局革命委员会与祝楼公社革命委员会签订《关于改建祝楼沉沙池的协议》。

10月，新乡地区革命委员会抽调原地直机关农林水部门280名干部职工、园林场93名干部职工，组成新乡地区引黄渠首"五七"干校革命委员会。

1969年

1月9日，河南省新乡地区引黄人民胜利渠管理局更名为河南省新乡地区引黄人民胜利渠服务站，新印章启用。

1970年

5月28日，引黄人民胜利渠服务站、武陟县生产组签订《关于小茶堡电灌站移交给武陟县协议》。

1971年

7月2日，共产主义渠渠首闸、张菜园闸移交新乡修防处。

12月，屈存兴任河南省新乡地区引黄人民胜利渠服务站革命委员会主任。

1972年

5月10—12日，引黄人民胜利渠第九次灌区代表大会召开。通过6项决议：①加强党的一元化领导；②健全和整顿管理组织，成立人民胜利渠灌区管理委员会，由引黄管理局和灌区各县（市）共13人组成，设主任1人，副主任4人，委员8人；③建立健全管理制度，大会一致通过"人民胜利渠灌区水利管理制度"；④进一步完善排、灌渠道和机井的配套建设，大搞植树造林，绿化渠道；⑤合理使用水费；⑥加强保护灌区内一切工程设施，确保工程安全和设备良好。

7月，撤销河南省新乡地区引黄人民胜利渠服务站，成立河南省新乡地区引黄人民胜利渠灌溉管理局。

8月，撤销新乡地区引黄渠首"五七"干校，成立新乡地区水利局渠首园林场。

12月25日，首次由人民胜利渠经卫河向天津市送水，至1973年2月16日，送水53天，水量1.61亿立方米。

12月，新乡县开挖人民胜利渠西三干渠，1973年1月建成，全长18.4千米，灌溉面积0.4万公顷。

1973年

4月3日，由人民胜利渠经卫河第二次向天津市送水，至6月22日，送水50天，水量1.25亿立方米。

6月2日，新乡地区革命委员会生产指挥部同意地、县、社联合调查组关于解决引黄渠首园林场与二铺营公社、何营公社有关大队部分土地边界问题报告，报告明确了渠首园林场周围的靶场占地、苗圃占地、废沟占地等占地边界。

10月22日—12月5日，黄河治理领导小组在郑州召开黄河下游治理工作会议，总结治黄工作经验，提出发展引黄灌溉作为黄河下游治理的措施之一。

11月9日，新乡地区革命委员会水利局转发《关于解决武陟、获嘉两县交界地区排水灌溉纠纷达成的协议》。

11月25日，新乡地区人民胜利渠灌溉管理局与秦厂村、大刘庄村、小庄村、刘村、老田庵村、李庄村等村签订土地边界协议。

1974年

10月5日，新乡地区革命委员会水利局编制《武嘉灌区恢复改善工程计划任务书》，决定恢复武嘉灌区。

1975年

1月18日，新乡地区革命委员会水利局下发《关于灌渠清淤和常村排、大王庄排整修排水工程等的补充意见》。

5月，河南省水利厅批准兴建武嘉灌区（东灌区）。

10月18日至1976年1月30日，第三次由人民胜利渠经卫河向天津市送水，送水共105天，送水量4.17亿立方米。

1976年

5月11日，新乡地区革命委员会张菜园闸施工指挥部、人民胜利渠灌溉管理局、何营西大队共同签订《新建张菜园闸和上游渠道挖、占征用何营西大队土地的协议》。

9月22日，张菜园闸施工指挥部、人民胜利渠灌溉管理局、何营东大队、武陟县黄沁河第一修防段签订《新建张菜园闸和下游渠道挖、压、占征用何营东大队土地的协议》。

11月3日，人民胜利渠灌溉管理局、新乡黄沁河修防处签订《人民胜利渠四号枢纽工程、总干渠东岸渠地0.26公顷借予修防处使用协议》。

1977年

5月6—10日，人民胜利渠灌区第十次代表大会在获嘉县招待所召开。通过7项决议：①肃清"四人帮"在水利方面的流毒和影响；②坚决执行水利管理制度；③建立健全基层管理组织，大会选举19名委员组成灌区管理委员会；④搞好工程配套建设管理、灌区工程建设；⑤遵守用水制度；⑥加强税费征收工作；⑦做好安全保卫工作。

12月，新乡地区革命委员会张菜园闸施工指挥部发布《关于该闸尾工及渠道征用土地等问题解决办法》等。

1978年

1月11日，新乡地区革命委员会发文决定成立新乡地区引黄武嘉灌溉管理局，局址设在武陟县城东12千米詹泗公路北侧宝村西地，占地面积0.33公顷，建房一排2座12间340平方米，隶属新乡地区水利局领导。

12月17日，人民胜利渠灌溉管理局与关堤公社陈庄大队签订协议。人民胜利渠灌溉管理局将原引黄任庄段所属的院地、房屋、树木给陈庄大队，陈庄大队出工为人民胜利渠灌溉管理局盖新房10间，垒院墙及修大门。陈庄大队从该村南路东所属耕地划出南北长75米，东西宽58米，面积0.43公顷，交付任庄段使用，永久属任庄段。

1979年

2月4日，彭以忠任新乡地区革命委员会水利局党委委员、新乡地区引黄人民胜利渠灌溉管理局党总支书记、局长。

3月10日，新乡地区革命委员会通知：在新乡地区引黄人民胜利渠灌溉管理局的直属领导下，增设武嘉分局和东三干分局，撤销引黄武嘉灌溉管理局，将引黄武嘉灌溉管理局改为新乡地区引黄人民胜利渠灌溉管理局武嘉分局，隶属新乡地区引黄人民胜利渠灌溉管理领导。

4月20日，人民胜利渠灌溉管理局与关堤公社陈庄大队签订东三分局征地补充协议。

5月11—15日，人民胜利渠灌区管理委员会扩大会议召开，地委副书记张君仁讲话。会议传达了刘应祥同志在省水利灌溉管理会议上的讲话，修订了《人民胜利渠灌区水利管理制度》。

8月8日，河南省革命委员会水利局批复东三干渠扩建工程。

1980年

1月12日，河南省革命委员会计划委员会批复《人民胜利渠改善扩建工程设计书》。

1月23—27日，水利部在新乡召开引黄灌溉工作会议。人民胜利渠灌溉管理局局长彭以忠等参加会议。会议研究制定《关于引黄灌溉若干规定》，着重强调今后要收缴水费。

1月，新乡地区引黄人民胜利渠灌溉管理局武嘉分局驻地迁至武陟县兴华路105号，位于武陟县城东部东仲许村南武新公路北侧。

4月5日，河南省水利厅批复《人民胜利渠扩建工程设计及1980年度工程计划》。

5月19—21日，人民胜利渠灌区第十一次代表大会在新乡市平原饭店召开，出席代表150人，传达贯彻河南省水利会议精神，修订灌区管理制度，选举产生了新的灌区管理委员会。

6月3日，新乡地区财政局答复人民胜利渠东三灌区扩建工程占压免征公粮的请示报告。

9月10日，新乡地区引黄人民胜利渠灌溉管理局武嘉分局改为新乡地区引黄武嘉灌溉管理局。

9月，清华大学外国留学生在人民胜利渠灌区（科研中心）学习。

12月19日，新乡地区引黄人民胜利渠灌溉管理局与新乡市自来水公司签订供需水协议，自来水公司向管理局交年包干水费。

1981年

3月28日，河南省水利厅批复武嘉灌区1981年配套经费，用于重要支渠建设。

6月13日，河南省新乡地区编制委员会批复河南省新乡地区引黄人民胜利渠灌溉管理局增设新磁管理段，由新磁管理段负责沉沙池和新磁灌区；增设渠首管理段，负责渠首闸。

9月22—23日，人民胜利渠灌溉管理委员会扩大会议召开，新乡地区行署副专员程远跃就水费征收问题做了讲话。

10月3日，新乡地区引黄济津送水施工指挥部成立。

10月20日，人民胜利渠灌溉管理局印发《沉沙池和总干渠工程占压土地等赔偿问题的规定》。

11月6日，新乡地区计划委员会下达人民胜利渠沉沙池工程配套预拨款。

1982年

1月8日，第四次由人民胜利渠经卫河向天津市送水，送水共86天（1981年10月15日至1982年1月8日），送水量4.23亿立方米。

2月9日，新乡地区引黄人民胜利渠灌溉管理局与原阳祝楼公社签订有关人民胜利渠灌区1号沉沙条池、2号沉沙条池工程协议。

2月17日，河南省水利厅批复增建2号沉沙条池。

3月17日，河南省新乡地区计划委员会发文批复：鉴于人民胜利渠扩建工程完成后，灌溉面积将扩大到6县1市31个公社，人民胜利渠灌溉管理局驻地新乡县小冀位置偏，交通不便，影响工作，经研究同意人民胜利渠管理局搬迁到新乡市，经费从水费中解决。

4月12—17日，人民胜利渠灌区引黄开灌三十周年纪念会在新乡豫北宾馆召开。中共新乡地委顾问组组长牛立峰主持大会，中共新乡地委副书记、行署副专员张君仁致开幕词。黄委主任王化云，清华大学副校长、中国水利科学研究院院长张光斗，河南省水利厅副厅长郭培鋆讲话。牛立峰致闭幕词，水利电力部农田水利司副司长吴隆文参加大会并宣读水利电力部贺电。参加会议的还有原水利部农田水利局顾问邸殿标、中国水利学会秘书长娄溥礼、水利电力部科技局高级工程师陈炯新等。中国水利学会、中国水利水电科学研究院、中国水利学会农田水利专业委员会、海河水利委员会、清华大学、武汉水利水电学院及兄弟灌区有关部门等90余个单位及个人发来贺电、贺信或派员参加，到会代表184名。河南广播电台、河南日报社、河南电视台等新闻单位到会采访。

4月，新乡地区人民胜利渠引黄开灌三十周年纪念会筹委会拟写了《新乡地区引黄人民胜利渠开灌三十周年纪念会会刊》。

8月3日，3点实测人民胜利渠渠首闸闸前开灌以后最高水位为98.18米（当时实际洪峰水位得到98.204米）。渠首闸防汛原标准为按洪水水位98.20米执行，相应黄河流量约为16000立方米每秒。

9月，中共河南省新乡地区委员会、河南省新乡地区行政公署拟定了《人民胜利渠开灌三十周年纪念碑碑文》。

11月22日，新乡地区引黄武嘉灌溉管理局撤销政办科，设办公室、人事保卫科、财务科；增设武陟谢旗营管理段、获嘉十里铺管理段；将武陟管理段改为宝村管理段，将获嘉管理段改为徐营管理段。

1983年

4月1日，新乡地区物价局转发河南省物价局关于人民胜利渠灌溉管理局向新乡市自来水公司供水收费问题的通知：从1983年起自来水公司暂按25万元向人民胜利渠灌溉管理局交纳水费。

11月28日，获嘉县计划委员会批复，河南省新乡地区引黄人民胜利渠灌溉管理局修建二号枢纽工程及管理房工程征用冯庄公社杨刘庄大队耕地0.33公顷。

1984年

3月3日，河南省新乡地区引黄人民胜利渠灌溉管理局从新乡县小冀迁入新乡市。

3月5日，李廷然任河南省新乡地区引黄人民胜利渠灌溉管理局党总支书记。

4月12日，新乡市城建规划管理处印发《施工通知》：同意人民胜利渠灌溉管理局在石牌坊路建办公楼一栋，共五层，总建筑面积3205平方米，工程在3个月内完成。

6月30日，河南省新乡地区引黄人民胜利渠灌溉管理局、铁道部第三工程局第六工程处签订了《关于解决新菏铁路跨越人民胜利渠总干渠、东二干渠、东三干渠有关问题的协议》。

7月9日，新乡市城建局批复同意引黄人民胜利渠灌溉管理局征用东关大队土地。

8月23日，中共新乡地区水利局党委同意引黄人民胜利渠灌溉管理局设置办公室、人事科、灌溉科、工程科、财务科，并设置新乡管理段、田庄管理段、获嘉管理段、新磁管理段、何营管理段、渠首管理段共6个管理段及试验场。同意东三干管理局设置人事科、工灌科、财务科；同意东三干管理局设置汲县管理段、延津管理段、朗公庙管理段3个管理段。

8月23日，新乡地区水利局转发河南省水利厅、河南省物价局通知，引黄灌区按水费收入的5%交纳本灌区渠首工程水费。

9月1日，引黄人民胜利渠灌溉管理局征用东关大队土地1.08公顷（长135米、宽80米，其中规划道路占征地0.08公顷）。

11月，日本水利专家参观人民胜利渠泥沙处理工程。

12月12日，中共新乡地区水利局党委下发文件，同意人民胜利渠灌溉管理局设保卫科。

12月14日，新乡地区财政局、水利局下发文件，下达人民胜利渠管理局小型农田水利和重点岁修经费引黄专款。

12月14日，新乡地区水利局同意建立新乡地区引黄武嘉灌区综合经营公司，人员从现有职工中调济，所需经费从水费收入中解决。

1985年

1月30日，人民胜利渠灌溉管理局成立综合经营公司。

5月13日，人民胜利渠赴京汇报组就人民胜利渠技术改造和科研等问题向水利电力部水利水电科学研究院汇报，水利电力部副部长杨振怀接见汇报组。

5月，英国水利专家考察人民胜利渠。

5月，人民胜利渠灌区第十二次代表大会在新乡豫北宾馆召开。特邀代表有：原新乡地委书记牛立峰，原新乡地委副书记、副专员张君仁。特邀单位有：水利电力部水利水电科学研究院自动化研究所、水利电力部水利水电科学研究院、豫北水利工程管理局、黄委豫北引黄试验站。出席代表172人。大会印发了《灌区管理规章制度（讨论稿）》。中共新乡地区引黄人民胜利渠灌溉管理局总支部委员会书记李廷然向大会作了《解放思想，坚持改革，开创灌区管理工作新局面》的报告。

9月22日，新乡地区引黄武嘉灌区第一届二次管理委员会（扩大）会议召开，会议总结了引黄武嘉灌区的管理工作，提出水费征收和用水管理的若干意见。

9月30日，河南省水利厅批复东三沉沙池换池工程。

11月8日，引黄人民胜利渠灌溉管理局、祝楼公社签订《东三干第一沉沙池一、二号条池换池协议》。

1986年

3月19日，新乡地区水利局与河南省水利厅签订《企事业单位移交书》。据国务院、河南省委文件精神，新乡地区引黄人民胜利渠灌溉管理局（包括新乡地区引黄人民胜利渠东三干管理局）、新乡地区引黄武嘉灌溉管理局、新乡地区渠首园林场整体移交河南省水利厅。

3月，人民胜利渠灌溉管理局由小冀搬迁到新乡市牌坊街76号办公。

5月28日，根据中共河南省委《关于原新乡地区水利局所属人民胜利渠管理局、武嘉灌溉管理局、人民胜利渠渠首园林场，由省水利厅管理》的决定，河南省水利厅决定成立河南省人民胜利渠管理局，属水利厅二级机构。下设河南省人民胜利渠管理局武嘉分局、河南省人民胜利渠管理局东三干分局、河南省人民胜利渠管理局渠首分局。

6月21日，人民胜利渠渠首闸闸前水位94.92米，闸后水位93.86米，上下游水位差1.06米，过水流量96立方米每秒。经测算，是开灌以来渠首闸最大过水流量。

8月5日，新乡市政府批复人民胜利渠管理局再征东关大队土地0.05公顷，建宿舍楼1770平方米。

9月3日，人民胜利渠管理局征用东关大队土地530.4平方米（66.3米×8米）。至此，人民胜利渠管理局共征东关大队土地1.133公顷。

11月29日，吴卫梁任河南省人民胜利渠管理局局长。

1987年

1月10日，渠首分局与秦厂村勘定共产主义渠渠北地界，埋设界桩并签订勘界协议。

3月16日，河南省编制委员会、河南省水利厅下发文件，人民胜利渠管理局为处级单位，事业编制243人。下设3个分局为副处级：东三干、渠首、武嘉，事业编制分别为50人、125人、90人。

3月，《人民胜利渠引黄灌溉三十年》一书由水利电力出版社出版。

4月26日，渠首分局与老田庵村勘定横坝地界，埋设界桩并签订勘界协议。

4月27日，马荣茂任中共河南省人民胜利渠管理局委员会书记，吴卫梁、欧阳熙任副书记，杜发财任纪检委书记；王春辉、冯德旺、路志卿分别任武嘉分局、渠首分局、东三干分局党支部书记。吕光伟、张建锡、易心章任河南省人民胜利渠管理局副局长；吕光伟任武嘉分局局长（兼）、杨林同任东三干分局局长；宋中俊任渠首分局局长；李廷然任河南省人民胜利渠管理局调研员（正处级）；焦文山任武嘉分局调研员（副处级）。

5月，人民胜利渠管理局党委成员由马荣茂、吴卫梁、欧阳熙、杜发财、张建锡、易心章、周珍柱7人组成。

6月30日，河南省水利厅批复同意，河南省人民胜利渠管理局设置办公室、政治工作办公室（含劳动人事、保卫）、计划财务科、灌溉管理科、工程科（对外为勘测设计室）、引黄科学研究试验中心、综合经营科7个正科级单位；工程队、新乡管理段、获嘉管理段、田庄管理段、何营管理段、新磁管理段6个副科级单位。武嘉分局设置办公室（含劳动人事、保卫）、计划财务科（含综合经营）、工程科、灌溉科、宝村管理段、谢旗营管理段、徐营管理段、十里铺管理段8个副科级单位；东三干分局设置办公室（含劳动人事、保卫）、计划财务科（含综合经营）、工程灌溉科、朗公庙管理段、汲县管理段、延津管理段6个副科级单位；渠首分局设置办公室（含劳动人事、保卫）、计划财务科、经营管理科、工程灌溉科4个副科级单位。

8月，河南省人民胜利渠管理局引黄科学研究试验中心成立，原试验场归属科研中心。

10月30日，为加强依法治水，做好灌区水利工程安全保卫工作等，人民胜利渠管理局公安特派员派驻各管理段工作。

10月30日，"七五"国家攻关项目——人民胜利渠试区技术改造第一期工程选点结束，分别定在小冀、翟坡、东屯、小店、洪门5个乡，工程要求1988年9月底完成。

11月，人民胜利渠灌区获水利电力部黄河下游引黄灌区首次评比竞赛第二名。

12月22日，应滑县人民政府请求，经东三干、南分干向滑县送水补源，进口流量18立方米每秒，解决滑县抗旱用水。

12月，人民胜利渠管理局东三干灌区被评为河南省1.33万公顷以上自流灌区先进单位。

1988年

1月22—23日，人民胜利渠灌区第十三次代表大会在新乡市豫北宾馆召开。河南省水利厅、新乡市政府、焦作市政府、新乡市水利局、焦作市水利局、灌区各县（市）和引黄人民胜利渠管理局各管理段共34家单位的代表出席会议。大会主要议题：①听取灌区十二届管理委员会工作报告；②贯彻河南省人民政府《关于河南省〈水利工程核订、计收和管理办法〉实施细则》的通知和灌区实施意见；③选举产生灌区十三届管理委员会。大会通过《河南省人民胜利渠灌区农业水费计收和管理办法》的决议、《人民胜利渠灌区管理制度》的决议、第十三次代表大会关于第十二届管理委员会《工作报告》的决议、关于水费征收问题的决议。

2月，河南省计划经济委员会下发文件，河南省人民胜利渠勘察设计室获工程设计资格证书，证书级别为丙级。

3月21日，尼泊尔议长纳瓦·拉杰·苏贝蒂一行20人参观考察人民胜利渠。

5月20日，水利部部长杨振怀视察人民胜利渠渠首，高度评价人民胜利渠在工农业生产中的重要作用，指出要进一步搞好灌区建设，充分发挥工程效益，支援农业建设。

8月12日，新乡市红旗区城建局经实地丈量颁发《建设用地清查登记证》。人民胜利渠管理局（牌坊街76号）用地面积11329.5平方米。东沿牌坊路、南界郊区工商局、西界东关大队地、北界转干楼。南北宽为：靠东部88米、靠西部80米；东西长为132米（含征牌坊路地）。

1989年

1月22日至3月12日，经南分干进水1700万立方米向滑县补源。

3月13日，退休干部宋逢聚以人民胜利渠开灌初期为题材编写了剧本《牵黄龙》，共8万字。

4月7日，武汉水利水电学院教授张蔚榛到人民胜利渠管理局作学术报告。

4月18日，美国水利专家、国际咨询总裁许怀云到人民胜利渠灌区进行实地考察，并在人民胜利渠管理局举行座谈会。

4月30日，水利部原副部长刘向三视察人民胜利渠，着重了解引黄入淀工程情况。

5月25日，人民胜利渠灌区第十三次代表大会管理委员会第一次会议在人民胜利渠管理局会议室召开，会期一天。会议由人民胜利渠管理局党委书记马荣茂主持，人民胜利渠管理局局长吴卫梁传达了省委文件。会议安排布置了灌区1989年夏灌计划，并就以后的灌区工作提出建议。

7月4日，黄委水科院12人到人民胜利渠管理局考察祝楼沉沙池。

7月5日，山东省菏泽市副市长一行8人到人民胜利渠灌区参观考察。

7月23日，人民胜利渠管理局、延津县、滑县三方签订向滑县供水协议。

8月30日，内蒙古水利参观团到人民胜利渠渠首闸、"七五"试区丁村参观。

8月21日至9月22日，向滑县补源送水2818万立方米，进入滑县境内1308万立方米。

10月11日，中国科学院地理研究所一行4人到人民胜利渠灌区参观考察。

11月14日，水利部政策研究室主任王平一行3人到人民胜利渠管理局参观考察。

12月21日，邢保太任河南省人民胜利渠管理局副局长。

12月23日，河南省水利厅下发文件，同意焦郑500千伏新建线路穿越人民胜利渠渠首辖区。

1990年

2月，水利部授予人民胜利渠管理局"全国先进灌区、排灌泵站"称号，并颁发证书。

2月17日，人民胜利渠灌区试区工作会议召开，河南省水利厅、新乡市水利局、新乡县水利局、延津县水利局、人民胜利渠管理局负责人参加会议。会议要求"七五"试区新老工程于4月底前结束。

3月6日，根据《河南省水利厅关于直属单位设立行政监察机构意见的通知》精神，河南省人民胜利渠管理局决定成立监察室，各分局可设监察员1人，由负责纪检工作的人员兼任。

6月26—28日，北京农业大学组织10多位专家，对国家"七五"重点科研项目——"人民胜利渠灌区水盐动态监测预报研究"专题进行验收鉴定，专家一致认为该项目接近国际先进水平。

9月1日，人民胜利渠"七五"试区鉴定验收会召开，水利厅副厅长冯长海出席会议并讲话，试区课题组向验收鉴定委员汇报了试区工作情况。

10月19日，人民胜利渠灌区多微机分布式远方监控系统鉴定会召开，水利部科技司、水利水电科学研究院、水利部信息中心、水利部水情教育中心、水利水电规划设计总院、南京水科所、清华大学水利系、河南省水利厅、福建省水利厅、辽宁省水利设计院、甘肃省水利设计院、河南省水文总站、北京市水利局、新乡市政府等单位的专家学者共50余人参加会议。

12月14日，中国科学院教授任洪遵一行8人来灌区考察。

12月，新乡至渠首电话线路改建工作完成，架设明线117.2千米，拆除旧线59.2千米，架设电缆5千米。

12月，由水利部农田灌溉研究所、水利部水利水电科学研究所、河南省水利厅科教处、河南省水利科学研究所、河南省人民胜利渠管理局、新乡市水利局、新乡县水利局及延津县水利局共同完成的"人民胜利渠灌区综合技术改造研究"国家"七五"攻关项目课题，获河南省科学技术进步二等奖；由中国水利水电科学研究院、武汉水利电力学院、河南省人民胜利渠管理局及新乡市水利科学研究所共同完成的国家"七五"攻关项目"人民胜利渠灌区水盐监测预报的研究"，获水利部科学技术进步四等奖。

1991年

2月5日，国家"七五"重点攻关项目——《人民胜利渠灌区综合技术改造研究》，由河南省水利科学研究所主持，由水利部农田灌溉研究所、水利部水利水电科学研究院自动化研究所、河南省水利厅科教处和河南省人民胜利渠管理局等五个主要完成单位的专家，组成了专家组，专家组听取了课题组就渠道防渗、小型建筑物、优化配水、井渠结合经济利用地上与地下水资源、灌区灌水指标、田间渠系量水设备和灌溉系统引配水枢纽多微机分布式远方监控系统7个子专题研究工作的汇报，并检查了现场，观看了技术录像、展览和所提供的技术资料，一致认为该项目达到了合同规定的攻关主要技术经济指标，完成了合同规定的各项课题研究任务。总体研究被鉴定为"居于国内领先水平"。7个专题中，综合成5项成果也分别通过了鉴定，其中引黄灌溉技术体系、经济利用地上与地下水资源、小型建筑物配套和灌溉系统引配水枢纽多微机分布式远方监控系统等四项被评为"国内领先水平"，渠道防渗被评为"国内先进水平"。

8月22日，河南省人民胜利渠管理局成立老干部科。

10月15日，水利部下发文件，批准人民胜利渠管理局为"部一级管理单位"。

12月19日，新乡市引黄工程施工指挥部移交东三干加三支，由东三干分局管理。

1992年

1月22日，人民胜利渠管理局、新乡市统建办公室签订"三水屿"拆迁协议书，拆除人民胜利渠管理局"三水屿"各类房屋面积1951.8平方米，市统建办公室将向阳新村91号楼裙房一层全部建筑面积223.7平方米、100号楼一幢建筑面积1843.26平方米，由人民胜利渠管理局永久使用。河南省水利厅于28日对该协议进行批复。

3月31日，人民胜利渠灌区第十三次代表大会第二次管理委员会（扩大）会议召开。河南省水利厅引黄办公室、新乡市政府，新乡、焦作两市农委和水利局，灌区有关市（县）主管农业的领导、水利局局长和人民胜利渠管理局有关领导参加会议。会议同意《人民胜利渠灌区水费计征和管理暂行办法》，要求做好乡、村、农户工作，确保水费征收工作顺利进行。

4月12日，人民胜利渠灌区开灌四十周年纪念会召开。河南省水利厅副厅长李日旭主持会议，副厅长王习俭讲话。管理局局长吴卫梁介绍了灌区四十年的情况，会议印发了《人民胜利渠引黄灌溉四十年》。73个单位173名代表参加了会议。《河南日报》《新乡日报》和新乡电视台等新闻媒体进行报道。

11月5日，新乡市劳动就业局批复人民胜利渠管理局建立劳动服务公司。

1993年

7月22日，撤销武嘉分局工程科、灌溉科，成立武嘉分局工程灌溉科、综合经营科。

10月4日，河南省财政厅、河南省水利厅下发文件，分配给人民胜利渠管理局灌区补源、七支扩建延伸、建筑物工程、东三干退水工程、缺漏项及差价款一次性追加。

1994 年

1月11日，河南省政府副秘书长刘尚武召集省水利厅、省河务局和有关单位主要负责人，协调黄河张菜园闸和省人民胜利渠向新乡供水事宜。

1月26日，河南省政府秘书长卢茂生召集省水利厅、省河务局和有关单位主要负责人，协调黄河张菜园闸和省人民胜利渠向新乡供水事宜。

1月26日，泰国亚洲理工学院专家组到人民胜利渠灌区参观。

1月28日，日本冲电气工业株式会社海外营业本部一行6人，到人民胜利渠管理局考察有关自动化情况。

6月7日，李修印任河南省人民胜利渠管理局局长、党委副书记。

6月27日，河南省水利学会农田水利专业委员会有关专家对新建人民胜利渠渠首引水工程（污水治理工程）进行探讨论证，一致认为该工程对改变新乡市城市供水水质有显著作用，投资少、效益突出，建议尽快实施。

8月10日，河南省副省长李成玉对《关于新建人民胜利渠渠首引水工程有关意见的报告》作出批示：请新乡市在工程设计、施工中注意河务局提出的意见，同意修建。

11月2日，河南省水利厅批复人民胜利渠新建引水工程。

11月19日，人民胜利渠总干清淤动员会召开。新乡市政府副秘书长苗兴信出席会议。会后有关市（县）先后开工，参加清淤民工6万人，完成土方45万立方米。

12月20日，河南省副省长李成玉主持召开有关单位负责人会议，研究黄河张菜园闸、河南省人民胜利渠向新乡市供水问题。河南省政府办公厅印发《河南省人民政府省长办公会议纪要》。

1995 年

4月9日，杨林同任河南省人民胜利渠管理局副局长，免去其人民胜利渠管理局东三干分局局长职务；岳国任河南省人民胜利渠管理局副局长；吕光伟任河南省人民胜利渠管理局总工程师，免去其河南省人民胜利渠管理局副局长、河南省人民胜利渠管理局武嘉分局局长（兼）职务。

5月15日，人民胜利渠新建渠首引水工程——倒虹吸工程竣工。

11月1日，埃塞俄比亚总理梅莱斯·泽纳维带团，在河南省副省长俞家骅和水利厅副厅长李日旭等陪同下来人民胜利渠灌区参观考察。新乡市市长王富均迎接，人民胜利渠管理局局长李修印介绍了灌区情况。

11月13日，张可保任河南省人民胜利渠管理局武嘉分局局长（副处级）；陈生忠任河南省人民胜利渠管理局渠首分局局长（副处级）；刁训安任河南省人民胜利渠管理局东三干分局局长（副处级）。

12月28日，河南省机构编制委员会批准，保留河南省人民胜利渠管理局。主要任务：负责人民胜利渠系水量调配。规格相当于处级；事业编制508名（含武嘉分局事业编制90名；东三分局事业编制50名；渠首分局事业编制125名），其中局领导职数5名。3个分局规格均相当于副处级，领导职数各2名；经费实行自收自支。

12月，由河南省水利科学研究所、水利部农田灌溉研究所、中国水利水电科学研究院、河南省人民胜利渠管理局及河南农业大学等14个单位共同完成的国家"八五"科技攻关项目"人民胜利渠灌区农业灌溉持续发展综合研究"课题获河南省科技进步二等奖。

1996 年

5月3日，李修印任中共河南省人民胜利渠管理局委员会书记。

6月2日，人民胜利渠新建渠首引水工程通过竣工验收。

1997 年

4月8—30日，应美国垦务局邀请，人民胜利渠管理局局长李修印参加河南省大型灌区代表团赴美考察。

4月24日，全国政协副主席钱正英到人民胜利渠灌区考察。河南省政协副主席刘玉洁，河南省水利厅厅长马德全，新乡市委副书记聂峻华、副市长高义武，市政协副主席苏淑坦等陪同。

5月4日，根据河南省机构编制委员会批准文件，河南省水利厅确定河南省人民胜利渠管理局主要任务：负责人民胜利渠系的工程管理和水量调配。规格相当于处级。管理局内设机构、二级机构规格相当于科级。武嘉分局、东三干分局、渠首分局规格相当于副处级，分局内设机构、二级机构规格均相当于科级。人民胜利渠管理局事业编制508名（含武嘉分局事业编制90名、东三分局事业编制50名、渠首分局事业编制125名），经费实行自收自支。

5月10日，人民胜利渠灌区第十三次代表大会第三次管理委员会召开，会议要求全面贯彻落实省物价局、河南省水利厅《关于加强水利工程水费计收和管理工作的意见》文件精神。河南省水利厅总工程师司马寿龙、新乡市副市长高义武、焦作市副市长郭国明等出席会议。参加会议的有新乡市、焦作市两市水利局长和灌区有关县（市、区）管理委员会成员、管理局领导和各分局、处、有关科室负责人。

8月12日，人民胜利渠灌区第十三次代表大会第三次管理委员会召开，会议由河南省人民胜利渠管理局局长李修印主持，河南省人民胜利渠管理局副局长杨林同汇报了1997年上半年灌溉收费情况及其他有关问题。河南省水利厅副厅长冯长海、新乡市副市长高义武出席会议。参加会议的还有：省水利厅农水处、新乡市水利局、灌区各县（市、区）主管农业的负责人、河南省人民胜利渠管理局及局属各科室、各分局、各管理处的领导。

8月23日，纳米比亚副总理汉德雷克·维特布伊一行14人来人民胜利渠灌区参观考察，河南省副省长俞家骅、省水利厅副厅长冯长海、新乡市副市长吴克光，人民胜利渠管理局局长李修印、副局长杨林同、岳国等陪同。

9月23日，塞内加尔农业发展总公司总经理凯达一行参观人民胜利渠灌区，人民胜利渠管理局总工程师王立正陪同。

9月，武嘉分局新办公楼竣工，建筑面积798平方米。

1998年

3月13日，河南省水利厅批复同意，河南省人民胜利渠管理局设置总会计师职位，增加正科级职数1名。

3月，人民胜利渠管理局被新乡市政府授予"支持新乡市农业发展先进单位"称号。

4月5日，非洲31个国家驻华使节代表团考察人民胜利渠，外交部部长助理吉佩定、河南省副省长张以祥、新乡市市长王富均、河南省人民胜利渠管理局局长李修印等陪同。

4月29日，1998年人民胜利渠灌区管理委员会会议召开，会议总结了1998年水价改革和水费征收情况。

7月6日，中国科学院院士、工程院院士、新华社记者、中央电视台记者一行15人到人民胜利渠管理局考察，河南省水利厅副厅长冯长海陪同，人民胜利渠管理局党委书记、局长李修印介绍灌区情况。

1999年

3月25日，人民胜利渠灌区1999年管理委员会（扩大）会议召开，主要议题：总结汇报1998年的灌溉管理工作，对1999年工作及管理体制提出改革意见。

3月31日，国际水稻研究所首席研究员威廉（美国）一行到人民胜利渠灌区考察。

5月17日，人民胜利渠灌区第一个农民用水户协会——西高农民用水户协会成立。

6月12日，人民胜利渠管理局与驻新乡市部队举行军民共建签字仪式。

6月20日，中共中央总书记、国家主席、中央军委主席江泽民一行到人民胜利渠渠首闸视察。

8月4日，河南省计划委员会下发《关于人民胜利渠灌区1999—2000年节水改造项目可行性研究报告的批复》。

8月26日，人民胜利渠管理局参加河南省水利厅举办的"三迎三颂"文艺汇演，获特等奖。

8月28日，国家计划委员会、水利部联合下文，批准人民胜利渠灌区节水续建配套项目计划。

8月31日，人民胜利渠管理局派代表到西安参加全国节水灌溉工作会议。会上人民胜利渠灌区被定为全国12家大型灌区重点节水规划单位之一。

10月22日，水利部农水司副司长冯广志、中国水利水电科学研究院研究员苏人琼到人民胜利渠管理局指导工作，对人民胜利渠技术改造和今后发展提出建设性意见。

同日，河南省水利厅批准成立河南省人民胜利渠管理局灌区节水技术改造工程建设管理局。

2000年

1月8日，滑县人民政府给人民胜利渠管理局送来感谢信，感谢东三分局经南分干灌区在春季小麦返青、灌浆、夏种期，3次给滑县输送黄河水3214.76万立方米，改善了滑县牛屯镇和半坡店镇2个苦水区50多个行政村的灌溉条件，使农民粮食作物增收5000余万元，土壤环境也得到改良。

2月14日，河南省计划委员会和河南省水利厅批复人民胜利渠灌区节水续建配套项目1999年度实施方案。

3月23日，人民胜利渠灌区节水续建配套项目1999年度工程开工。

5月14日，河南省计划委员会批复人民胜利渠灌区2001—2002年节水改造项目可行性研究报告。

5月28日，国际水稻研究所工作人员到人民胜利渠考察。

7月19日，联合国粮农组织项目经理阿伦·坎迪亚、国际灌排委员会主席巴特·舒尔茨、英国沃林福德水利研究所工程师约翰·斯库莱在中国灌排发展中心副主任李远华、河南省水利厅副厅长冯长海等陪同下来到人民胜利渠考察。

10月24—28日，由中国灌区协会主办，人民胜利渠管理局承办的中国灌区协会井渠结合技术研讨会在新乡市召开。

10月26日，中国灌溉排水发展中心张绍强考察人民胜利渠灌区节水续建配套项目1999年度工程。

12月20日，渠首倒虹吸扩建工程竣工，扩建导污渠2.21千米，新建生产桥4座、桥带闸1座、倒虹吸1座。

2001年

1月8日，王立正任河南省人民胜利渠管理局副局长；左奎孟任河南省人民胜利渠管理局东三干分局局长（副处级）；马常光任河南省人民胜利渠管理局助理调研员；马常光任河南省人民胜利渠管理局工会委员会主席；刁训安任中共河南省人民胜利渠管理局东三干分局党支部书记（副处级）。

6月6日，日本《朝日新闻》社代表到人民胜利渠灌区考察。

7月5日，牛守勇任河南省人民胜利渠管理局武嘉分局局长；张可保任中共河南省人民胜利渠管理局武嘉分局支部委员会书记。

9月17日，河南省水利厅批复同意，成立河南省人民胜利渠管理局水政监察支队，水政灌溉科更名为灌溉科。

9月21日，朝鲜农业部灌溉局一行5人到人民胜利渠灌区考察。

12月20日，新疆维吾尔自治区昌吉州水管总站一行8人到人民胜利渠灌区考察。

12月26日，中国水利水电科学研究院水资源管理项目调查组成员到人民胜利渠灌区考察。

2002 年

3月，人民胜利渠管理局编纂的《人民胜利渠引黄灌溉五十年》由黄河水利出版社出版。

4月12日，人民胜利渠管理局在新乡市召开灌区开灌五十周年纪念会。

4月21日，人民胜利渠渠首办公楼开始兴建，12月主体工程完工。

6月19日，河南省人民胜利渠管理局被评为河南省水利厅安全生产先进单位。

6月，河南省人民胜利渠管理局被河南省水利厅授予全省水利系统文明单位。

9月7日，以小林英一郎为团长的日本农业（土木综合）水利交流团到人民胜利渠灌区考察，中国灌溉排水发展中心副主任顾宇平陪同。

2003 年

10月15日，沁河洪峰740立方米每秒，将人民胜利渠新建渠首引水工程倒虹吸工程冲毁。

10月27日0时至30日12时，黄河分洪，人民胜利渠第一次分洪，累计84小时，分洪流量36立方米每秒，分洪水量1022.77万立方米。

10月，武陟县公安局驻武嘉灌区警务室成立，人员由武陟县公安局与武嘉分局工作人员共同组成，隶属武陟县公安局河务巡警队，与河务巡警队合作办公。

11月2日15时至8日16时45分，人民胜利渠第二次分洪，累计145小时，分洪流量36立方米每秒，分洪水量1953.18万立方米。

11月，人民胜利渠管理局被水利部农村水利司、人事劳动教育司、水利部精神文明建设指导委员会办公室授予全国大型灌区精神文明建设先进单位。

2004 年

2月23日，王卫民任中共河南省人民胜利渠管理局委员会书记，王立正任中共河南省人民胜利渠管理局委员会副书记，常国兴任中共河南省人民胜利渠管理局委员会东三分局支部委员会书记（副处级），牛守勇任中共河南省人民胜利渠管理局武嘉分局支部委员会书记（副处级），张可保任中共河南省人民胜利渠管理局渠首分局支部委员会书记（副处级）。

王卫民任河南省人民胜利渠管理局局长，左奎孟任河南省人民胜利渠管理局副局长，陈生忠任河南省人民胜利渠管理局助理调研员，刁训安任河南省人民胜利渠管理局助理调研员，常国兴任河南省人民胜利渠管理局东三分局局长（副处级），张可保任河南省人民胜利渠管理局渠首分局局长（副处级）。

10月8日，河南省水利厅委托河南省人民胜利渠管理局水政监察支队在人民胜利渠管理局管辖范围内行使水行政执法权，委托书有效期为2004年10月8日至2007年10月8日。

2005年

6月29日，王立正任河南省人民胜利渠管理局调研员。

12月11—13日，人民胜利渠管理局举办用水户协会参与管理培训班，共120人参加。

12月14日，沁河沟姚旗营决口封堵竣工，渠首倒污工程恢复正常运行。

12月22日，广东省水利厅一行25人到人民胜利渠灌区考察。

是年，通过老武嘉干渠向焦作瑞丰纸业有限公司供水，拉开武嘉灌区向城市工业供水的序幕。

2006年

3月8日，武嘉灌区成立第一个农民用水户协会——总干八支大辛庄乡用水户协会。

6月2日，河南省发展和改革委员会印发《关于调整省人民胜利渠水利工程供水价格的通知》。

10月31日，人民胜利渠管理局渠首分局举办毛泽东视察人民胜利渠54周年庆典活动，并为坐落在人民胜利渠渠首毛主席视察黄河休息室的"毛泽东主席汉白玉坐像"揭幕。

11月，河南省人民胜利渠管理局被中共新乡市委、新乡市人民政府授予市级文明单位。

2007年

4月15日，"毛主席视察黄河休息室"广场硬化工程竣工，完成硬化面积1800平方米。

7月3日，罗华梁任河南省人民胜利渠管理局副局长；张可保任河南省人民胜利渠管理局副调研员；琚龙昌任河南省人民胜利渠管理局东三分局局长（副处级）；璩社群任河南省人民胜利渠管理局渠首分局局长（副处级）。

8月3日，卢凤民任中共河南省人民胜利渠管理局纪律检查委员会书记（副处级）；璩社群任中共河南省人民胜利渠管理局渠首分局支部委员会书记（副处级）。

10月18日，新疆维吾尔自治区阿克苏地区水利局考察组参观考察人民胜利渠灌区供水灌溉体系，双方就灌区管理和发展等问题进行交流。

2008年

8月8日，河南省水利厅委托河南省人民胜利渠管理局水政监察支队在人民胜利渠管理局管辖范围内行使水行政执法权，委托书有效期为2008年8月8日至2010年8月8日。

12月10日，河南省人民胜利渠管理局召开水利管理体制改革动员大会，水利管理体制改革竞聘上岗正式启动。

12月19日，河南省水利厅组织科级干部岗位竞聘上岗面试，人民胜利渠管理局91名职工参加竞聘面试。

12月25日，人民胜利渠管理局227名职工参加一般岗位竞聘。

12月31日，应聘人员上岗。

2009 年

1月29日，河南省副省长刘满仓在省水利厅、省农业厅、黄河河务局等单位领导陪同下到人民胜利渠考察引黄浇麦情况。

2月5日，黄委主任李国英到人民胜利渠渠首考察，了解灌区旱情，指导灌区抗旱工作。

3月16日，宁夏回族自治区水利厅考察团一行11人到人民胜利渠灌区考察井渠结合、灌区节水技术改造工程进展及水利管理体制改革等情况。

9月18日，河南省人民胜利渠管理局第一次组织实施事业单位公开招聘工作，录用大、中专院校毕业生7名。

9月，河南省人民胜利渠管理局被河南省水利厅授予全省水利系统文明单位。

10月19日，澳大利亚考察团参观人民胜利渠渠首闸、二号跌水、试验站，并商谈建立友好灌区等事宜。

2010 年

3月3日、14日，国家防汛抗旱总指挥部人员先后两次到渠首考察，部署抗旱、防汛、春灌工作。

4月16日，新加坡供水署人员到人民胜利渠灌区参观考察。

6月30日，左奎孟任中共河南省人民胜利渠管理局委员会书记（正处级）。

8月3日，河南省人民胜利渠管理局与河南城际铁路有限公司签订郑州市至焦作市城际铁路跨人民胜利渠武嘉总干渠协议。

10月14日，王卫民兼任中共河南省人民胜利渠管理局委员会副书记。

11月29日，河南省人民胜利渠管理局被中共河南省委、河南省人民政府授予省级文明单位。

12月29日，张存省任中共河南省人民胜利渠管理局渠首分局书记（副处级）；余祥海任中共河南省人民胜利渠管理局武嘉分局书记（副处级）。

2011 年

2月8日，河南省人民政府抗旱工作组组长、省河务局副局长李国繁到人民胜利渠渠首检查指导抗旱工作。

2月11日，中国作家协会采风团到人民胜利渠渠首采风。

7月8日，黄河流量减少，水位急剧下降，人民胜利渠引水渠长距离淤死，人民胜利渠管理局领导决定开挖引水渠长2.5千米左右，宽20~25米，深2米，8月28日全线挖通引水渠。

9月20日，新加坡农业部副部长一行到人民胜利渠渠首、二号跌水等考察灌溉工作。

2012 年

3月28日，河南省人民胜利渠管理局水政监察支队代表河南省水利厅对中国石油化工股份有限公司河南省新乡分公司占用东三灌区灌溉面积事件进行立案查处，对其下达水行政处罚决定。新乡分公司不服行政处罚，进行起诉、上诉，经过郑州市金水区法院一审和郑州市中级人民法院二审，最终维持水行政处罚决定。

5月23日，李世军任河南省人民胜利渠管理局局长、中共河南省人民胜利渠管理局委员会副书记；杨传彬任中共河南省人民胜利渠管理局委员会书记、副局长。

8月1日，河南省水利厅党组成员、巡视员庞汉英到人民胜利渠管理局调研灌溉管理、工程运行、价格收费和灌区发展工作。

8月8日，河南省机构编制委员会办公室、河南省水利厅下发文件，河南省人民胜利渠管理局的主要任务：负责人民胜利渠灌区、武嘉灌区渠系水量调配和灌区排涝。机构规格相当于正处级，事业编制421名，其中财政全额拨款编制274名（含武嘉分局49名、渠首分局25名、东三分局45名），其中处级领导职数5

名；经费自理编制147名（含武嘉分局26名、渠首分局36名、东三分局15名）。河南省人民胜利渠管理局武嘉分局、渠首分局、东三分局机构规格相当于副处级，领导职数各2名。

9月25日，河南省水利厅下发《河南省人民胜利渠渠首移动泵站工程实施方案的批复》。

10月31日，人民胜利渠管理局在新乡召开"纪念毛泽东主席视察人民胜利渠60周年暨人民胜利渠开灌六十周年座谈会"。

11月15日，焦作黄河河务局局长程存虎一行3人到人民胜利渠管理局进行座谈，就蟒河提前入黄、引黄入沁通过串沟改善人民胜利渠灌区现有引水条件等事宜进行探讨。

11月27日，河南省防汛抗旱指挥部办公室主任杨大勇带领防汛办公室有关负责人到人民胜利渠渠首闸、纪念馆、武嘉渠首闸、渠首引水工程浮箱式移动泵站施工工地进行调研。

12月15日，河南省人民胜利渠渠首移动泵站工程完工。

2013年

4月3日，河南省人民胜利渠管理局召开第一届职工代表大会一次会议，全局43名职工代表、27名列席代表参加会议，河南省水利厅党组成员、副厅长王继元应邀参会。大会审议并通过《河南省人民胜利渠管理局职工代表大会章程》，选举工会第一届委员会、女职工委员会、提案工作委员会及经费审查委员会。

4月27日，由河南省水利信息中心主任王继新担任验收组组长，省水利厅财务处以及局属单位领导和专家组成的验收小组对河南省人民胜利渠财务管理信息系统进行验收。

6月，河南省人民胜利渠管理局实现专业技术人员继续教育网络化管理。

12月25日，据河南省机构编制委员会办公室文件，河南省人民胜利渠管理局被确定为从事公益服务的公益一类事业单位。

2014 年

1月13日，河南省发展和改革委员会、河南省水利厅印发《关于调整人民胜利渠非农业供水价格的通知》，自2014年1月1日起执行。

1月16日，河南省公安厅治安总队处长李慧生、河南省水政监察总队副总队长魏洪等就人民胜利渠管理局水利与公安联动执法机制及工作开展情况进行督导检查。

2月14日，河南省水利厅厅长王小平到人民胜利渠管理局调研大型灌区管理和配套改造工作。

3月13日，河南省水利厅党组成员、副厅长武建新一行到人民胜利渠调研，实地查看人民胜利渠渠首引水工程、渠首浮箱式移动泵站、总干渠沿线等工程建设。

4月4日，人民胜利渠管理局召开第一届职工代表大会二次会议。会议审议通过了《局工会委员会工作报告》《局编外聘用人员工资管理暂行办法》《局工会增补第一届委员会委员名单》决议草案。

6月10日，河南省人民胜利渠管理局在郑州组织召开"张菜园闸工程安全鉴定"和"黄河人民胜利渠河段演变及其对引水能力影响分析与对策"项目咨询会。黄委科学技术委员会、黄委建设与管理局、黄委供水局、河南省水利厅、黄河勘测规划设计研究院有限公司、黄河水利科学研究院、河南省人民胜利渠管理局等单位专家参加会议。

9月28日，以人民胜利渠、嘉应观申报的武陟嘉应观黄河水利风景区被水利部评定为"国家水利风景区"。

2015 年

4月11—13日，河南省人民胜利渠灌区续建配套与节水改造项目2008年第四季度新增、2010年度（第一批）、2010年度（第二批）、2011年度（第一批）、2011年度（第二批）、2012年度工程、渠首移动泵站及新磁灌区祝楼乡高效节水示范区项目工程通过竣工验收。

10月30日,河南省人民政府参事一行5人,到人民胜利渠渠首进行水资源利用调研。

11月20日,河南省省直机关精神文明建设指导委员会办公室第一考核组组长牛素玲一行5人到人民胜利渠管理局复查省级文明单位创建工作。

12月,河南省人民胜利渠管理局实现机构编制网络版实名制管理。

2016年

1月12日,河南省人民胜利渠管理局节水灌溉试验站完成水稻旱种高产栽培节水灌溉技术推广项目并通过验收。

1月17日,河南省人民胜利渠管理局召开第一届职工代表大会暨工会会员代表大会第三次会议。审议并通过《管理局职工代表大会章程修改稿》等报告。

2月18日,河南省人民胜利渠管理局被河南省省委、省政府命名为省级文明单位。

2月19日,卢凤民任中共河南省人民胜利渠管理局委员会书记;高然军任中共河南省人民胜利渠管理局纪律检查委员会书记;琚龙昌任河南省人民胜利渠管理局副局长;朱留杰任河南省人民胜利渠管理局东三分局局长。

4月13日,河南省水利厅批复同意,撤销河南省人民胜利渠管理局东三分局李元屯管理处(正科级),增设河南省人民胜利渠管理局经营管理科(正科级)。

4月19日,中共河南省人民胜利渠管理局第一次代表大会在新乡召开,大会选举产生了中共河南省人民胜利渠管理局新一届委员会和纪律检查委员会。

5月9日,河南省发展和改革委员会批复关于河南省人民胜利渠灌区续建配套与节水改造项目总体可行性研究报告。

5月24日,河南省人民胜利渠管理局节水灌溉试验站参与的"灌区经济生态系统广义水资源合理配置与高效利用技术研究"项目,获中国供水协会农业节水科技二等奖。

6月18日,人民胜利渠桃花峪引水渠建成通水。

7月9日，新乡市遭遇特大暴雨，降雨量450毫米，5时30分关闭人民胜利渠渠首闸。

7月10日，8时，召开河南省人民胜利渠管理局防汛指挥部会议，安排布置灌区灾后自救工作。

8月25日，河南省水利厅批复《河南省人民胜利渠灌区续建配套与节水改造项目年度工程滚动实施方案》。

9月8—10日，河南省人民胜利渠灌区续建配套与节水改造项目1999—2008年度一、二期工程通过已完工程投入使用验收。

9月19日，河南省水利厅批复人民胜利渠桃花峪引水渠上段模袋混凝土护坡及局部渠段维修项目。

11月25—26日，人民胜利渠灌区续建配套与节水改造项目2008年第四季度新增项目、2014年度工程通过竣工验收。

12月26日，河南省人民胜利渠管理局开展的"粮食核心区农业节水关键技术研究与应用"项目，获河南省科学技术进步二等奖。

12月28日，"人民胜利渠桃花峪引水渠上段模袋混凝土护坡及局部渠段维修项目"工程完工。

2017年

7月4日，河南省水利厅下达《2017年人民胜利渠灌区续建配套与节水改造工程中央基建和省配套资金预算（拨款）的通知》。

7月31日，人民胜利渠管理局印发《关于成立人民胜利渠灌区节水技术改造2017年度工程施工指挥部暨组成人员的通知》。

9月28日，海河水利委员会节水供水重大水利建设督导检查组对人民胜利渠灌区续建配套与节水改造项目2017年度工程进行督导检查。

9月29日，河南省水利厅批复人民胜利渠管理局渠首泵站维护改造项目。

12月14日,河南省水利厅批准人民胜利渠暨嘉应观为首批河南省水情教育基地。

2018 年

3月21日，河南省水利厅党组书记刘正才到人民胜利渠调研指导工作。

3月23日，河南省人民胜利渠管理局2016年度（一期）维修养护项目工程，"人民胜利渠桃花峪引水渠上段模袋护坡及局部渠段维修项目"两个项目均通过河南省水利厅竣工验收。

3月24日，河南省发展和改革委员会和河南省水利厅下发《关于转发下达重大水利工程2018年第一批中央预算内投资计划的通知》。

5月24日，河南省副省长武国定到人民胜利渠渠首调研。省政府副秘书长朱良才、黄委副主任苏茂林、河南省水利厅党组书记刘正才、河南黄河河务局局长司毅铭、黄委防汛办公室主任魏军、焦作市副市长武磊陪同调研。

7月2日，河南省水利厅批复《人民胜利渠灌区量测水设施建设实施方案》。

8月7日，河南省副省长武国定到人民胜利渠入卫河处调研指导工作。河南省水利厅厅长孙运锋、河南黄河河务局局长司毅铭等陪同调研。

10月26日，人民胜利渠管理局与华北水利水电大学签订合作框架协议。双方在职工培训、学生教学实习、科学研究等方面开展合作。

2019 年

1月7日，中共河南省委机构编制委员会办公室下发文件，对河南省人民胜利渠管理局事业编制和财政全额拨款事业编制进行调整。

2月8日，河南省人民胜利渠灌区续建配套与节水改造项目2017年度工程完工。

2月20日至3月底，在人民胜利渠总干渠龙泉桥至王官营段，打造渠堤示范段13.6千米，种植大叶女贞、红叶李、石楠、栾树、冬青等绿化树木共计1.42万棵。

3月26日，河南省人民胜利渠灌区续建配套与节水改造项目2018年度工程完工。

3月27日，水利部党组书记、部长鄂竟平到人民胜利渠调研，河南省副省长武国定、黄委主任岳中明，河南省水利厅党组书记刘正才、厅长孙运锋，焦作市委书记王小平、市长徐衣显等陪同调研。鄂竟平指出，要把人民胜利渠管护好、改造好，继续造福沿岸百姓，助力灌区农业发展。

4月2日，人民胜利渠管理局召开第二届职工代表大会暨工会会员代表大会第三次会议，会议表决通过《管理局2019年工作报告》《管理局2019年工会工作报告》《管理局2019年工会经费审查报告》《管理局工程、经济系列专业技术职务申报推荐办法》。

5月22—23日，青海省水利厅水管局38人到人民胜利渠管理局，开展学习交流活动。

6月24日，河南省人民胜利渠管理局渠首泵站维护改造项目工程完工。

6月25日，河南省人大常委会党组书记、副主任赵素萍带领驻豫全国人大代表调研组一行50余人到人民胜利渠渠首调研。省人大常委会秘书长、机关党组书记丁巍，省水利厅厅长孙运锋等参加调研。

7月23日，人民胜利渠管理局按照河南省防汛抗旱指挥部指示精神，启动Ⅳ级抗旱应急响应。

8月2日，解除Ⅳ级抗旱应急响应。期间，人民胜利渠抗旱期间引水量约3000万立方米，灌溉面积4万余公顷。

8月23日，人民胜利渠被水利部精神文明建设指导委员会评为"第二届水工程与水文化有机融合案例"。

8月31日，河南省水利厅批复同意，撤销河南省人民胜利渠管理局渠首分局财务资产管理科，其管理职能合并至渠首分局办公室（正科级）。设置河南省人民胜利渠管理局总干渠管理处（正科级），其主要职能为总干渠运行管理与维修养护。

9月1日，河南省人民胜利渠灌区量测水设施建设工程完工。

10月9日，河南省人民胜利渠灌区被中国灌区协会评为"具有时代精神的魅力灌区"。

11月16日，卢凤民任河南省人民胜利渠管理局局长、副书记。

12月12日，王东任河南省人民胜利渠管理局党委书记、副局长。

12月12—13日，河南省水利厅对人民胜利渠灌区水利工程管理单位考核验收，人民胜利渠管理局获得省一级水利工程管理单位评价，具备申报水利部水利工程管理单位验收条件。

2020年

2月13日，张存省任河南省人民胜利渠管理局渠首分局局长；王明东任河南省人民胜利渠管理局武嘉分局局长；璩社群任河南省人民胜利渠管理局武嘉分局支部委员会书记；余祥海任河南省人民胜利渠管理局渠首分局支部委员会书记。

3月28日，河南省省长尹弘视察人民胜利渠渠首工程。他指出：引黄工程不仅要建好，更要管好、调度好，严格水质监测，避免水体富营养化，节约集约高效用水，发挥生态等综合功能，回补涵养地下水，促进城市可持续发展。

4月29日，人民胜利渠管理局被中共河南省委、河南省人民政府授予"省级文明单位"。

5月12日，河南省政协常委、农业和农村委员会主任李柳身带领"黄河水资源利用"调研组到人民胜利渠渠首调研。河南省水利厅厅党组副书记、副厅长（正厅级）王国栋陪同。

6月4日，人民胜利渠管理局召开第二届职工代表大会暨工会会员代表大会第四次会议，大会审议通过《管理局工作报告》《管理局工会工作报告》《管理局工会经费审查报告》《管理局工程系列专业技术职务申报推荐办法》《管理局编外聘用人员工资待遇管理办法》《增补工会第二届委员会委员》等决议（草案）。

6月8—10日，水利部调研组到人民胜利渠灌区调研标准化、规范化建设情况，对人民胜利渠管理局的标准化、规范化管理工作给予高度评价。

7月9日，河南省水利厅党组成员、副厅长、一级巡视员武建新，带领厅属8个单位的党组织负责人，参加在人民胜利渠管理局召开的河南省水利厅党建工作座谈会暨新时代文明实践走基层活动。

8月5日，河南省人民胜利渠管理局节水灌溉试验站与水利部农田灌溉研究所合作开展的《旱涝并发区主要作物灌排技术模式及调控产品研发与应用研究》项目，获河南省水利创新成果一等奖。

8月25日，水利部监督司副处长张俊胜到人民胜利渠管理局开展水利行业强监管工作调研。

9月25日，四川省都江堰外江管理处到人民胜利渠考察学习灌区标准化规范化管理工作。

11月4日，河北省石津灌区事务中心副主任杨子魁一行17人到人民胜利渠学习交流灌区管理工作。

12月4日，何长海任河南省人民胜利渠管理局纪律检查委员会书记。

2022年

5月26日，根据中共河南省委机构编制委员会文件，河南省人民胜利渠管理局更名为河南省人民胜利渠保障中心，主要任务：负责灌区供水工作，负责人民胜利渠灌区、武嘉灌区骨干工程管理和维修、养护工作，承担灌区骨干工程防汛、排涝任务。核定事业编制239名，处级领导职数5名（1正4副），河南省人民胜利渠保障中心下设武嘉分中心、渠首分中心、东三分中心，机构规格均相当于副处级，副处级领导职数各1名。

概　　述

　　人民胜利渠是新中国成立后在黄河下游兴建的第一个大型引黄自流灌溉工程，1952年4月10日建成通水。灌区南起黄河，北、西至卫河，向东沿黄河故道延伸至卫辉市、安阳市的滑县、新乡市的延津县一带。主要灌溉新乡市的红旗区、卫滨区、牧野区、原阳县、获嘉县、新乡县、延津县、卫辉市，焦作市的武陟县、修武县，安阳市的滑县等11个县（市、区）共12.32万公顷土地，并承担着济卫、向新乡市城市供水等任务。她的建成结束了"黄河百害，唯富一套"的历史，拉开了大规模开发利用黄河中下游水沙资源的序幕，改变了黄河下游过去只决口遭灾、不受益的情况，起到了造福人民的作用。开国领袖毛泽东主席、中共中央总书记江泽民曾到人民胜利渠视察，给灌区人民以极大鼓舞。人民胜利渠开辟新中国引黄兴利之先河，自1952年开灌至2020年，共引（供）水404亿立方米，社会效益450亿元，为灌区经济社会发展提供了水利支撑，是造福豫北人民的"幸福渠"。人民胜利渠在井渠结合、盐碱治理、淤灌稻改、浑水灌溉、水沙并用及计划用水等诸多方面进行的不断探索，积累的宝贵经验，取得的丰硕成果，成为引黄灌溉的典范和旗帜，吸引国内外众多首脑、官员、专家、友人前来参观、考察，被誉为"新中国引黄第一渠"。

　　人民胜利渠开灌70年来，经历了快速发展时期、停灌整顿时期、恢复扩大时期、砥砺前行时期。

　　快速发展时期（1950—1962年） 人民胜利渠于1950年开始规划设计，最初称为引黄灌溉济卫工程，1950年10月，原政务院批准《引黄灌溉济卫工程计划书》。

以此为标志，灌区进入快速发展时期。这一时期的主要特点是：灌区工程短期内全部建成并投入使用；较好发挥了灌溉与济卫两项功能；1958年后大引大灌，造成盐碱地面积迅速增加。

工程建设。人民胜利渠主要是引黄河水灌溉武陟县、原阳县、获嘉县、新乡县、延津县、卫辉市（原汲县）及新乡市郊的农田，同时补给卫河水量，使新乡至天津航运畅通。设计引水流量40立方米每秒，灌溉和济卫各半，灌溉京汉铁路以西1个灌区、以东2个灌区，面积2.4万公顷。济卫流量20立方米每秒，加上卫河本身的流量，保证新乡市至天津市可行驶200吨汽船和150吨木船。1951年开始施工，1952年第一期工程竣工。1952年7—12月，实施第二期工程。1953年1—8月，对已建的工程进行了加固、整修。因此，在时间紧、任务重、干部少且缺乏经验的情况下，采取得力且有效的措施和办法，全部完成建设任务，干、支、斗、农、毛渠及相应的排水沟配套齐全。该工程国家共投资732万元，较原计划节省20%，灌溉面积由原计划的2.4万公顷增加到4.8万公顷。1955—1957年，对灌区进行第一次扩建。1957—1959年，进行第二次扩建，设计灌溉面积增加到6.93万公顷。

灌溉供水。1952年4月10日，人民胜利渠举行放水典礼，10月31日，中共中央主席、中华人民共和国中央人民政府主席毛泽东视察人民胜利渠，当年引水4.05亿立方米，实灌面积达1.89万公顷。从1952—1961年，灌区农业生产逐步发展，年平均产量：粮食为每亩135千克，较开灌前的89千克增长了52%，皮棉为每亩23.9千克，较开灌前的14.5千克增长了65%。

开灌后，灌区地下水位缓慢上升，盐碱地面积有所增加。由于及时采取措施，至1957年年底，盐碱地面积较开灌前减少0.04万公顷。从1958年起，由于大引大灌，盐碱地面积又迅速增加，到1961年已达1.89万公顷，较开灌前增加1.21万公顷，增长177%。

这段时间内，灌区逐步实行了计划用水，建立了一整套灌区监测、水量调配和全面实行沟畦灌溉的制度，管理水平逐步提高。但是，1958年，撤销基层专业管理单位，难以统一调配水量，导致制度废弛，工程失修，基层管理工作受到很大影响。

济卫。人民胜利渠在建设初期称为引黄灌溉济卫工程，1952年4月，开始通水就实现以20立方米每秒向卫河送水。经过济卫，卫河水量增加，新乡至天津航运畅通，可行驶200吨汽船和150吨木船。1959年，卫河航运达到高峰，货运年周转量达10529万吨每千米，客运年周转量达527万人每千米。1958年后受大引、大蓄、大灌的影响，导致卫河严重淤积，新乡市区最大淤积达3.9米。1962年2月，水利部正式宣布豫北地区停止引黄，引黄济卫遂停止。从1952年4月人民胜利渠开始引水，到1962年2月被限制引水，引黄济卫水量共计44.11亿立方米。

灌区科学研究。在此期间，中央水利部、水利科学研究院、黄委和河南省水利厅等领导机关派来许多科技人员，指导并参加灌区的科学研究工作，进行了泥沙观测研究；水量平衡影响因素、盐碱地改良和防止次生盐碱化的研究；作物需水规律和灌水技术、渠道防渗和提高水的有效利用系数等的试验研究，使灌区的管理工作建立在科学的基础之上。

停灌整顿时期（1962—1965年） 由于引黄大水漫灌，有灌无排，引起大面积盐碱化，1962年3月，国务院副总理谭震林在山东省范县（现归河南省管辖）召开引黄研讨会议，决定暂停引黄。以此为标志，灌区进入停灌整顿时期，全面开展次生盐碱化防治。

暂停引黄。1962年人民胜利渠东五干渠废除，东二、东三、东四干渠停灌，仅保留东一干渠、西一干渠约24万亩农田实行控制灌溉。停灌的地方，工程无人管理，渠道被填平复耕，建筑物被损坏，灌区遭遇前所未有的挫折。

次生盐碱化防治。1962年以后，听取专家学者的意见，采取严格控制引黄河水量、停止水稻种植、拆除阻水工程及疏浚、深挖排水沟道等一系列整顿措施，调控地下水水位，全面展开次生盐碱化的防治工作，取得明显成效。到1965年，灌区地下水水位2.54米，比1961年的1.40米明显回落，次生盐碱地面积缩减到0.72万公顷，与开灌初期基本持平。

启动井灌。新乡地区棉田主要分布在人民胜利渠灌区，1964年，国务院拨专款为棉区打保棉井。因大量建造机井，提取地下水灌溉，使得地下水位控制在临界深度以下。这不仅是人民胜利渠发展机井灌溉的一个开端，而且也为中国北方地区大规模发展机井提供了经验。

恢复扩大时期（1965—2002年）停灌后，井灌逐渐成为灌区主要灌溉方式。但若遇持续干旱，全靠井灌不能满足用水需求，群众迫切要求恢复渠灌。1965年大旱，5月、6月两个月灌区内降雨不足20毫米，在广泛征求社队意见的基础上，经上级同意，开始恢复部分基层专业管理机构，发动群众，自力更生，修复灌区主要工程，以此为标志，灌区进入恢复扩大时期。这一时期的主要特点是：灌区灌溉面积较快恢复并逐步扩大；"井渠结合"灌溉格局进一步发展；浑水灌溉造成渠道淤积严重，不得不投入大量人力进行清淤；农业水费计收方式改变，收费难问题凸显；开始为新乡市城市生活供水，实施引黄济津，供水多元化格局初步形成；启动灌区续建配套与节水技术改造项目；大量开展引黄科学研究试验，并取得重要成果。

灌溉供水。1965年先后恢复了新磁、白马、东二、东三等灌区，同时灌区管理机构恢复1958年前的管理体制，即分局下设管理段，撤销县属管理所。还逐步恢复了部分基层专业管理机构，建立了基层用水组织和制度，管理工作不断加强。渠首引水天数、引水量、实灌面积及粮食亩产都大幅度提高，农业生产重新焕发生机。在恢复引黄灌溉的同时，从1965年起，灌区不断加大投资打井力度，到20世纪80年代初，灌区机井建设初具规模，配套机井数量达到6500余眼，初步形成井灌系统。从1989年起，因灌区沉沙池已淤成农田，失去了沉沙作用，开始使用浑水灌溉。井灌与渠灌结合，人民胜利渠灌区逐步形成了引黄地表水与地下水联合调度、水资源统筹运用的"井渠结合"灌溉格局，在黄河下游的引黄灌区中独树一帜。粮食亩产逐年稳步提升，1975年亩产为500千克，1983年为600千克，1991年为700千克，1999年为800千克。

工程建设。随着灌溉面积的恢复，灌区不断加大工程建设力度。1975年，扩建工程开始设计。1980年4月，河南省水利厅批准改善扩建工程设计任务书。1980—1985年，对灌区进行第三次改扩建，灌溉渠系趋于完善，设计灌溉面积由60万亩发展到88.6万亩，控制面积达118万亩。到了20世纪90年代，水资源日益短缺，对节约用水提出了更高的要求。1999年，灌区续建配套与节水技术改造项目被列为国家水利建设重点项目，2000年、2001年先后实施第一期工程、第二期工程，总干渠安全过流能力得到提升。

水费计收。1953年灌区开始计收农业水费。1980年以前，按亩收费，收费标准自流灌每亩1元，提灌每亩0.5元，井渠双灌每亩0.7元。1981年起，以按方收费为主，按亩收费为辅。1997年，河南省政府调整全省水利工程水费计收标准，农业水费从渠首计量，按方计收每立方米收费0.04元，城镇生活用水水费，每立方米收费0.08元。

水费计收办法也根据形势不断进行调整。1970年以前，水费由专管单位自己征收，全部归专管单位掌握使用。一般是夏秋两季收缴。从1970—1998年，水费由所在公社代收，在农民交公粮时代扣。公社代收后，留下所征水费的30%，作为支渠以下（包括支渠）渠道建筑物的岁修改建的建筑材料费用和基层管理人员的报酬补贴。1998年6月，国务院颁布《粮食收购条例》，国有粮食收储企业除按照国家有关规定代扣、代缴农业税外，不得接受任何组织或者个人的委托，代扣、代缴任何税、费。基层政府逐步淡出灌区用水管理，收费难问题凸显，专管队伍工资难以保证，灌区运转面临空前困难，不得不着手推进支渠以下管理体制改革，主要实行用水户协会参与式管理，水费由用水户协会、或由村民委员会、或由承包人、或由乡（镇）水利站负责计收，方式方法日趋多样化，有次清、季清、年清、预交等形式，水费计收新秩序逐步建立。

另外，黄河管理部门对人民胜利渠的供水，按城市供水和农业供水水量分别计量，并按不同计价标准收取黄河渠首工程水费。

城市生活供水。1970年，人民胜利渠首次向新乡市城市供水，1980年，开始向新乡市西水厂供水，黄河水成为新乡市生活用水的主要水源。1990年，开始向四水厂供水。从20世纪80年代起，黄河支流沁河水质污染逐渐严重，直接影响人民胜利渠向城市供水的水质。1994—2004年，先后三次修建渠首导污工程，确保了新乡城市居民饮水安全。从2015年7月起，新乡市城市供水开始配置南水北调水源，人民胜利渠引黄水源逐步成为新乡市城市备用水源。

引黄济津。为解决天津市严重缺水问题，1972—1982年，国家曾5次引黄河水接济天津，总量16.97亿立方米，缓解了天津市人民生活用水的紧张局面。其中从人民胜利渠送水4次，总量11.26亿立方米。

科学研究。国家"六五""七五""八五"期间，人民胜利渠灌区同有关科研院所合作，开展黄淮海平原综合治理旱、涝、碱、沙科学研究，取得重要成果。其中，引黄灌溉泥沙处理技术研究获国家科学技术进步三等奖；人民胜利渠灌区井渠结合防止土壤次生盐碱化效果的观测研究，获河南省科学技术进步二等奖；人民胜利渠灌区综合技术改造研究被列入国家"七五"重点科技攻关项目，成果获河南省科学技术进步二等奖；人民胜利渠灌区水盐监测预报的研究获水利部科学技术进步四等奖；浑水灌溉研究项目获河南省水利科技进步二等奖；人民胜利渠灌区节水改造专题研究及农田灌溉高效用水管理机制研究获河南省科学技术进步二等奖。

砥砺前行时期（2002年至今） 2002年7月，小浪底水利枢纽首次调水调沙，强烈冲刷下切黄河主槽，给灌区引水带来重大不利影响，以此为标志，灌区进入砥砺前行时期。这一时期的主要特点是：引水难问题凸显，不断采取措施加以解决；启动生态环境供水，多元化供水格局进一步形成；加强工程建设与管理，完成灌区续建配套与节水技术改造项目，节水成效明显；重视信息化建设，推动"数字灌区"向"智慧灌区"的转变；实施水利工程管理体制改革，对灌区发展的影响重大且深远；深入挖掘灌区红色文化内涵，不断加强水文化建设，成效卓著。

解决引水难问题。小浪底水利枢纽蓄浑排清、调水调沙的运行模式，使得人民胜利渠引水口处黄河主槽逐年下切，灌区引水条件随之逐年恶化，引水难逐渐成为制约灌区发展的瓶颈。面对这种局面，管理局主动谋划，多措并举，积极推进灌区水源工程改造及建设。2012年10月，建设渠首浮箱式移动泵站，最大提水量20立方米每秒，开启人民胜利渠自流与提灌联合调度运行的新模式。2015年5月，开挖第二引水渠即桃花峪引水渠，实现了灌区多口引水，提高了引水能力，结束了人民胜利渠灌区63年单一引水渠的历史。2017年，在老引水渠口增建一处排架式固定泵站，设计流量20立方米每秒，进一步增强水源应急保障能力。另外，2020年把新建渠首闸同步改造总干渠上段，列入灌区"十四五"时期续建配套和现代化改造项目，积极谋求从根本上解决引水难问题的措施和办法。

供水日趋多元化。进入21世纪，灌区供水日益多元化。一方面，受引水难、高速公路不断修建及新乡市区城市规模不断扩张影响，实际灌溉面积有所萎缩；另一方面，非农业供水量呈现增长趋势。从2004年开始向新乡县东孟姜女河供生态环境用水。2012年，开始向武陟县供生态环境用水。2015年，开始向卫河和共产主义渠补水，为新乡市文明城市建设提供了支撑。

积极推进水价改革。进入21世纪，人民胜利渠管理局进一步深化水价改革，先后两次对供水水价进行了改革调整。第1次是在2006年6月，对农业灌溉用水实行计量收费，将末级渠系水价纳入政府价格管理范围，改渠首定价为末级渠系定价，调整城市供水、农业供水价格，建立健全末级渠系经营组织，规范水费计收。第2次是在2014年1月，适当调整人民胜利渠非农用水价格，同时，执行季节差价。

为支持多引用黄河水，提升黄河水资源开发利用率，从2016年起，河南省级财政对引黄水费支出按每立方米0.04元进行补助，鼓励支持各市（县）积极引用黄河水。

水价改革和收费方式的改变，一方面，促进了水资源合理利用和节约用水；另一方面，管理局不断加大水费收取力度，促使水费足额到位，为灌区可持续发展提供了保障。

工程建设与管理。自2002年以来，工程建设与管理力度不断加大，一是完成续建配套与节水技术改造项目。至2020年，人民胜利渠灌区完成国家下达的16个年度21期投资计划，改造骨干渠道207.10千米、各类建筑物185座（不含斗门）、管理点23座，共完成投资3.36亿元。武嘉灌区节水改造项目2005开始实施，共7个年度9期工程，总投资9600万元，完成主要建筑物370座，完成衬砌总干、干渠共55.73千米，完成衬砌支渠19千米，完成管理站改造13处。通过续建配套与节水技术改造项目的实施，灌区骨干渠道的安全输水能力和渠系水利用系数显著提高，工程老化、毁损严重的局面得到根本扭转。二是持续加大水利工程维修养护力度。2008年水管体制改革后，河南省财政厅每年拨付550万元维修养护资金，人民胜利渠管理局每年也能够拿出一定额度的经营收入用于灌区水利工程设施的维修养护和更新改造，工程状况逐年改善。三是从2016年起，开展灌区水利工程标准化规范化管理，不断取得成效，2019年12月，在全省灌区率先通过省级水利工程管理单位考核验收。

打造智慧灌区。1988年与中国水利水电科学研究院、河南省水利科学研究所联合开展"人民胜利渠灌区远程控制自动化技术研究"，获得河南省科技进步二等奖。2016年，建设灌区信息化暨防汛抗旱指挥调度系统，依托此平台，又先后开发建设了档案信息管理系统、人事信息管理系统、财务信息管理系统、固定资产二维码信息管理系统、灌区语音预警预报系统、办公自动化系统等。2018年，对灌区测量水设施进行升级改造，量测水进一步自动化、精准化。信息化系统的建设与运行，增强了灌区水资源优化配置和用水过程精细控制，提升了管理水平，推动了"数字灌区"向"智慧灌区"的转变。

推进水管体制改革。根据国务院水利工程管理单位体制改革政策及河南省实施方案安排部署，管理局于2008年12月实施完成了水管单位体制改革，给灌区发展带来极为深远的影响。管理局性质由原来的自收自支事业单位改为公益性事业单位，确定事业编制421人，其中全供事业编制274人、自收自支事业编制147人。改革后原在编人员453人，其中265人转为全供事业编制、51人继续作为自收自支事业编制、137人办理提前退休手续，其工资待遇、退休待遇及公用经费全部纳入省财政供给。原有的262名离退休人员，其退休待遇及公用经费也全部纳入省财政供给。

水文化。一是建设水利风景区和水情教育基地。依托渠首闸、毛主席视察黄河休息室、人民胜利渠展览馆、人民胜利渠建设指挥部，深入挖掘新中国开发利用黄河中下游水沙资源的历史及成就，建设水利风景区和水情教育基地，形成了独具特色的水文化教育平台。教育基地向世人展示新中国开发利用黄河中下游水沙资源的历史及成就，深受社会公众好评。2014年9月，入选水利部第十四批"国家级水利风景区"，同年被确立为"河南省园林单位"。2017年12月，被命名为河南省首批"省级水情教育基地"，2019年8月，入选水利部第二批"水工程与水文化有机融合案例"。二是开发应用视觉识别系统。2015年，人民胜利渠管理局面向全社会征集人民胜利渠徽标，开发视觉识别系统，并广泛应用，彰显人民胜利渠自身特色，树立品牌形象，增强社会认知。三是持续抓好精神文明建设。从1999—2010年，连续保持两届市级文明单位称号，于2010年11月、2016年2月、2020年4月先后三次被河南省委、省政府命名为省级文明单位，2021年11月，被水利部评选为第九届全国水利文明单位，起到了较好的示范引领作用。

区　域　环　境

人民胜利渠灌区地处太行山下、黄河之滨，介于北纬 35°0′~35°30′、东经 113°31′~114°25′ 之间黄河下游北岸的华北平原上，南起黄河，北、西至卫河，向东沿黄河故道延伸至新乡市卫辉市、安阳市滑县、新乡市延津县一带。受益范围有：新乡市的红旗区、卫滨区、牧野区、原阳县、获嘉县、新乡县、延津县、卫辉市，焦作市的武陟县、修武县，安阳市的滑县。

区域内地形由黄河多次决口改道淤积而成，以平原为主，间有黄河故道内零星沙丘、坑塘与背河洼地小片沼泽。总体呈西南高、东北低的态势，与古黄河流向一致。

自　然　环　境

地质地貌　区域地质结构为湖积与冲积层，灌区地貌受黄河塑造的影响。在黄河下游，尤其是豫北、豫东平原地区，每一条古黄河河道或现行黄河河道，都构成一个下游黄河极为独特的地貌单元，分别由数百米宽的主河槽、行洪期间洪水漫滩落淤形成的地势高亢宽达数千米的河漫滩地以及（古、今）黄河大堤两侧宽数千米到十几千米的浸润洼地（又名背河洼地）组成。历史上，黄河在豫北地区多次改道，使由黄河冲积形成的灌区土地呈现阶梯状带形条块平行排列的外观。

从图中可以看出，今黄河和古黄河所形成的地貌单元。其中今黄河大堤和古黄河北堤——古阳堤显示出两个最为明显的地貌标志。人民胜利渠总干渠上的枢纽工程就修建在两个阶地的接合部。

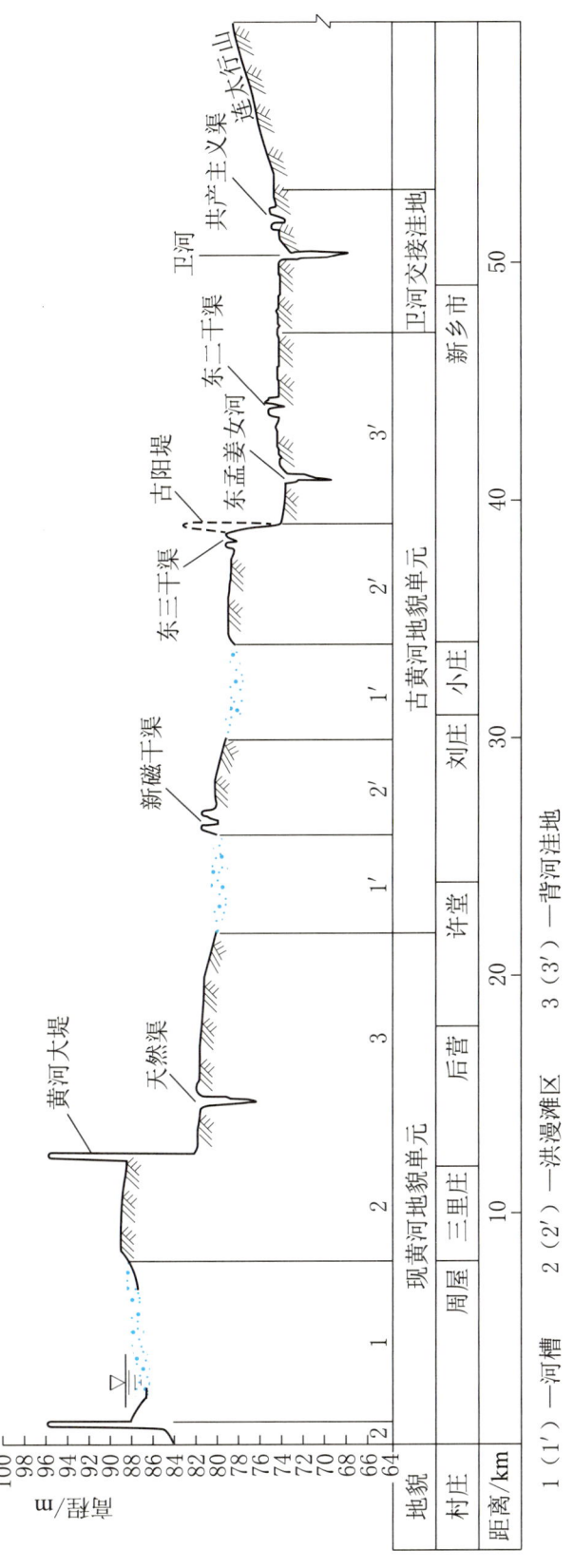

新乡市正南方向地形剖面及地貌分区示意图

水文气象　区域属暖温带大陆性季风型气候区，夏季盛行东南风，冬季盛行西北风，四季分明。冬季寒冷干燥，夏季炎热多雨，秋季凉爽，春季短暂。多年平均降水量600毫米左右，平均气温14℃，年无霜期210～220天。区域土壤肥沃，日照充足，昼夜温差大，有利于作物生长和干物质积累，热量资源可满足小麦杂粮或麦秋两熟需要，适宜冬小麦、棉花、玉米等旱作物及水稻生长。

区域旱涝有三个显著特征：一是出现频率高，以春旱、伏旱和夏涝最为常见，其中春旱出现的频率高达80%，伏旱和夏涝基本每年都会出现；二是持续时间长，常常出现春、夏连旱及夏、秋连涝现象；三是旱、涝交替出现。

根据《新乡市水利志》记载，区域多年平均水资源量为16.97亿立方米。其中，地表水资源7.43亿立方米，地下水资源11.23亿立方米，重复计算量1.69亿立方米。区域内多年平均水资源可利用量占区域内平均水资源总量的85%。引黄灌区的引进客水，对区域自然水资源量进行了一定的补充，引黄水资源量未计入区域水资源总量。

水旱灾害　区域内水灾严重。历史上黄河下游决口和改道大部分发生在新乡市境内，沁河、卫河决溢，山区洪水暴发造成涝灾十分突出。当暴雨中心出现在北部太行山区时，山洪汇成卫河洪水，易生险情或致溃决成灾。西部沁河、南部黄河均为地上悬河，黄、沁河决溢，致使区域遭受水灾。区域内旱灾也十分突出，且有概率高、面积大、旱期长、危害重的特点。民国时期共出现大旱、特大旱年7个，其中连续2年干旱的有5个，在这5个连续旱年中，从1941年冬旱、1942年春夏秋持续干旱，一直到1943年夏旱情结束。1942年，河南受灾百余县，灾民过千万。1949—2015年区域内旱灾几乎年年有，大范围的旱灾也时有发生。灌区开灌后的特大旱灾有1965—1966年和1978—1982年。

社 会 环 境

人民胜利渠灌区区域，是华夏文明的发源地之一。自古乃兵家必争之地，历史上著名的牧野大战、官渡之战、陈桥兵变都发生于此。这里区位优势突出，交通四通八达，是中原城市群核心圈层重要区域。

政区及沿革　　区域所在地气候温和，草木繁茂，适宜人类生存繁衍。仰韶、龙山文化时期，先民们已在这里繁衍生息。共工治水，就在此地。殷商时期，区域大部属畿内地。武王灭商，分殷畿内地为3个诸侯国以监殷民，史称"三监"。其中，武王之弟管叔封于鄘城（今新乡市市区、新乡县、卫辉市一带），蔡叔封于卫（今滑县、淇县一带），霍叔封于邶（今汤阴东）。武王死后，"三监"叛周，周公讨平"三监"，将其地全部封给他的弟弟康叔。康叔居于卫，今新乡市市区、新乡县、卫辉市、辉县、获嘉县和延津县北部等区域当时属卫，卫国、卫州、卫地、卫河之名来源于此。千百年来，区域所辖历经更迭，各有归属。

卫辉市。1948年11月7日，县城解放，县政府机关迁驻县城。划城区和城郊部分村庄成立卫辉市，卫辉市与汲县同属太行五专署。1949年2月，撤销卫辉市，其辖区复归汲县，1988年11月汲县改为卫辉市。

红旗区。1953年1月区划调整时改称新乡市第二区，1955年12月改名为和平区，1959年2月改名为和平人民公社，1966年10月改名为红旗区。

卫滨区。现新乡市卫滨区是在1953年区划调整改为新乡市第一区，1966年改名为建新华区。2004年年初，新乡市区划调整后，新华区更名为卫滨区。

牧野区。现新乡市牧野区是1949年新乡市的第四区，1955年更名为郊区，1959年改成公社，1966年复置郊区。2003年12月25日，国务院批准同意新乡市郊区更名为牧野区。

原阳县。原阳县近代是由原武、阳武二县合并而成。在民国时期曾先后属河南省第二行政政区、第四行政督察区。1945年3月，中共晋冀鲁豫边区太行区曾置原阳县，辖原武县、阳武县2个县南部边区，1948年10月原武县、阳武县2个县解放，隶于冀鲁豫区第四专区。1949年10月1日，中华人民共和国成立后，2县属平原省新乡专区，1950年3月1日，原武县、阳武县2个县合并各取首字，定名为原阳县，属新乡地区；1986年2月，新乡地区撤销，划归新乡市管辖。

新乡县。1913年，新乡县属河南省豫北道，后又改为河北道。1932年，新乡县属河南省第四行政区督察专员公署。1938年2月17日，新乡县城被日军侵占，属日伪豫北道尹公署。1944年10月，中共建立新乡县抗日民主政府，属中共太行行署。1945年年底，撤销新乡县抗日民主政府建制，并入辉县抗日民主政府。1946年，国民党河南省政府下设12个行政区，国民党新乡县政府属第四行政区。1947年3月，中共建立新乡县人民民主政府，属中共太行行署五专区。1949年8月20日，平原省人民政府建立。新乡县人民民主政府属平原省新乡专员公署。1959年4月23日，撤销新乡县建制，并入新乡市。1961年8月24日，恢复新乡县。1983年9月1日，由新乡地区改属新乡市辖。

延津县。民国初废府设道，延津属豫北道。1927年，撤销道级建制，延津直属河南省。1932年，河南省划分行政区，延津属第四行政区。1949年后延津属新乡专区。1985年撤地设市，延津属新乡市。

获嘉县。民国时期，获嘉属卫辉府。1948年11月2日获嘉县城解放，属华北人民政府太行行署四专区。1949年8月属平原省。1952年属河南省新乡专区。1961年属新乡地区。1986年2月属新乡市。

武陟县。1952年12月前，武陟县属河南省新乡行署。1986年1月，武陟县改属焦作市。

修武县。1958年10月10日，撤销修武县，并入焦作市。1961年9月1日，恢复修武县，隶新乡专员公署。1987年9月1日，修武县隶属焦作市。

滑县。1949年11月，县政府自万集村迁至道口镇，隶属平原省濮阳专区。1952年11月，平原省撤销，滑县归属安阳专区。1983年，成立濮阳市，归濮阳市。1986年2月，改属安阳市。

区域经济 人民胜利渠灌区所处区域涉及河南省新乡、焦作、安阳3个省辖市，其中以新乡市面积最大，区县最多。新乡市常住人口625.19万人。2020年全市实现地区生产总值3014.51亿元，总量居河南省第6位，年同比增长3.2%，高于全省水平1.9%，增速居全省第4位。其中，第一产业增加值293.36亿元，增长

1.8%；第二产业增加值 1352.45 亿元，增长 4.2%；第三产业增加值 1368.70 亿元，增长 2.2%。第一产业、第二产业、第三产业结构比为 9.7∶44.9∶45.4。2020 年灌区内的县（市）域经济（部分）情况见下表。

2020 年灌区内的县（市）域经济（部分）情况表

县（区、市）名称	年末常住人口/万人	地区生产总值/亿元	居民可支配收入/万元	粮食播种面积/万公顷	夏、秋粮平均亩产/千克
原阳县（含平原示范区）	75.18	242.49	1.90	7.15	410
新乡县	34.30	216.45	2.78	1.90	455
延津县	46.08	154.63	2.12	2.62	376
卫辉市	47.93	175.82	2.16	3.43	392
红旗区（含经济技术开发区和高新技术产业区）	61.63	538.16	3.54	0.42	405
牧野区	37.89	215.73	3.60	0.11	469
卫滨区	24.00	116.50	3.66	0.17	413
获嘉县	39.68	171.62	2.09	2.96	407
武陟县	66.13	300.56	2.05	7.21	519
修武县	24.90	139.20	2.60	2.97	499
滑县	116.87	404.54	1.97	20.72	451

交通 铁路。区域有京广铁路与新月二线、新荷铁路等在新乡火车站交汇。新乡火车站建于 1905 年，为一等甲级站；有京广高铁、郑太高铁与济郑高铁组成高铁动脉，其中京广高铁与济郑高铁在新乡东站相聚，新乡东站于 2012 年投入使用。

公路。区域内京港澳高速公路，郑云高速公路与荷宝高速公路、晋新高速公路相互连通，形成高速公路网，并设有新乡站、新乡东站、新乡西站等高速公路枢纽站;国道方面有107国道、107改建、230国道与234国道、327国道交织,与周边市、县直接连通。

水运。卫河是海河五大水系之一,全长900余千米,是区域内自隋唐以来一道亮丽的水上运输风景线,"卫水金波"曾是新乡八景之一。人民胜利渠本为引黄灌溉济卫工程,也是当代卫河的主要水源之一。20世纪60年代以前,卫河一直是豫北地区的水运要道,后因水资源紧缺等,卫河水运终止。

河 流 水 系

人民胜利渠灌区分属黄河、海河两大流域。黄河流域包括黄河干流及沁河水系、金堤河水系、天然文岩渠水系，海河流域主要是卫河水系。

黄 河

黄河是中国第二长河，发源于青海省巴颜喀拉山北麓的约古宗列盆地，蜿蜒东流穿越黄土高原及黄淮海大平原，注入渤海。干流全长5464千米，水面落差4480米，流域总面积79.5万平方千米（含内流区面积4.2万平方千米）。

在距今115万年前的早更新世，黄河流域内只有一些互不连通的湖盆，各自形成独立的内陆水系。随着西部高原抬升，河流侵蚀、夺袭，至距今105万～10万年的中更新世，各湖盆间逐渐连通，构成黄河水系雏形。到距今10万～1万年间的晚更新世，黄河才逐步演变成从河源到入海口上下贯通的大河。由于黄河流经黄土高原时挟带大量泥沙，进入下游平原地区后迅速沉积，主流在漫流区游荡，人们从春秋战国时期开始筑堤防洪，行洪河道在堤防约束下不断淤积抬高，成为高出两岸的"地上河"，最易决溢泛滥，改走新道。黄河河道变迁的范围，西起郑州附近，北抵天津，南达江淮。周定王五年（公元前602年）至南宋建炎二年（1128年）的1700多年间，黄河迁徙大都在现行河道以北地区，侵袭海河水系，流入渤海；自南宋建炎二年（1128年）至清咸丰五年（1855年）的700多年间，黄河改道摆动都在现行河道以南，侵袭淮河水系，流入黄海。1855年黄河在河南

黄河流域示意图

兰考铜瓦厢决口后，改走现行河道，夺山东大清河入渤海。黄河干流南北摆动，给区域留下多条黄河故道。

史前古道　史前古道形成于早、中全新世散流亚期，为境内地表可辨的最古老河道。据河南省地矿厅工程第一水文地质工程地质队（以下简称水文地质一队）调研，河道可辨部分从武陟大樊向东北经修武郁封，在获嘉徐营以南入境，直至新乡市西北、卫辉孙杏村一带。地表遗留长40千米，宽3~6千米，境内长约25千米。堆积物中的矿物成分有别于沁河堆积物，在郁封采样经热释光测年鉴定为0.9万~1.0万年，系早、中全新世行河于以孟津宁嘴为扇顶的冲积扇西北翼边缘扇面上的古河道。由于新构造时期，武陟凸起的抬升，河道的西南段一般高出两侧地面2~4米，个别达5米，其残存部分俗称郁封岭。

禹河故道　禹河故道形成于晚全新世时期，黄河冲积扇扇顶向下游东移至荥阳桃花峪。下游首次可考而有记录的洪泛事件，发生于唐尧八十年（公元前2297年），时豫北汲境（今卫辉市）一带，特大洪水为患，大禹奉命治水，8年后各大水系均有所归，洪水即平，禹河诞生。据水文地质一队调研，禹河原始河道自今武陟圪挡店向东北入境经获嘉亢村西、丁村、照镜村，新乡市东南，卫辉市城东出境入滑县。河道宽3~6千米，高出两侧地面2~4米，最高达5米以上。河道沉积物与现行黄河河道沉积物相同。在获嘉县境古河道内粉砂夹灰黑色淤泥质沉积物中采样，经测年为4400年（1950年以前），属禹河故道无疑。

西汉故道　西汉故道在大禹治水后，水患一度减少。春秋、战国时期已有堤防，至西汉时期禹河左堤（古阳堤）和右堤已具规模，史称西汉故道。故道西南起自今武陟圪挡店向东北入境，经获嘉亢村东，新乡县的七里营镇、朗公庙镇，延津县的榆林镇、胙城乡，卫辉市的庞寨乡至延津县的丰庄乡出境入滑县。区域内最窄处在延津县蒋班枣村，宽3千米，最宽处在原阳县黑羊山村和延津县夹堤村，宽16千米，河床纵比降为0.184‰。

西汉故道今在原阳县的祝楼乡、黑羊山乡至新乡县八柳树村、古固寨镇、延津东屯镇、卫辉市庞寨乡、延津县丰庄乡一线成为分水岭。西北侧为海河水系，流域面积 3985 平方千米，东南侧为黄河水系，流域面积 4184 平方千米。

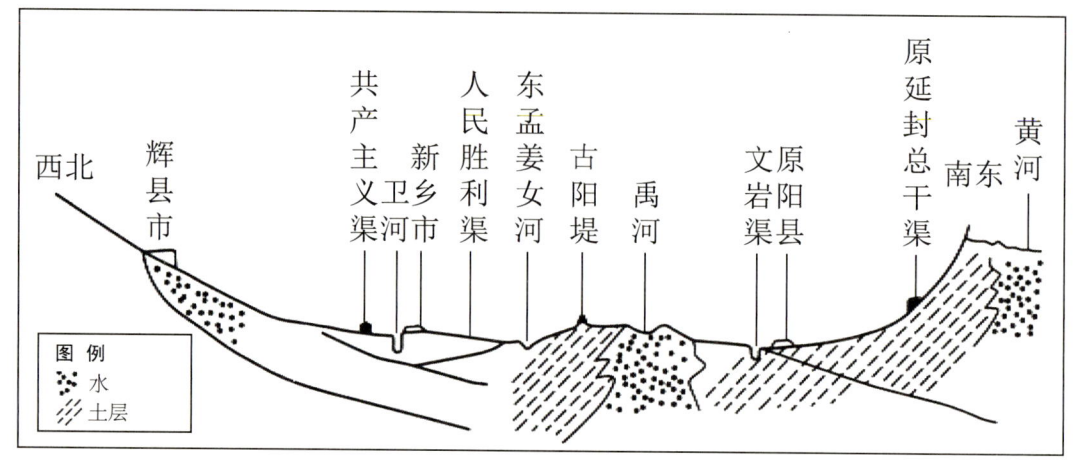

辉县—原阳地貌剖面图

故道越近上游在新乡市境内延续时间越长。继周定王五年（公元前 602 年），禹河首徙浚县宿胥口（今地壕村）后，决口逐渐上移。南宋建炎二年（1128 年），黄河四徙夺泗入淮，黄河南流，再经明洪武二十四年（1391 年）和明正统十三年（1448 年）的两次改道，在区域内外形成金元故道和明清故道。清咸丰五年（1855 年），河五徙兰阳（今兰考）铜瓦厢，形成现行河道后，西汉故道在境内仅存的一段绝迹。

南宋故道 南宋故道形成于南宋建炎二年（1128 年）东京（今开封）留守杜充为阻金兵南下，决河于滑县李固渡（今沙店集村村南 1.5 千米），形成第四次大徙。自此黄河南流夺泗入淮，决口大多上移至今卫辉市、延津县和原阳县一带。金大定六年（1166 年）五月，河决阳武（今原阳县），水淹郓城东注梁山泊。金大定八年（1168 年），河又决李固渡村，大溜经滑县西南，灌长垣县出境，入山东省溃曹州（今山东省菏泽市），经安徽省砀山县、江苏省徐州市合泗入淮。1168—1194 年的 27 年间，黄河在卫辉、延津一带决溢的次数，几乎占全河一半。南宋淳熙十三年（1186 年）、金大定二十七年（1187 年）前后，黄河下游大致有 3 条泛道，正河由荥阳县、原武县（今原阳县）、汲县（今卫辉市）、延津县的胙城乡至长垣市，向东南出境至徐州市夺泗入淮注黄海；北支岔河从李固渡沿 1128 年故道东北经白马县（今滑县）、濮阳市，向东南出境汇泗水；南支岔河出新乡县经延津县、封丘县向东南，亦汇入泗水。

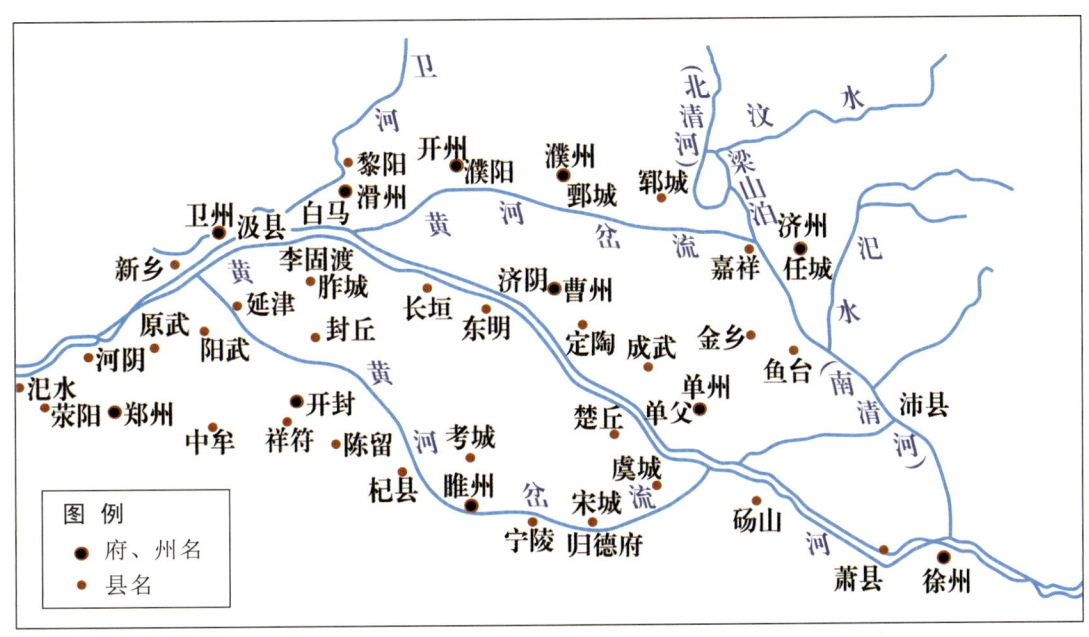

1187年黄河下游河道示意图

明清故道 明清故道形成于明正统十三年（1448年），河先北徙新乡市八柳树村折向东南，金明昌五年（1194年）再徙故道经延津县、封丘县出境，至濮阳市抵聊城市张秋镇，穿运河合大清河入海；中徙荥泽孙家渡口（今原阳县姚村），东南至刘合庄向东漫流，入涡河汇淮河；南流从孙家渡口经明洪武二十四年（1391年）故道由颍入淮。1448年河徙时的主河道，此后即长期在今临黄大堤与现行河道之间摆动，变化不大。天顺六年（1462年），河自武陟徙入原武县南，获嘉县、新乡县之流绝。弘治二年（1489年），河大决开封及封丘荆隆口，河道混乱向南、东、北分5支。其中，北支自原武趋阳武、封丘，至山东曹县冲入张秋运河，余均入淮。嘉靖四十四年（1565年）后，堤防系统逐渐完备，下游河道相对稳定，直至铜瓦厢改道，历时280余年无大变化。

现代河道 现代河道位于黄河下游中，南缘原阳县西南盐店庄至封丘县东南贯台集（河东为兰考县东坝头）河段，承袭明清河道上段。东坝头以下，北东沿豫、鲁边界进山东省入渤海河段，为铜瓦厢决口后形成的新河道。

从沁河口附近到兰考县东坝头的黄河河段，因溯源侵蚀，河槽下切，形成高滩深槽。1950—1960年，黄河中、上游治理工程甚少，基本反映了自然行河状态。1960—1964年，三门峡水利枢纽蓄水拦沙下泄清水，强烈冲刷侵蚀下游河道，水位较前明显降低。1964—1973年，三门峡水库滞洪排沙，下游河道特别是夹河滩以上河段强烈淤积，特点是主槽淤积量大于滩地，致使河槽高差减小，河道变得宽、浅、散、乱。1973年，三门峡水利枢纽二期工程完工以后，实行非汛期蓄水拦沙、汛期降低水位泄洪排沙，采用"蓄清排浑"的控制运用方式，导致河槽淤高。自20世纪80年代以来，黄河下游出现来水来沙均偏小的枯水少沙系列，下游河道通过非汛期冲刷、汛期淤积的冲淤交替，使泥沙淤积大多集中到高村至孙口河段，不少河段在生产堤内因淤积而形成临背悬差1米多的"二级悬河"。

小浪底水利枢纽建成并开始水沙调控后，黄河下游河床持续下切，在相同流量条件下，人民胜利渠的引水口处黄河水位较2002年小浪底水利枢纽调水调沙前，下降3米，导致人民胜利渠引水困难。2020年在建的河南省西霞院水利枢纽输水及灌区工程的输水总干渠，在人民胜利渠一号枢纽上游与人民胜利渠总干渠相连，可作为人民胜利渠引水的又一水源地。

沁河水系　沁河属黄河一级支流。发源于山西省平遥县黑城村（一说山西省沁源县西北太岳山东麓二郎神沟），自北向南经安泽县、沁水县、阳城县、晋城市郊区，切穿太行山，由晋城市郊区拴驴泉进入济源市紫柏滩入河南境内，经济源市、沁阳市、博爱县、温县，于武陟县南流入黄河。

沁河在河南省境长135余千米，在济源市境内，岩溶发育，有泉水出露。沁河径流资源丰富，河口站多年平均流量49.5立方米每秒，其中基流量165.1立方米每秒，占总流量的32.5%，含沙量低，稳定可靠。沁河在武陟县小董乡沁阳村流入，经小董乡、西陶镇、大虹桥乡、三阳乡、阳城乡、城关乡（现龙源镇）、木城镇、二铺营乡（现嘉应观乡）、北郭乡9个乡(镇)，到北郭乡方陵村入黄河，区域内长34.9千米，河床宽330～1200米。1948年前后，沁河还是常流河，20世纪60

沁河口地标

年代以后，由于上游建闸挖渠引水灌溉农田，到武陟县境内经常断流，成为"季节河"。1982年，最大洪水为4280立方米每秒。

沁河在河南省境内的主要支流是济河。济河常年流量约1.5立方米每秒，发源于济源市西北2千米处，有二源，一出济源济渎庙，一出龙潭。二水在济源程村合流，东流至沁阳柏香后分为二支，一支东南流为猪龙河，是济河主流，流经温县于坨村入黄河；另一支流入沁阳县城，流至龙涧村入沁河。

金堤河水系 金堤河水系是黄河的一级支流，区域内涉及金堤河水系的主要有西支大沙河。因沿袭禹河故道支流沙河得名，源起于新乡县马头王村，经延津县第五疃村东、卫辉市边界至延津班枣东北过河道闸，折向东、东南经隋庄出境，河道闸以下称柳青河，先后汇入北东向的榆林排、龙源排、柳青一支和二支。区域内长52.8千米，系接受上游引黄退水和排涝的河道。1958年，修建红旗总干渠时在兴村口建有平交闸以泄水，红旗灌区停灌后逐渐废弃。总干渠西部来水，统由总干旁向北下泄，至滑县薛庄排入金堤河。东支文明渠，分别源于长垣县的马村和韩庄村，向北经后吴庄出境，过黄庄河，至濮阳五爷庙排入金堤河，区域内长约30千米。金堤河又过濮阳、范县至台前县通过张庄闸入黄河。

天然文岩渠水系 天然文岩渠水系黄河一级支流。受秦岭系东西向黄河断裂沉陷带控制，天然渠西起原阳王村，大部沿现行河道背河洼地向东经原武镇南、大宾乡、太平镇东的老河入封丘县，经封丘城南抵县东北界、长垣县之西辛庄汇入天然文岩渠，长约95千米；文岩渠西起武陟张菜园，向东经原阳王禄、西磁固堤，原阳城北，北东至韩庄入延津县，向东直达封丘县东界，长约105千米。两者大致平行出封丘县在长垣市西界大车集汇流为天然文岩渠后，沿今临黄大堤西侧取土筑堤遗留下的堤沟转向东北过孙庄出境，在濮阳渠村入黄河，长约41千米。

卫　河

卫河是海河一级支流。它北邻漳河，西北靠太行山，西南临丹河、沁河、黄河，东南与金堤河、马颊河接壤，呈西南东北走向，流经山西省、河南省、河北省、山东省4个省，于河北省馆陶县徐万仓与漳河汇流后，称卫运河（也称漳卫河），全长344.50千米，流域面积14970平方千米。其中，河南省境内长286.50千米，流域面积14580平方千米；新乡市境内长73.65千米，流域面积3985平方千米。

卫河在京广铁路以西基本是山区，山区约占总流域面积的60%，左岸诸支流如大沙河、峪河、石门河、百泉河、沧河、淇河等，均发源于太行山东麓，成梳齿状分别汇入干流。1957年在新乡县合河村北修建节制闸，开始洪涝分家。1958年又开挖共产主义渠，从此卫河左岸诸支流均汇入共产主义渠，与卫河平行东流，至淇门与淇河平流交叉，通过刘庄节制闸到浚县老观嘴村入卫河。1962年停止引黄后，用于行洪排涝。卫河干流，从合河节制闸到河北省徐万仓，全长274千米，其中在新乡市境内73.65千米(从新乡县合河闸至卫辉市小河口村)。右岸入卫的

河流水系

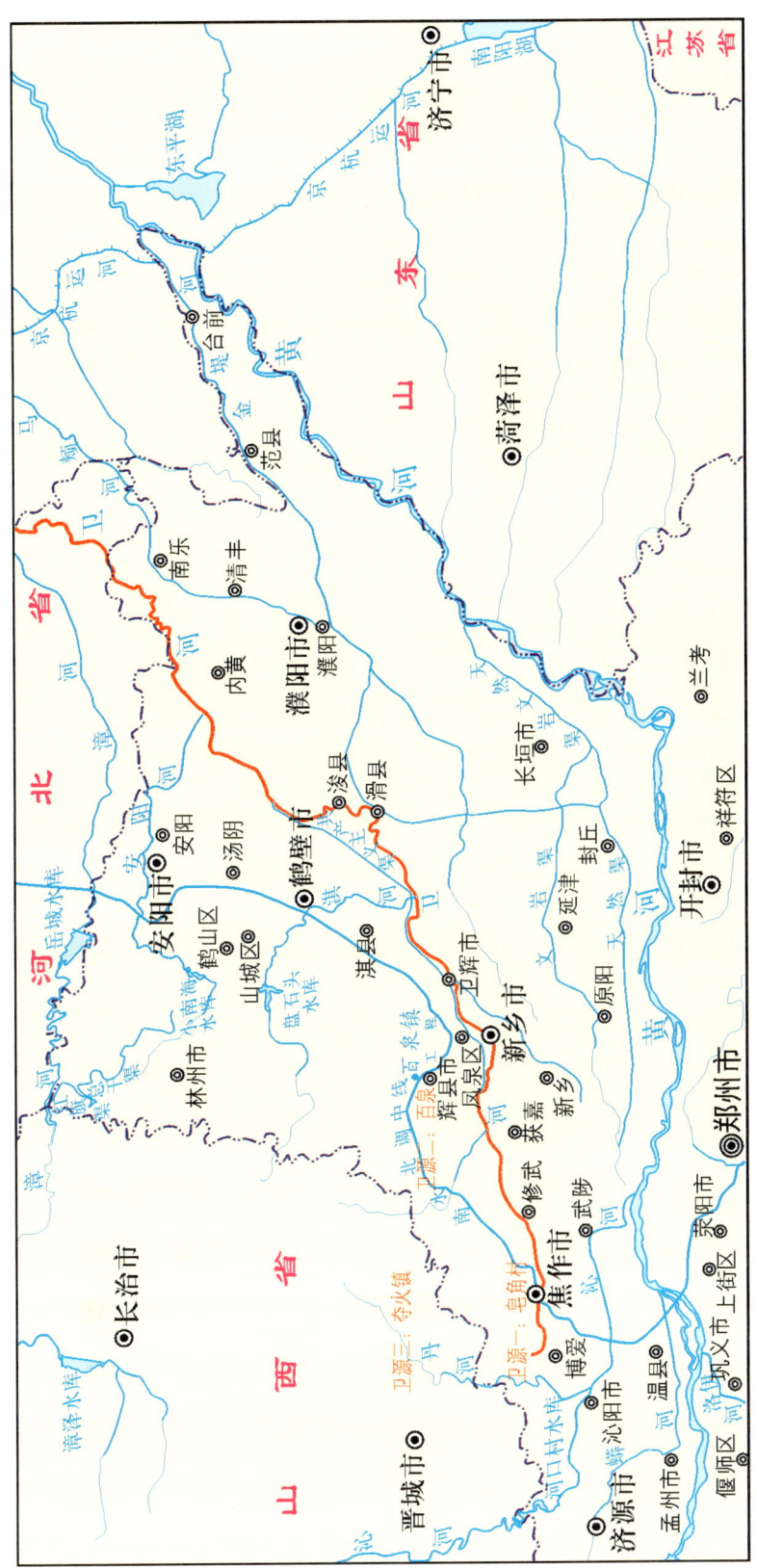

卫河示意图

较大支流有镜高涝河，东、西孟姜女河和人民胜利渠总干渠退水等，控制流域面积844平方千米。建有桥梁55座，拦河节制闸3座，穿堤涵闸586处，排污泵站5处，机电灌站131处，沿河有266.67多公顷耕地用卫河水灌溉。主要排泄合河村以下两岸内涝、引黄退水和城市污水。卫河在西曲里以上，两岸均有堤防，西曲里以下，左堤向东与共产主义渠右堤相连，形成一堤两河，使卫、共分开，直至卫辉市区以下陆续分离，在卫辉市小河口村与淇河平交汇流，并通过刘庄节制闸进入浚县境内。

中华人民共和国成立后曾多次对卫河干流进行复堤、裁弯、清淤和险工段护砌，卫河除涝能力达到3年一遇（84～170立方米每秒），防洪能力达到10年一遇（160～330立方米每秒）。

卫河三源 关于卫河河源，三说并存。

一说：卫河发源于河南省博爱县皂角村。这里是原引丹济卫（也称运粮河或小丹河）的起源。清康熙二十九年（1690年），清政府在河内县（今博爱县）皂角村，引丹河水入运粮河，经武陟县、修武县流入大沙河，在新乡县合河镇入卫河。当时有卫河河源在河内县皂角村之说，是按照"漕运"的观点而定的卫河河源。随着停止引丹、引沁和运粮河上段改道，下段废弃，这种观点成为史话。

二说：辉县百泉为卫河之源。百泉水池，商周已有。北魏称百门陂，宋曰百门泉，到清朝以后改称百泉，沿用至今。隋代在百泉开始有装饰性建筑，唐代出现刻石碑碣，宋以后建筑群日益辉煌宏大。岁月沧桑，朝代更迭，许多建筑毁于战火，现存的庭院楼阁如卫源庙、灵源寺、涌金亭、喷玉亭等多为明清时期重建或新建。清道光《辉县志》载："乾隆十五年（1750年）大加建筑，绕岸砌石，南卧长桥，以作屏障，山水亭阁，金碧参差，倍增胜慨。"

百泉灌区始建于唐，历史上灌溉面积较小。明嘉靖年间曾沿百泉河增建仁、义、礼、智、信5道闸门，引水浇地400多公顷。自清代以来，"惟漕是运"，一度废灌济卫，以利卫河通航。中华人民共和国成立后对该灌区加大整修扩建，在百泉池正常出水3.50立方米每秒情况下，扩大浇地达4667～5333公顷。20世纪70

2020年百泉

河流水系

75

年代，因泉池周边打井抽水用于工业和高地灌溉，造成泉源锐减，泉水枯竭，迫使百泉灌区南自流灌溉逐步转向机井灌溉。

百泉被称作卫河河源，应从卫河的形成追溯。隋代永济渠就是今卫河的前身。永济渠的水源，自晚唐以后，断引沁水，只有百泉。自此历代皆有卫河河源在百泉之说。首次记载卫河源的《宋史·河渠志》记载："御河（今卫河）源出卫州共城（今辉县）百门泉。"《明史·河渠志》记载："卫漕者（即卫河），源出河南辉县，至临清与会通河合，北达天津。"《大清会典》记载："卫河旧名御河，源出河南辉县苏门山，东会淇、漳诸水。"《辉县志》记载："百门泉，一名珍珠泉，一名捌刀泉，出苏门山下，即卫河之源也。"

三说：卫河发源于山西省陵川县夺火镇。夺火镇在陵川县城南35千米处，原名铎鍷，因春秋时为铎遏父封邑而得名，后讹传，演变为夺火。此处高山林立，沟壑纵横，古为永和隘，是陵川通往河南的咽喉。《河南省水利志》记载：在1952年10月漳卫河流域查勘报告中，按照"河源唯远"原则，始提运粮河的发源地博爱县皂角树为卫河之源。在运粮河改道后，又称大沙河的发源地山西省陵川县夺火镇为卫源。1979年版《辞海》记载："卫河上源出山西省太行山，南流经河南省新乡市……"

卫河变迁　先秦时期，海河水系尚未形成，在丹河与淇河之间，发源于太行山东麓的河流及山前倾斜平原的地面水，都泄入黄河。在朝歌（今淇县）与汲郡（今卫辉市）之间，极易上水，杂草丛生，形成天然牧场，早在商、周时期，就有牧野之称。

黄河下游堤防，始于战国。自武陟经获嘉县、新乡县、延津县、汲县、浚县到滑县的黄河北堤，陆续出现，逐渐形成，称古阳堤、汉堤。《汉书·沟洫志》记载："淇水（今滑县西南）口上下，黄河已成'地上河'，堤身高四五丈（约合9~11米）"。由于黄河北堤的形成阻断了太行山丹、淇之间诸河与平原沥水直接入黄的通道，致使古阳堤以北的黄河滩地变成背河洼地，形成吴泽、汲城、柳卫等一条长达数十里的沼泽陂地，迫使丹、淇之间各条山洪入沼泽而与黄河平行东流,至卫辉与浚县交界处,再次流入黄河,这是最早期的卫河上段。因河水清澈透明,与浑浊的河水形成鲜明对比,故定名清水。历史上卫河上游为清水。北魏郦道元在《水经注》记载:"清水出河内修武县之北黑山(今获嘉县北黑山)……其水历涧飞流,清冷洞观,谓之清水矣。"人们傍水而居,发展农牧,人丁兴旺,一时成为卫州繁茂之地。

东汉建安九年(公元204年),曹操北征袁尚,在淇水上用大枋木筑堰,止淇水入黄,改淇水入白沟(黄河故道),又开通河北诸渠,以通漕运,为海河水

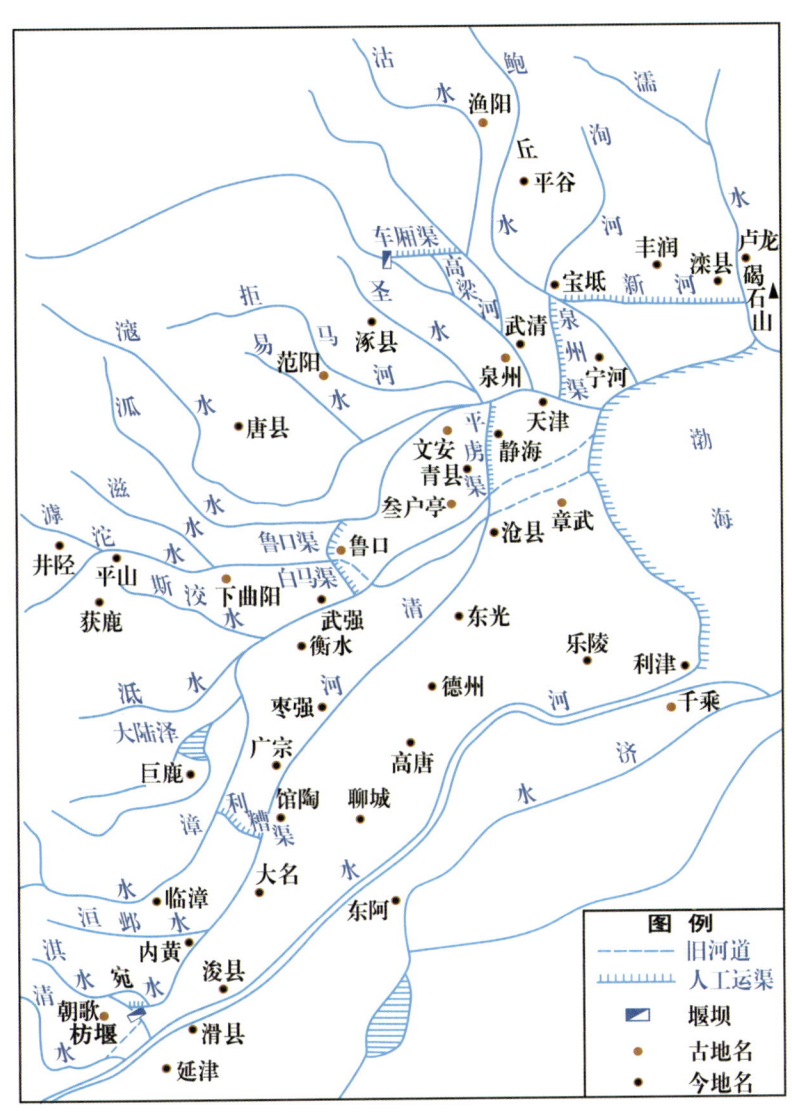

三国时期海河流域水系及水利工程分布示意图

系形成打下基础。

西晋太康二年（公元281年），清水汇淇水入白沟，使卫河由入黄河水系改入海河水系。海河水系形成之初，极不稳定，到北魏时期南北水系联系中断，海河水系成解体状态。

隋炀帝出于政治军事需要，于大业四年（公元608年）诏发河北诸郡男女百余万人，从武陟小原村东北的红荆口（今获嘉县红荆嘴村）引沁水，经获嘉县、新乡市至卫辉市开挖永济渠。《元和郡县志·永济县下》记载："永济渠在县西郭内，阔一百七十尺，深二丈四尺，南自汲郡引清、淇二水东北入白沟，穿此县入临清……隋式修之，因名永济。"《太平寰宇记·清河县下》记载："南自汲

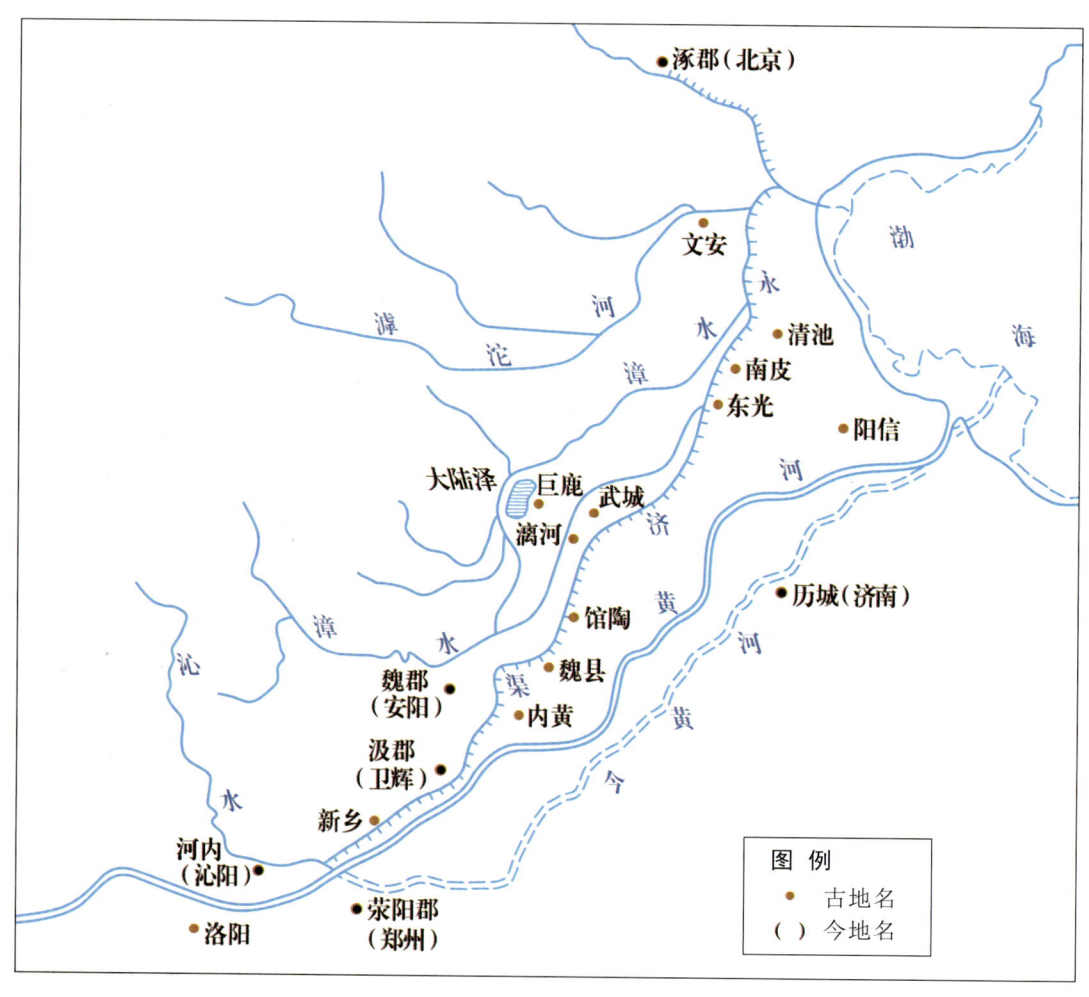

隋代永济渠形势略图

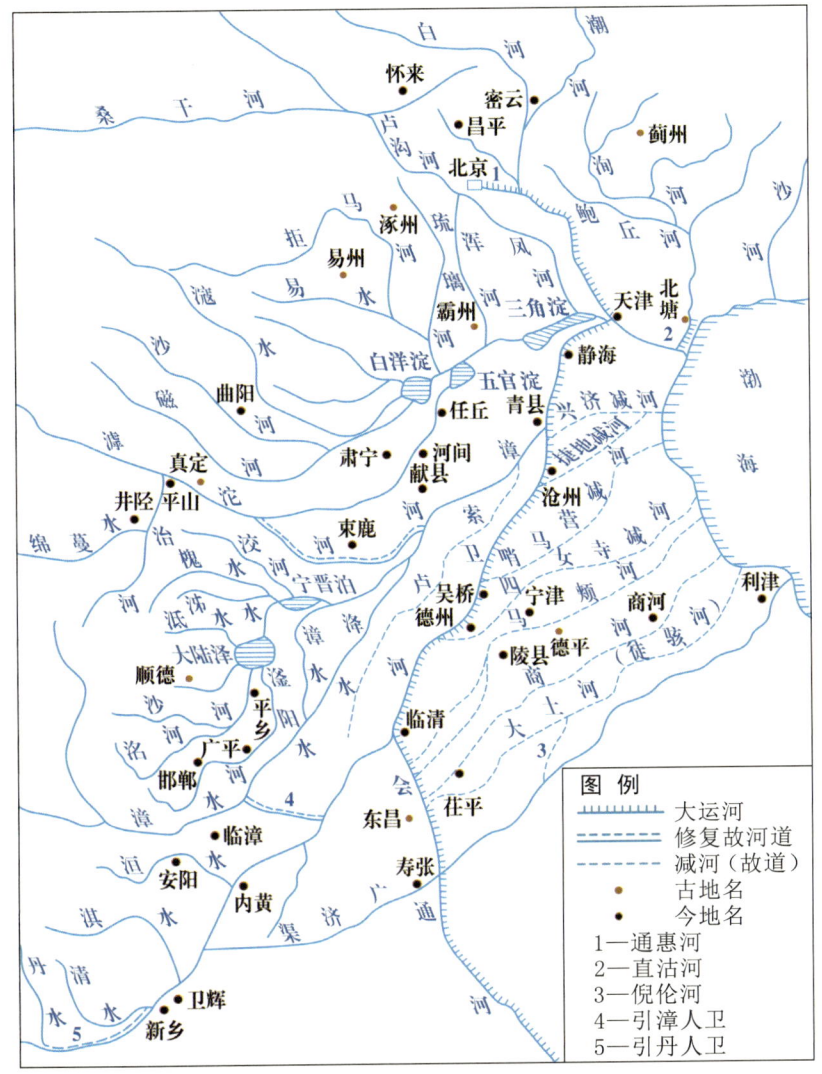

明代海河水系及水利工程分布示意图

郡引清、淇水入界，遇孤女冢，号孤女渠，隋炀帝征辽，改为永济""隋式作之虽劳，后代实受其利"。永济渠路线，在河南省内黄县以上同今卫河基本相同，内黄县至山东省武城县在今卫河之西，武城县至德州市在今卫河之东，德州市以下的永济渠与今卫河基本相同。可以说，隋代大运河北支永济渠是奠定今天卫河的基础。

北宋庆历八年（1048年），河决澶州商胡埽（今濮阳市东北梁昌湖村），酿成历史上黄河第三次大徙，形成黄河"北流"；12年后，河再决大名魏县第六埽

（今濮阳市南乐县西），形成二股河，又称"东流"。东流、北流并存，互为开闭，海河水系再次成为黄河的下游。南宋建炎二年（1128年），杜充"决黄河由泗入淮，以阻金兵"，使黄河由合御河入海一变而为合淮河入海，海河水系彻底摆脱了黄河的干扰，经千年而不变。

北宋时永济渠更名御河，明洪武元年（1368年）改御河为卫河。

卫河航运　卫河航运始于东汉。曹操为北征袁尚，开成白沟运渠；西晋又截清水入白沟，保证白沟有充足水源，以提高航运能力。

隋炀帝杨广在白沟基础上疏浚、扩宽、改建，引沁水南通黄河，北与清、淇二水相接，开成永济渠，经武陟县、新乡市、汲城（今卫辉市）、黎阳县（今浚县东）、临河县（今滑县）、内黄县、河北省大名县、山东省临清县，向东北流至天津市，再西北顺永定河逆水而上，到达涿郡（今北京西郊），全长2000多千米，形成以洛阳市为中心，以永济渠（今卫河）为纽带的北方航运大通道。

《资治通鉴》记载：隋大业八年（公元612年），隋炀帝兵发高句丽（今朝鲜），亲乘龙舟过永济渠，"发江淮以南民夫及船运黎阳及洛口（今巩义）诸仓米至涿郡，舳舻相次千余里，载兵甲及攻取之具往还载道常数十万人。"其规模之大和通航能力之强可见一斑。永济渠线路，在内黄以上与今卫河基本相同。晚唐诗人皮日休在《汴河怀古》记载："尽道隋亡为此河，至今千里赖通波，若无水殿龙舟事，共禹论功不较多。"

唐初永济渠漕运畅通。安史之乱爆发后，漕运路绝。五代之后，战争连年，永济渠航运不见记载。后周世宗显德六年（公元959年），为恢复漕运，曾对永济渠大加疏浚，此时永济渠的水源只有辉县百泉，灌溉与漕运争水矛盾无法解决，永济渠成为季节性航道。

北宋熙宁二年（1069年），提举官程昉奉诏疏浚御河（今卫河）。北宋熙宁八年（1075年），程昉于卫州黄河（今柳青河，也称南大沙河）王供埽（今李源屯乡王堤村）扒堤建闸，引黄济御，以利漕运。放水百余日，御河淤积三万八千余步，停引，两年后闸毁。卫河每年春夏之间流量甚小，航运被迫中断。

元、明、清曾屡议引沁济卫，均以卫低沁高，卫清沁浊而作罢。明万历年间，御史杨一魁曾向朝廷奏"引沁入卫"，工部进行实地勘察，认为"卫辉府治卑于河，恐有冲激，且沁水多沙，入漕反为患"，引沁之议遂罢。1933年，河南省建设厅曾拟定"导黄入卫"计划，导引闸就定在黄河北岸、铁桥以西秦厂附近。根据测量干渠选线，决定在新乡入卫。后因黄河水位高于卫河25米，技术上认为不易控制而夭折。

元、明、清均建都北京，卫河航运更显重要，为补充卫河水源，曾引丹济卫和限制用百泉水灌溉。从明永乐年间（约1403—1424年）到清咸丰十一年（1861年），卫河航运往返新乡、天津之间，四季畅通达400多年。明永乐年间，广盈仓（商号）从新乡八柳树迁到老城东关的"乐水关"漕运码头，货船北至天津、涿郡，年运粮达700万石。万历年间，又建杨树湾（今新乡县合河乡小郭村北）码头，经常停泊靠岸船只二三十只，冬季达百余只，岸上有客栈、饭店、杂货铺二三十家。这一时期，卫辉府（今卫辉市）城商业迅速发展，街道店铺林立。清康熙十八年（1679年），设立"卫辉盐仓"，向各县销售官盐，沿街大小盐仓、盐店、客栈鳞次排列。此后100多年间，卫辉府城成为豫北漕运商贸重地。

引丹济卫，是在河内县（今博爱县）大辛庄西北的丹河河床上，筑堰九道分水灌溉，故名九道堰，西岸有3道，东岸有6道。小丹河济卫，仅是东岸6条渠道中的一条，这条引丹济卫渠（又称运粮河），在清康熙二十九年（1690年）前除小丹河济卫外，其余诸水听民灌田。4月，清政府在丹河筑坝，横截丹河水，使其全流入小丹河济卫。这种只顾保漕、不顾灌溉的做法，引起当地人民的不满。次年，清政府改施新法，即：丹河如遇丰水年，用竹络装石堵塞河道，以便济漕、灌田；如遇干旱年，从每年三月初一至五月十五期间，"令其三日放水济漕，一日塞口灌田"。同年，河南巡抚阎兴邦也采用同样办法，制定了百泉水的漕、灌比例。

雍正五年（1727年），对百泉水采用竹络装石堵塞截流入卫济漕，漏水入渠灌田。河南巡抚田文镜命获嘉县令寿致浦疏浚小丹河，口宽三丈五尺，深、底宽各一丈，为转运漕粮、煤、杂物等物资直达天津，疏通航道。

道光十九年（1839年），卫河浅阻，难以漕运。清政府下令改变"三日漕运，一日灌田"的规定，强迫封闭所有民渠民闸，以保漕运。当时，卫河航运对新乡工商业的发展，曾起过重要促进作用。清末民初，往来于新乡、天津间的货船达700余艘，载重百吨以上的大船约1/3，船民有3000多人。从天津将长芦盐、布匹、海产品等输入，将当地粮棉、油料、鸡蛋、煤等输出。物资的装卸转运分别由饮马口、杨树湾两个码头集散。商业集中的北关街，如游、卫等各大商号都是前门设店，后门建有泊位，供货船停靠装卸。

咸丰十一年（1861年），卫河淤塞，水运不通，河南赋粮无法北运，只得折银纳贡。光绪二十七年（1901年），在饮马口、杨树湾两码头，有船700余艘，大船载130吨，小船载70吨，直达天津。直到1905年，平汉铁路建成，从根本上夺去航运货源，卫河航运日趋萧条。

1916年3月，又疏浚卫河，督修引丹，并设专管彰、卫、怀三府航运机构，疏通百泉入卫，稽查民间截流盗水之弊，促使航运再次兴旺。1938年，日本侵占华北，船民多改就他业，仅存旧船百余只。日军占领期间，曾在博爱县留村沁河左堤修建五孔闸，引沁水通过蒋沟入运粮河以济卫。因连年战争，滑县道口镇以上航运，基本上处于短线运输状态。

中华人民共和国成立后，为推动内河航运发展，1950年，中央人民政府政务院设立华北内河航运局，在天津、新乡设办事处，专管河北、山东、平原省的内河航运。平原省也设立内河航运公司，驻地新乡新荣街。卫河航运随着社会安定和生产发展又兴旺起来。1952年，引黄灌溉济卫工程（人民胜利渠）通水，向卫河以20立方米每秒送水，百吨货轮可频繁来往于新乡与天津之间，使卫河航运再次繁荣。

1962年2月，因引黄入卫造成卫河淤积严重，共产主义渠和人民胜利渠均停止引水济卫，卫河虽经几次疏浚挖深，终因缺乏水源、天气干旱及上游拦水灌溉等原因，再次枯竭，1969年中断航运，卫河航运成历史佳话。

主要支流 卫河支流繁多，除人民胜利渠向卫河输水外，卫河支流流域大于50平方千米且与人民胜利渠相关的有：大沙河、镜高涝河、孟姜女河、共产主义渠。

（1）大沙河。发源于山西省陵川县夺火镇，在焦作市闫庄出山口，流经博爱、焦作、武陟、修武、获嘉、辉县，在新乡县西永康北与共产主义渠汇流，全长105.5千米。防洪标准20年一遇。在大沙河上游焦作市北部修武县与山西交界的大河坡村北，有群英水库，控制流域面积160平方千米，总库容为2000万立方米，最大溢洪量为2450立方米每秒。

（2）镜高涝河。镜高涝河位于沁河泛滥区，其中一股从获嘉县北经照镜村流入新乡县的西元封村。1955年，引黄西一干扩建后为五、六支渠的退水渠。1956年冬，新乡、获嘉两县对河道自上而下（从获嘉县照镜村到新乡县西高村）进行清淤疏浚，定名镜高涝河。1958年，开挖共产主义渠时，将上段截断入共产主义渠。现镜高涝河从获嘉县的西仓村至新乡县西高村西入卫河，全长13.05千米，流域面积84平方千米。

（3）孟姜女河。孟姜女河源于武陟县木栾店，流经获嘉县、新乡县，于卫辉市城关镇入卫河，是历代沁河决口的泛道，后因古阳堤逐渐形成，这条泛道即成堤北坡洼，自然排水河道。明清以前此河通称"沁河故道"（即隋永济渠路线）。

清光绪二十九年(1903年)开始修建卢汉铁路（今京汉铁路）时，将该河在新乡县中大阳堤村北截断，曾建桥3孔，后被堵塞。1943年，日军修引黄济卫工程时，又将孟姜女河从新乡县田庄至梁任旺间挖断。从此，河西部称西孟姜女河，通过新乡县老城城壕在石榴园入卫；东部称东孟姜女河，在汲县城西沿淀街入卫。

西孟姜女河原河出自武陟县木栾店，经获嘉县、新乡县流入新乡市区老城壕，向北流入卫河，全长45千米，流域面积320平方千米。1951年4月，修建引黄灌溉济卫工程（人民胜利渠）总干渠后，将西孟姜女河规划为西一干渠退水渠。7月18日，平原省政府为保护飞机场和市区安全，对西孟姜女河进行改道，从西孟姜女河与店后营支排汇流口起，向北开挖改道至东、西高村过河入卫，从此不再进入新乡市区。随着城市发展和市政建设的需要，原西孟姜女河市区故道已于1978年，由城建部门将其连同老环城河一并覆盖为地下河。1952年，修建西一干时，下段西孟姜女河规划为引黄灌溉退水渠，河道开始淤塞。新乡县、获嘉县和市郊区，

卫河、淇河与共产主义渠交汇处

于 1956 年、1957 年进行清淤。1958 年 2 月，兴修共产主义渠，西孟姜女河在获嘉县后小召村被截断，从后小召村到西高村，全长 29.40 千米，流域面积 192 平方千米。

东孟姜女河源于新乡县小河村西（以上为东一干渠一、二支排），流经延津东聂庄，向东北进入卫辉市境内（至卫辉市城关镇沿淀街口注入卫河）。1993 年冬，卫河清淤时，将东孟姜女河由汲县城西关入卫，改道经城南关至司湾入卫河，全长 40 千米，流域面积 386 平方千米。

（4）共产主义渠。共产主义渠是人工渠道，1958 年开挖，以冀、鲁、豫三省人民发扬共产主义精神共同开挖得名，原为大型引黄灌溉工程。共产主义渠自武陟县秦厂起经获嘉县、新乡县、郊区、北站区、汲县、淇县、浚县至汤阴瓦碴村南老观嘴入卫河，全长 192 千米，渠底宽 60～80 米，渠口宽 80～100 米。1962 年停止引黄后，变为防洪除涝河道。它上承武陟、获嘉涝水，至新乡县西永康大沙河汇入，此外还有原卫河支流石门河、黄水河、百泉河、十里河、香泉河、沧河、思德河、淇河等相继注入。境内流域面积 2900.8 平方千米，经过不断加固，防洪标准已达 10 年一遇，保证洪水流量 1500 立方米每秒。1970 年曾拒山洪 1700 立方米每秒于新乡市区和汲县县城之外。为新乡市防洪除涝骨干河流。沿渠建有提灌站 100 多处，天旱时利用引黄退水提水灌溉农田。

卫河、淇河、共产主义渠交汇纪念碑

灌 区 工 程

人民胜利渠灌区是在"引黄入卫"和"引黄灌溉济卫工程"基础上修建的。1951年3月经政务院批准开工兴建，1952年4月建成通水。至2020年，形成由引水渠、泵站和渠首闸组成的水源工程，以人民胜利渠、武嘉总干渠和干（分干）渠、支渠、斗渠、农渠组成的灌溉工程，由引水渠（进水渠）、条形沉沙池和退水渠（清水渠）组成的沉沙工程，由机井及其附属设施和田间配水渠道组成的井灌工程，由各干、支排水沟与总承泄区卫河构成的排水工程五大工程体系。加上布置在各级灌排渠道上数量众多的各类水闸、涵洞（倒虹吸）、渡槽、跌水、桥梁等建筑物以及临近骨干渠道枢纽设置的管理点，共同构成人民胜利渠灌区工程体系。

水 源 工 程

人民胜利渠以黄河为主要水源。1952年4月灌区在开灌时，黄河主流紧贴黄河北岸，并从渠首闸前流过。灌区自流引水条件优越，灌溉水源保证程度高。20世纪50年代中后期，黄河主流南移，渠首闸前出现沙洲并发展成为嫩滩。渠首闸与黄河主流之间出现小河汊，并形成相对固定的过流通道，逐渐演变发展成为引水渠，成为灌区自流引水的重要制约因素。20世纪70年代以后，随着黄河主流持续南移以及黄河河床连年淤积抬升，沁河入黄口沿黄河北岸滩地逐渐向下游移至人民胜利渠渠首闸附近，并在很长一段时间内直接与人民胜利渠引水渠连通，沁河水成为黄河枯水期人民胜利渠的重要水源。

20世纪80年代起，沁河、蟒河出现污染且日益严重，影响人民胜利渠供水水质。河南省人民胜利渠管理局采取堵口和挖沟疏导等措施，应对和治理灌区水源污染。随后又多次筹资修建拦河闸和倒虹吸，开挖导污渠，将沁河、蟒河污水导至引水渠进水口下游，解决了水质污染问题。

2001年小浪底水利枢纽建成，次年开始在每年6月中下旬至7月上旬进行调水调沙，黄河下游河床呈普遍冲刷态势。人民胜利渠引水条件逐年变差，维持和提高引水保证率成为灌区水源工程建设与管理的主要目的，采取引水渠开挖疏浚、裁弯取直等措施，尽力保证灌区引水。2008年后，受黄河河床冲刷影响，沁河入黄口向北岸黄河上游移动，逐渐脱离人民胜利渠引水渠，灌区自流引水日益困难。为保住沁河水源，沁河行洪结束后，在姚旗营村、西营村附近沁河沟上游封堵沁河决口形成的沁河入黄新通道口，利用靠近黄河北岸的串沟将沁河水导至引水渠后进入人民胜利渠渠首闸。

2012年，河南省人民胜利渠管理局筹资建设浮箱式移动泵站，并于2013年5月15日投入使用，人民胜利渠自此进入自流引水与泵站提水相结合时代。2019年，建成排架式固定泵站，泵站运行管理条件得到改善。

2015年，河南省人民胜利渠管理局实施维修养护项目，在郑云高速公路桃花峪大桥下新辟引水口，引黄河水入沁河故道，形成双引水渠联合引水。2020年秋汛过后，桃花峪上游黄河主流受上游控制性工程影响向南岸摆动，沁河入黄通道被淤死，沁河水遂沿桃花峪引水渠进入渠首闸。沁河再次成为人民胜利渠自流引水的重要水源。

引水渠　引水渠是在黄河主流南移并远离渠首闸后逐渐演变形成的临时性过流通道。

（1）秦厂引水渠。1952年4月—1955年8月，黄河沿北岸流向老铁路桥，河宽300~500米，主流在渠首闸前经过，渠首闸取水条件良好，没有出现引水渠。1955年，汛期以后，黄河主流向南摆动，渠首闸与黄河主流之间出现嫩滩，逐渐演化形成临时性引水通道。受黄河主流摆动、渠首闸引水、泥沙淤积与嫩滩演变、历年行洪态势以及沁河洪水等诸多因素影响,秦厂引水渠呈现"短期相对固定、长期变化剧烈"的特征:渠道长度从一两千米到三四千米不等;引水口在黄河北岸上下游两至三千米范围内摆动;引水渠过流断面因受水流冲刷而不断发生变化,宽度介于20~40米之间,水面比降多在1/3000上下。

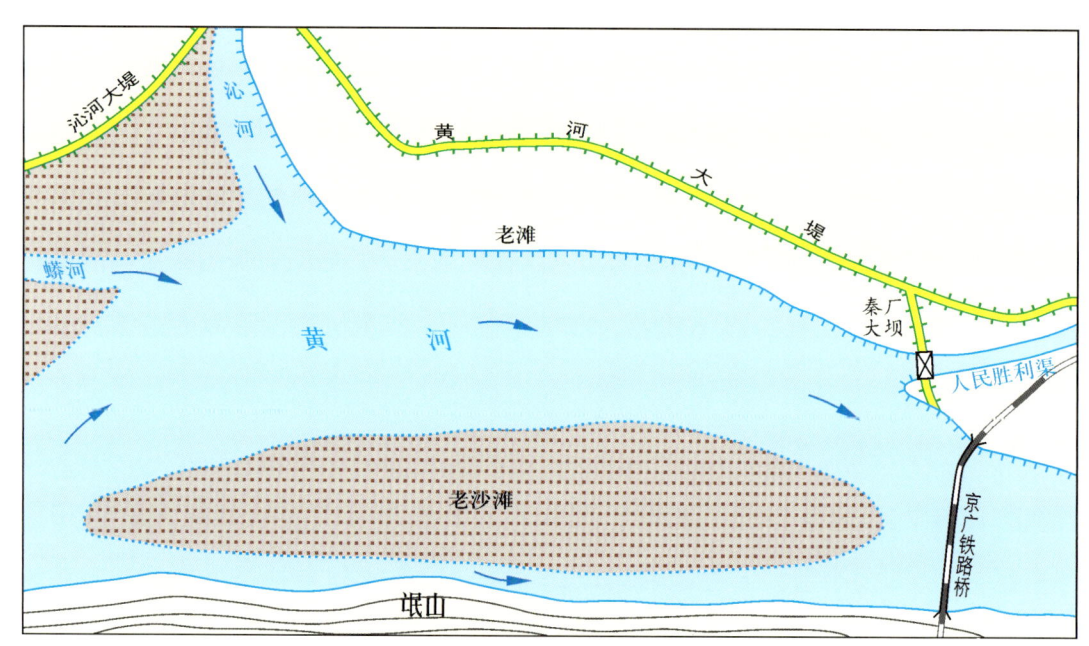

1954年前渠首闸前黄河水势图

1955年在汛期以后,黄河主流南移。沁河沿北岸老滩地南缘从渠首闸前流过,与黄河主流隔沙滩相望,中间时有串沟相通。沁河与黄河在渠首闸下游交汇。虽然脱离黄河主流,但是有沁河汇入,渠首闸引水条件尚可,这时渠首闸前过水断面很宽,依然没有形成引水渠。

1956年汛期,黄河漫滩,北岸曾有一股水流窜至渠首闸前。洪峰过后,主流依然向南滚动。沁河与黄河汇合后通过此前的一段沁河入黄故道(引水渠雏形)倒流进入渠首闸。这一时期,当渠首闸引水流量小于30立方米每秒时,引入的基本上是含沙量很小的沁河水;当引水流量大于30立方米每秒时,沁河水与倒流的黄河水汇合后,形成半清半浑的"鸳鸯河"。由于引水含沙量小,人民胜利渠总干渠冲刷严重,渠首闸下冲刷深度2~4米。

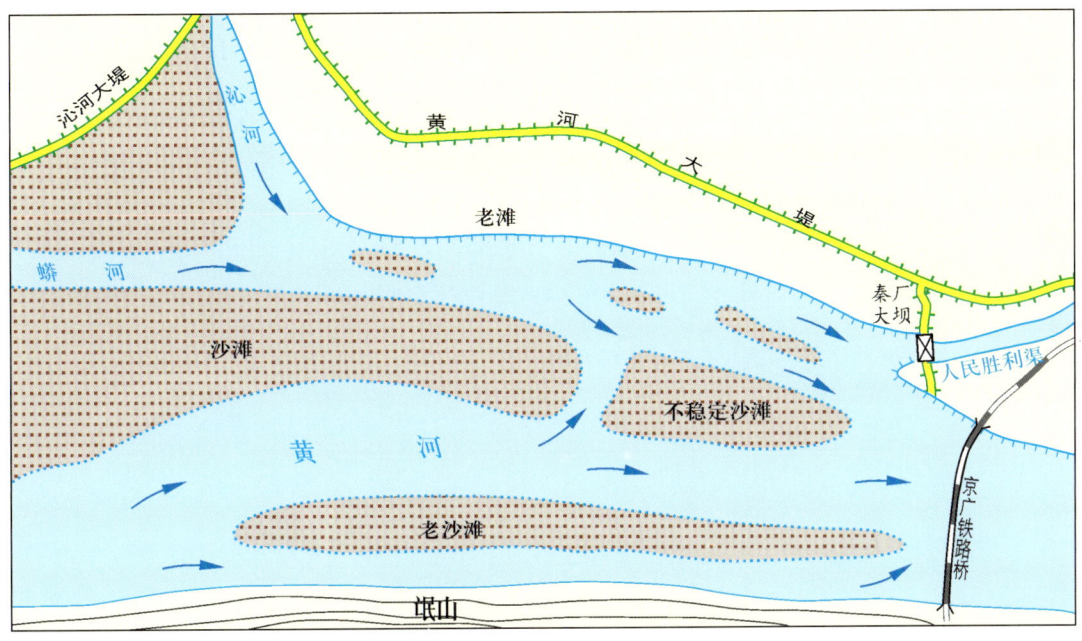

1955 年后渠首闸前黄河水势图

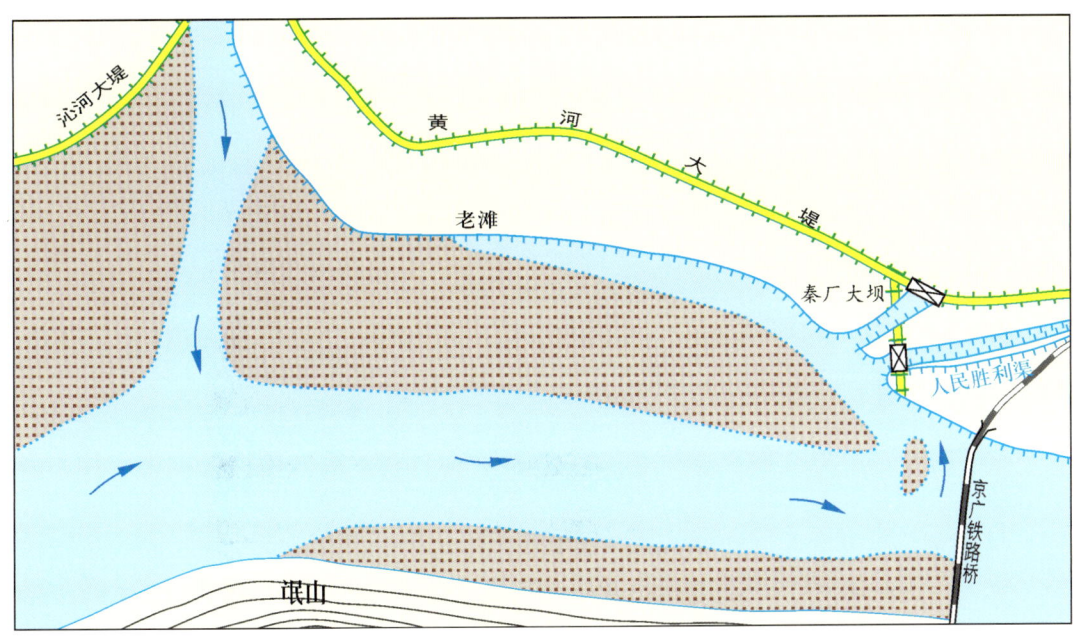

1958 年渠首闸前黄河水势图

1958年汛后，主流南移至邙山附近，距渠首1.5~3.0千米。北岸黄河串沟入口淤塞断流。随着黄河河势和水位变化，渠首闸前沙滩上串沟不断发生变化：老串沟进口被堵，新串沟不时出现。这些串沟有的流向渠首闸，但流量很小，形不成固定引水河槽。在这段时间里，人民胜利渠依靠挖通串沟拉淤引水，或由京广铁路桥上游引倒流水，引水渠线路、断面变化无常。1959—1960年，黄河主流南北摆动，人民胜利渠主要利用串沟和京广铁路桥上游的引水渠引黄河倒流水。

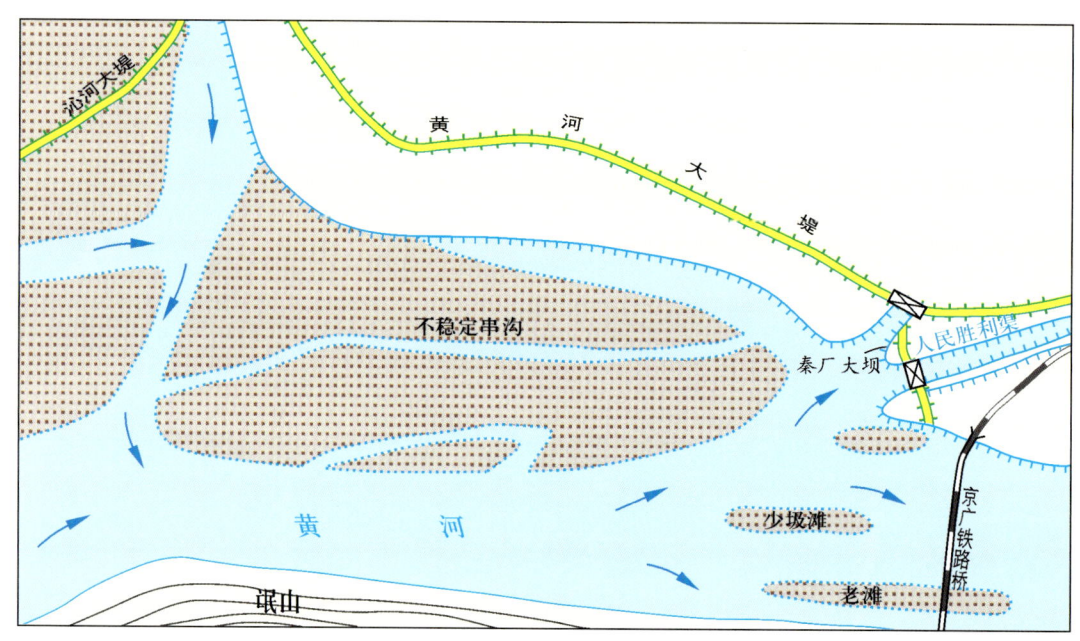

1961年渠首闸前黄河水势图

1962年8月，黄河南滚后，渠首闸距黄河主流4千米，需在黄河行洪后对淤塞的串沟进行开挖疏浚来维持引水。1963年起，黄河南岸虽重新出现沙滩，但主流仍紧靠南岸，形成一条比较稳定的河槽。渠首闸前与黄河主流间形成相对稳定的沙滩。

1978年以后，黄河主流在桃花峪至老铁路桥间逐渐北移，铁路桥下主流靠近北岸，秦厂引水渠线路相对固定，渠首闸主要引取倒流水，需要经常开挖疏浚秦厂引水渠以保证引水。其间，沁河沿黄河北岸注入秦厂引水渠。渠首闸引入的既

秦厂引水渠（2020年5月）

有沁河水，也有黄河倒流水。渠首闸停水期间，沁河水沿引水渠进入黄河，既能冲刷引水渠，又可避免黄河回水淤积引水渠。秦厂引水渠与沁河入黄通道长期共用一段渠道，为人民胜利渠单口门引水提供有利条件。

2000年以后，黄河河道中间形成一个鸡心滩，渠首闸通过鸡心滩北一股较小的侧流引水。秦厂引水渠进水口上移并离开老铁路桥，引水渠上段淤塞并成为嫩滩区，灌区结束自黄河老铁路桥上游引取黄河倒流水的历史。2002年进行裁弯取直，缩短引水流程约1千米，秦厂引水渠引水条件得到改善。

2002年，小浪底水利枢纽调水调沙以后，黄河主河槽在渠首引水口处下切2~3米，灌区引水日渐困难。2009年调水调沙结束后，引水口全部淤死。河南省人民胜利渠管理局使用水陆两栖挖掘机在鸡心滩中间挖出一条引水渠，并通过定期疏浚来维持引水。

2017年后，黄河主流开始向北岸摆动，秦厂引水渠进水口开始向黄河北岸靠近，秦厂引水渠长度逐年缩短。在2020年秋汛期间，黄河主流向北剧烈摆动，冲毁部分引水渠，引水口向北移动200米，加上自2018年以来引水口前黄河出现回淤现象，秦厂引水渠引水条件得到改善。

（2）桃花峪引水渠。2015年，河南省人民胜利渠管理局利用郑云高速公路桃花峪大桥下黄河水位比秦厂引水渠口水位高出0.6~0.8米的有利条件，实施维修养护项目，新辟引水口，开挖一段长约807米的渠道，引水入疏浚后的沁河故道，在渠首避污工程拦河闸上游沁河故道左岸开口，通过新开挖的262米渠道在渠首闸上游150米处与秦厂引水渠连通，形成桃花峪引水渠，进水口至与秦厂引水渠交汇处渠道全长3.04千米。渠道设计底宽12米，内坡1∶2，比降1/3500，沿线新建生产桥3座，均为灌注桩基础、钢筋混凝土简支平板桥。

桃花峪引水渠（2020年4月）

在2016年汛期之前，桃花峪引水渠投入使用，自流引水优势明显。2016年冬，河南省人民胜利渠管理局采用模袋混凝土对新开挖的渠段进行衬护。因渠道边坡在汛期冲刷坍塌，施工期间根据引水渠实际冲刷状况，将衬砌段渠道底宽调整至15米。2017年实施维修养护项目，对渠首闸至张菜园闸之间渠道进行清淤疏浚，灌区实现全年自流引水。2020年秋汛以后，桃花峪上游黄河主流向南移动，引水口前黄河北岸出现大面积沙滩，郑云高速公路桃花峪大桥下的新引水口脱离黄河主流。随着黄河河床回淤抬升，沁河入黄通道也被泥沙淤阻，沁河水沿黄河北岸迤逦流至桃花峪引水口前，在黄河流量偏小时，桃花峪引水渠还能引入沁河水。沁河再次成为灌区自流引水的一个重要水源。

避污工程　　自1955年黄河主流南移后相当长一段时间里，黄河滩区沁河与黄河主流交汇前的最后一段河道与渠首闸前引水渠纠缠、融合，沁河成为人民胜利渠的主要水源。20世纪80年代后期，沁河、蟒河上游乡镇企业排污入河，人民胜利渠水源遭受污染。灌区供给新乡城市生活的原水水质不达标，农业灌溉也受到影响。水源污染成为灌区心腹之患。80年代末90年代初，河南省人民胜利渠管理局在串沟上采取堵坝拦截、挖沟导引等措施，尽可能避免沁河、蟒河上游污水直接进入引水渠。但受黄河河势变化、河床持续抬升以及汛期黄河、沁河行洪影响，临时性污水治理工程很难长期发挥作用。1993年3月，在渠首闸前引水渠沁河口上游200米处筑坝拦污，同时在渠首闸前引水渠左岸滩地开挖一条渠道，将污水通过武嘉闸导入共产主义渠。但随着沁河来水量增大，缺乏调节控制能力的临时性导污工程体系陷入困境。

（1）避污工程建设。1993年冬，河南省人民胜利渠管理局决定修建避污工程。1994年2月，编写《人民胜利渠渠首新建引水工程可行性研究报告》，4月完成《人民胜利渠渠首新建引水工程初步设计》，9月完成《人民胜利渠渠首新建引水工程设计》，11月河南省水利厅批复设计。

鉴于人民胜利渠渠首闸和引水渠与黄河、沁河交汇，沁河、蟒河污水流量变化幅度大，引水、导污情势复杂，工程技术人员在穿越秦厂引水渠的倒虹吸建成后，针对新建引水工程直接"引好水"，还是利用建成的倒虹吸，通过新建排污渠将沁河污水排到老铁路桥下的"导污水"两个方案进行比选。最终确定"临时导污水，永久引好水"的导污方案。因此，"新建渠首引水工程"转变为渠首导污工程，并依此布局建设拦污、导污、分污工程体系。

沁河沟桥带闸拦污工程，设计过水能力47立方米每秒。闸底坎高程92.60米，闸前节制水位95.60米。闸后桥面宽5米，长39.60米，分6跨，单跨净宽5.90米。拦污闸12孔，单孔净宽2.60米。中间6孔安装3.0米×2.6米（高×宽）铸铁闸门，两边6孔放置叠梁，闸孔过水总宽度31.20米。

导污工程由导污渠、倒虹吸和3座生产桥组成。导污渠沿沁河沟右岸布置，在桩号0+574处通过倒虹吸穿过秦厂引水渠，至老黄河铁路桥下游100米处汇入黄河。导污渠全长2214米，占地宽17米，设计流量6立方米每秒，底宽3米，比降1/5000。倒虹吸洞身为单孔钢筋混凝土箱型涵，下部为浆砌石铺底，洞身净宽3米，净高2米，洞长50.53米。生产桥均为单跨钢筋混凝土平板结构，桥面宽5米，长8.70米。导污工程投入使用后，沁河沟来水量不断增大。1997年7月将导污渠渠道的底宽扩大为5.40米。1998年9—11月将渠底加宽为7米，导污渠设计流量增加到10立方米每秒。

武嘉分污工程由进水闸、分污渠和1座生产桥组成。分污口设在沁河沟左岸秦厂生产堤上，与导污渠进水口相对。分污渠占地宽17米，沿沁河沟和引水渠左岸布置，在武嘉渠首闸上游左岸护坡处入武嘉渠首闸，全长494米，设计底宽3米，设计流量10立方米每秒。进水闸为两孔开敞式结构，设计流量10立方米每秒，单孔净宽2米，钢筋混凝土平板闸门。生产桥为单跨钢筋混凝土平板桥，净跨8米。

渠首导污工程于1994年12月5日开工。第一期为主要建筑物倒虹吸工程；第二期为导污渠及生产桥、护坡工程；第三期为武嘉排污渠、沁河沟桥带闸、管理房等。全部工程于1997年建成。

为确保沁河沟上游不造成溢流淹地损失，同时尽可能提高城市供水保证率，河南省人民胜利渠管理局制定导污工程调度运行方案：沁河流量小于5立方米每秒、排污闸前水位低于95.60米时，关闭武嘉分污闸和沁河沟大闸，由排污渠导引污水至铁路桥下游100米处汇入黄河；当沁河流量在5~15立方米每秒之间时，控制闸前水位95.60米，以导污渠导污为主，多余污水由武嘉分污渠排泄；当沁河流量大于15立方米每秒或闸前水位高于95.60米时，沁河沟桥带闸闸门开启泄流。

渠首导污工程投入使用后，渠首水源污染问题得到缓解。

1994年前，沁河在非汛期来水量一般为1~3立方米每秒，最多不超过5立方米每秒。渠首导污工程导污渠按6立方米每秒过流标准设计和施工。1994年后，沁河流量逐年增加，1997年春季增高至30立方米每秒。1998—2000年连续3年非汛期流量在10立方米每秒以上的天数高达140天。2000年7月至2001年4月间，沁河沟过半时间来水量超过10立方米每秒。经2次拓宽，导污渠设计过流能力达到10立方米每秒，但由于渠道淤积和下游黄河顶托，实际导污能力达不到设计值。排不走的沁河污水汇入渠首闸前引水渠，导致人民胜利渠每年都有几个月时间遭受水源污染困扰。此外，武嘉分污渠分流的污水在灌溉期间进入农田，造成土地板结和盐碱化。非灌溉期污水退入共产主义渠，也造成排水河道二次污染。对渠首导污工程进行后续改造和扩建，成为人民胜利渠灌区可持续发展的关键。

（2）避污工程扩建。渠首导污工程扩建工程于2001年10月开工，2002年5月竣工。总计扩建导污渠2214米，新建倒虹吸1座，改建生产桥4座，改建沁河沟桥带闸1座。

扩建工程完工后，排污工程运行调度方案作了相应调整：汛期大闸全部打开泄洪；非汛期大闸前节制水位95.60米，保证沁河沟上游不淹地；沁河沟流量小于30立方米每秒、大闸前水位不超过95.60米时，关闭大闸，污水全部由导污渠排走；当沁河沟流量大于30立方米每秒或大闸前水位超过95.60米时，开启大闸，保证闸前安全水位95.60米的同时排放污水；排污工程运行期间，每年对倒虹吸进行一次清淤。

（3）避污工程水毁。2003年8月27日，沁河发生洪水，洪峰流量450立方米每秒。洪水漫滩后沿邻近黄河北岸大堤低洼农田行洪至渠首，沿导污渠和引水渠流入黄河主流，多处导污渠堤被冲垮。10月12日，沁河小董站最大洪峰流量达900立方米每秒，洪水沿黄河北堤经渠首闸前引水渠退入黄河，致使渠首引水渠和导污工程的渠道堤防和建筑物遭到严重毁坏。14日，沁河再次发生洪水，洪峰流量达740立方米每秒。连续的洪水冲击，使人民胜利渠渠首导污工程系统遭到严重破坏。

（4）水毁工程修复。2004年4月，河南省水利厅批复《人民胜利渠渠首水毁工程修复设计》，主要建设内容：重建倒虹吸1座；导污渠、引水渠护砌435.40米；引水渠右岸堤防修复500米。10月20日，扩建后的渠首排污工程投入运行。非汛期沁河沟来水流量不超过30立方米每秒时，污水可全部通过排污渠排走，人民胜利渠引水基本不受沁河、蟒河污水影响。

避污工程施工现场（2004年5月）

2005年9月，沁河来水流量达230立方米每秒，新建倒虹吸及扩建排污渠经受住了洪水考验。此后，因小浪底水利枢纽"蓄浑排清"以及汛期调水调沙，黄河河床下切，渠首排污渠水面比降加大，排污渠和建筑物下游开始出现冲刷。沁河沟上游在汛期频繁发生决口，形成新的入黄通道，同时也对渠首导污工程调度运行产生影响。

2008年以后，黄河河床持续下切、水位连年下降。如何提高供水保证率，成为灌区首要解决的问题。沁河在汛期频繁发生决口，形成新的入黄通道，在武陟县西营村南提前入黄，造成排污渠常年断流。随着沁河、蟒河上游污水治理渐见成效，河口村水库建成投入使用，沁河水质逐年好转，如何引好、用好沁河水，成为灌区一个重要课题。期间，曾多次实施沁河沟上游决口及串沟堵复工程，导引沁河水进入引水渠，避污工程基本处于闲置状态。2016年桃花峪引水渠建成并投入使用后，避污工程完成历史使命。

浮箱式移动泵站（2019年7月）

渠首泵站 由于秦厂引水渠在黄河流量小于500立方米每秒的枯水期引水困难，2012年修建浮箱式移动泵站，2018年增建排架式固定泵站。

（1）浮箱式移动泵站。2012年9月，河南省发展和改革委员会批复《河南省人民胜利渠渠首移动泵站工程可行性研究报告》，河南省水利厅批复《河南省人民胜利渠渠首移动泵站工程实施方案》，主要建设内容：扩挖引水渠0.75千米，新开挖输水渠0.3千米，新建混凝土管理道路2.106千米，新建0.12千米长的浆砌石码头1处及管理设施；机电设备和金属结构工程：浮箱金属结构制作安装5只（共126吨）；水泵及电机25套；输变电工程：10千伏架空线路12千米，

630千伏安变压器及配电设施5套。工程于2012年10月25日开工，2013年5月15日投入运行。

2014年，为解决引水渠泥沙淤塞水泵问题，河南省人民胜利渠管理局通过实施维修养护项目对泵站进行改造：将原来的出水池出口封堵，并将其上游侧与引水渠连通后改做进水前池，出水直接进入秦厂引水渠，同时，对进水池进行清淤疏浚，与引水渠之间的泵站进水侧隔堤采取杉木桩护岸。至2018年3月3日，泵站总计提水9.26亿立方米。其中2014—2016年，渠首泵站提水量远超自流引水量，泵站提水成为灌区主要灌溉供水水源。但泵站在运行期间，也存在达不到设计流量、运行效率低、维修费用高、工作条件与安全性能差等问题。

（2）排架式固定泵站。2017年8月，河南省水利厅批复《人民胜利渠渠首泵站维护改造项目实施方案》，主要建设内容：开挖引水渠110米，开挖输水渠100米；修建简易排架泵室1座，安装7台潜水轴流泵，配套单机功率为200千瓦的三相异步潜水电机，同时建设前池、进水池、输水钢管、出水池等工程；修建泥结碎石路面172.50米。工程于2018年5月开工，2019年11月完成水泵单机调试。泵站建成后，黄河上游来水量长期维持在1000立方米每秒以上，加上黄河河床持续回淤抬升，秦厂引水渠引水条件好转，桃花峪引水渠运行正常，灌区靠自流引水基本能够满足需求，泵站长时间处于待机备用状态。期间，为避免水泵机组被泥沙淤塞，进水渠未与黄河主流连通，出水渠也未与秦厂引水渠连通。

2020年汛期，黄河接连出现3次多年不遇的洪水过程，花园口最大流量接近6000立方米每秒。渠首泵站除箱变基础外，场区全部淹没于洪水中。10月黄河秋汛期间，黄河主流在秦厂引水渠口上游不远处形成南北向横河，并在靠近泵站上游处受河岸顶托而转向东流。黄河北岸冲刷塌岸严重，主流向北摆动150多米。浮箱式移动泵站进水渠（即秦厂引水渠上段）被淹没，用于固定浮箱的最南端灌注桩被冲垮，移动泵站无法进行抽水工作。新建成的排架式固定泵站进水渠被冲毁，主流迫近泵站前池，泵站安全受到严峻威胁。10月底采取应急抛投铅

渠首排架式固定泵站（2020年5月）

丝笼、混凝土块等措施，加上黄河水势减缓，泵站前池上下游塌岸险情暂时得到控制。

2020年12月，黄河流量锐减至400立方米每秒以下。桃花峪引水口脱离黄河主流，所引沁河水不能满足灌区需求。河南省人民胜利渠管理局对新建泵站水泵机组进行联机调试，12月底通过完工验收并投入使用。

渠 道 工 程

人民胜利渠（原名引黄入卫工程）是侵华日军为加大对华资源掠夺和提升军事物资运输能力，于1943年开挖的引黄河水穿过平汉铁路和黄河大堤，沿铁路东侧向北，到新乡县城东流到卫河，即"引黄入卫"输水总干渠的基础上，水利部将"引黄灌溉济卫工程"列入1950年重大工程而修建的。

至2020年，人民胜利渠灌区和武嘉灌区灌溉工程系统由2条总干渠、11条干（分干）渠、57条支渠和为数众多的斗、农渠等5级固定渠道，以及布置在各级渠道上为数众多的节制闸、进水闸、退水闸、生产桥、渡槽、涵洞、跌水、陡坡等建筑物共同构成。其中总干渠、干（分干）渠作为灌区输水渠道，是灌区灌溉系统的主动脉。支渠、斗渠和农渠作为重要的输、配水渠道，与灌水毛渠一道将灌溉水源按计划送至田间地头。

总干渠 （1）人民胜利渠总干渠。人民胜利渠总干渠始于秦厂大坝坝头的渠首闸，大体呈西南至东北走向，在张菜园闸（桩号8+690处）穿过黄河大堤，先后经过一号、二号、三号枢纽和四号跌水后在新乡市饮马口附近注入卫河，渠道总长52.71千米，渠深2.75~4米，底宽15~20米，坡比1∶2，占地范围为渠道中心线两侧各35米。

人民胜利渠总干渠经过3次大的扩建，最大设计流量（加大设计流量）呈增加态势，介于40~100立方米每秒之间。根据渠道设计要素不同，人民胜利渠总

人民胜利渠总干渠（2012年7月）

干渠从渠首闸至入卫河口,分为6段。控制节点自上而下分别为渠首闸、张菜园闸、4个跌水枢纽和入卫河口。其中张菜园闸至一号枢纽之间长度仅有770米,四号跌水至入卫河口仅有200米。

总干渠自上而下曾设9条干渠(其中1条已废弃,2条降格为支渠):左岸3条,分别为西二干渠、西一干渠和西三干渠;右岸6条,分别为新磁干渠、东五干渠、东一干渠、东三干渠、东二干渠和东四干渠。2020年人民胜利渠骨干渠道统计见下表。

2020年人民胜利渠骨干渠道统计表

序号	干渠名称	起止桩号	总长度/千米	设计流量/(米³/秒)	渠道设计断面			建设年份	改造年份
					渠深/米	底宽/米	内坡比		
1	总干渠	0+000~52+710	52.71	60.00~80.00	2.75~4.00	15.00~20.00	2.00	1943	1951、1955、1958、1979、2000—2003、2009、2011
2	东一干渠	0+000~9+878	9.878	12.00~15.00	2.60~2.90	3.00~3.70	1.50~1.75	1955	1955、2003、2007、2010
3	东二干渠	0+000~5+035	5.035	13.00	2.55	3.50	1.50	1952	1965、1988、2003、2009、2015
4	东三干渠	0+000~38+168	38.168	15.00~35.00	2.29~3.30	7.00~13.50	1.75~2.00	1952	1955、1979、1982、2005、2006、2012、2015、2017
5	西一干渠	0+000~16+107	16.107	16.30~20.00	2.70~3.00	3.50~4.50	1.50	1955	1987、2006、2007、2011
6	西三干渠	0+000~8+575	8.575	3.00~6.00	1.73~1.95	1.50~2.50	1.50	1972	2015

续表

序号	干渠名称	起止桩号	总长度/千米	设计流量/（米³/秒）	渠道设计断面			建设年份	改造年份
					渠深/米	底宽/米	内坡比		
7	新磁干渠	0+000~21+257	21.257	17.00~20.00	2.60~2.80	4.50~11.50	1.50~2.00	1952	1983、1984、2006、2010、2011
8	东三干南分干渠	0+000~32+898	32.898	12.00	2.00~2.20	5.40~6.00	1.75	1979	2008、2017
9	西一干一分干渠	0+000~7+820	7.820	7.50	1.77~2.29	1.50~2.50	1.50	1991	2018
10	西一干二分干渠	0+000~9+518	9.518	2.30~6.00	2.10~2.47	1.20~1.60	1.50	1992	2005、2017

1）"引黄入卫"工程。1941年，太平洋战争爆发。为加大侵华日军对华资源掠夺和提升军事物资运输能力，伪华北政务委员会建设总署水利局于1943年拟定了《黄河应急取水工事计划》：在平汉铁路黄河铁桥上游北岸上设一座闸，引黄河水穿过平汉铁路和黄河大堤，沿着铁路东侧向北，到新乡县城东流到卫河。工程于1943年6月正式动工，到1945年5月，从黄河到卫河输水总干渠上的土渠已挖通，黄河堤上的闸和总干渠上的桥梁、跌水等建筑物都筑成，渠首闸没有开工建设，输水总干渠尚不具备通水条件。抗战胜利后，因为接管迟缓，未完工程停滞，部分已完工程被损坏。1945年年底至1946年，河南省水利局组织人员对工程进行调查、测量，并将该工程定名为"引黄入卫"，拟定了第一期工程计划，但最终未动工。

2）引黄灌溉济卫工程。1949年8月31日，黄委主任王化云、副主任赵明甫向华北人民政府呈报《治理黄河初步意见》（以下简称《意见》），以"变害河为利河"为治理黄河的目的，以"防灾和兴利并重，上、中、下三游统筹，本支流兼顾"为治理黄河的方针。黄委调研已有引黄工程情况，在《意见》中提出"除引黄济卫便利航运还有可考虑以外，专就灌溉新乡一带农田来讲便有举办的必要"。此外，"有一部分工程已经做成，如不赶快做，再过几年，那么已经有的工程将要慢慢损坏了,所以举办这个工程是迫切的。"因此,在《意见》中提出修建"引黄灌田及济卫工程":主要是为了灌溉新乡县、获嘉县、汲县和延津县4县农田约计2.67万公顷;另外,引黄济卫增加卫河水量,便利新乡市、天津市间的航运。《意见》得到华北人民政府主席董必武的同意。

1949年11月,全国各解放区水利联席会议确定了"防止水患,兴建水利,以达到大量发展生产的目的"的水利建设基本方针。水利部决定:"1950年的水利建设,在受洪水威胁的地区应该重于防洪排水,在干旱地区则应着重开渠灌溉,以保障与增产农业生产"。水利部部长傅作义在《各解放区水利联席会议的总结报告》中将"引黄灌溉济卫工程"列为1950年的重大工程之一。

引黄灌溉济卫工程于1950年1月进入测量阶段,6月测量完成,7月底《引黄灌溉济卫工程计划书》编制完成,10月政务院批准《引黄灌溉济卫工程计划书》。该工程引水地点在京汉铁路黄河铁桥上游北岸,秦厂大坝头以上约400米(距铁路桥约1.5千米),在河岸边筑渠首闸引水,下连总干渠。总干渠为输水总道,供给灌溉与济卫的水量。从黄河边渠首闸起至新乡卫河止,全长52.71千米。工程计划灌溉获嘉县、新乡县、汲县及延津县的农田共计2.40万公顷,计划输入卫河水量20立方米每秒,使卫河全年航行200吨汽船和现有的木船。根据一期工程建设计划,人民胜利渠总干渠自渠首闸起,右岸筑成临黄大堤,直到张菜园闸前为止,底宽15.50米,水深2.15米,内边坡1:2。自张菜园闸以下,渠道设计断面底宽15米,水深2米,渠深3米,内边坡1:2。在渠尾(桩号48+000~52+070处)为防御卫河洪水浸冲渠堤,在两岸加高堤顶,以超过卫河洪水位记录73.60米(大沽海面)以上0.7米为准。

1951年3月,引黄灌溉济卫工程经政务院批准后,第一期工程开工建设,1952年4月举行放水典礼,把"引黄灌溉济卫工程"定名为"人民胜利渠"。此后,人民胜利渠第二期、第三期工程相继实施,于1953年8月全部完成。到1954年,灌区设计灌溉面积达到了4.8万公顷。

3)人民胜利渠3次扩建。随着干渠延长和控制灌溉面积的增加,灌区需水量也随之增加。1955年6月24日，水利部召开引黄水量分配座谈会，研究引黄渠首闸的引水量问题。由于黄河河床的淤积、黄河水位抬高，人民胜利渠渠首闸过闸流量可以增加到70立方米每秒。因此，水利部指示将渠首闸的引水量扩大到正常流量，为70立方米每秒，加大流量为85立方米每秒。总干渠在全程内能通过正常流量，为50立方米每秒，加大流量为55立方米每秒。渠道底宽基本维持在20米左右，内边坡系数则时常发生变化。第一次扩建工程完成后，灌区增加灌溉面积1.21万公顷，人民胜利渠灌溉面积达到6万公顷。由于渠道比降大，灌溉放水期间因渠道通过流量大，水流速度高，总干渠大体上呈冲刷态势。为解决人民胜利渠总干渠的冲刷塌岸问题，先后实施总干渠护岸、建筑物上下游护坡加固工程，共计完成各种护岸23千米，改建加固建筑物29座。

1958年，受"大跃进"形式鼓舞，灌区迈开大步扩大灌溉面积。通过对渠首闸进行加固和总干渠及建筑物进行改造，渠首闸最大过流量达到85立方米每秒，总干渠渠道过流量达到60立方米每秒。同时，扩建东二干的二支渠为东四干渠，长9.30千米，设2条支渠和11条干加斗渠，设计灌溉面积4520公顷。1959年，沿与新磁支渠平行方向新建东五干渠蓄灌工程，将东三灌区古阳堤以上的提灌区发展为自流灌溉。东四干渠和东五干渠建成后不久就被迫停灌，大部分工程遭到破坏。

为适应灌区引黄灌溉面积迅速恢复并呈发展扩张的态势，自1979年开始，人民胜利渠实施第三次扩建，改建一号、二号、三号枢纽，取消四号跌水，扩大总干渠过流断面，改造总干渠建筑物，使一号跌水以上渠道设计最大过流能力达到100立方米每秒。一号跌水以下渠道过流能力达到60立方米每秒。

4）总干渠续建配套与节水改造项目工程。1999年，人民胜利渠灌区续建配套与节水改造项目工程开始实施。2000—2003年共完成总干渠混凝土全断面防渗衬砌13.12千米；2009年完成总干渠左右边坡混凝土防渗衬砌9.55千米；2011年完成总干渠左右边坡混凝土防渗衬砌7.04千米；共完成桥梁改造2座，斗门9座。经过连续六期续建配套与节水改造项目工程的实施，总干渠29.71千米渠道实现混凝土防渗衬砌，安全过流能力得到提升。

武嘉总干渠

（2）武嘉总干渠。武嘉灌区于1955年6月开始规划设计，渠首位于武陟县秦厂村南黄河大堤，渠道大体呈东南西北走向，穿武陟县城东，达修武县城西陈范桥村入卫河止，总干渠全长27.7千米。1955年8月开始施工，1958年5月通水，原设计灌溉面积4.18万公顷。开灌后，沿渠群众即开始种植水稻，由于当时盲目大引、大蓄、大灌，引起次生盐碱化急剧发展，于1962年停灌。

随着区域性旱情逐步发展、农业生产发展和改善生态环境的要求，1975年2月新乡地区水利局向河南省计划委员会、河南省水利厅报送了《武嘉灌区（东灌区）工程设计书》，河南省水利厅批准兴建。1975年2月武嘉灌区总干渠规划设计，1978年开始施工，1982年竣工。1983年7月扩大规划设计，设计灌溉面积2.4万公顷。大体呈西南东北走向，从人民胜利渠渠首闸前引水，经共产主义渠渠首闸东孔穿黄河大堤，沿共产主义渠东岸向北，至圪垱店古阳堤跨共产主义渠，进入"共产主义渠"第二期沉沙池折向东北，至圪垱店镇郭庵村北，出共产主义渠沉沙池，跨二干排，一直向北，到赵吴巷止，总干渠全长25.2千米。总干渠上共有建筑物95座，其中枢纽2座、公路桥5座、生产桥13座、节制闸8座、退水闸2座、沉沙池进出水闸各1座、干渠进水闸1座、支门13座、加斗门44座、大小涵洞5座。1975年规划设计流量20立方米每秒，加大25立方米每秒，因部分桥梁阻水实际最大引水23立方米每秒。设计挟沙能力（圪垱店渡槽以上）25~47千克每立方米，实际引水最大含沙量超过了100千克每立方米，经过30年运行，各类建筑物老化失修，跑冒滴漏和决口现象时有发生，严重影响灌区安全运行和效益。

2005年，武嘉灌区被列入国家大型灌区续建配套与节水改造项目工程，2008年、2010年及2017年3个年度工程改造完毕。

武嘉总干渠由上自下共分为6个断面。2020年武嘉总干渠各断面要素见下表。

2020年武嘉总干渠各断面要素表

级别		1	2	3	4	5	6
桩号	起	0+000	2+820	5+033	6+083	11+070	18+500
	止	2+820	5+033	6+083	11+070	18+500	24+337
长度/千米		2.82	2.213	1.05	4.987	7.43	5.837
比降		1/3500	1/3500	1/3500	1/3500	1/3500	1/3500
内坡比		1.80	1.65	1.65	1.50	1.70	1.50
底宽/米		5.50	4.40	5.00	5.00	3.60	3.00
渠深/米		2.90	2.90	2.90	2.90	2.70	2.45
设计流量/（米^3/秒）		26.00	26.00	22.00	21.00	13.50	10.86

干渠 （1）西一干渠。西一干渠位于获嘉县境内，进水闸在总干渠二号枢纽上游左岸，全长16.11千米，两岸设有6条支渠。渠尾分出西一干一分干、西一干二分干两条分干渠，设计流量20立方米每秒。

西一干渠为人民胜利渠一期工程规划建设项目，原称西干渠，设计流量为

西一干渠（2019 年 12 月）

7 立方米每秒。最初设有 4 条支渠。一支渠、二支渠呈西南至东北走向，三支渠、四支渠呈由西向东，稍向北偏。干渠在过第二支渠后设计流量减为 5.50 立方米每秒，过第三支渠后减为 4 立方米每秒。堤岸左边顶宽 5 米，兼为防御灌区以西客水浸冲，右岸顶宽 3 米。一支渠、二支渠设计流量为 1.5 立方米每秒，三支渠设计流量为 2 立方米每秒，四支渠设计流量为 4 立方米每秒。

1955 年，人民胜利渠实施第一次扩建工程，西干渠向北延伸，长度增加 7.70 千米，至照镜乡彦当村东南分为五、六两条支渠。1961 年灌区停灌后，西干渠四支渠遭到彻底破坏。1964 年恢复引黄后，西一干渠灌溉面积稳步恢复。20 世纪 70 年代，获嘉县投资在西干渠上修建加一支渠、新三支渠、太山支渠、太山新支渠、新四支渠、红旗支渠、城关支渠等多条支渠，同时修建渡槽向西跨过共产主义渠，使西灌区灌溉面积越过共产主义渠和获嘉至亢村公路，与武嘉灌区连成一片。

1987 年，在总干渠及二号枢纽改造完成后，河南省人民胜利渠管理局启动西一干渠技术改造工程，主要内容为：提高西一干渠设计流量至 20 立方米每秒，加大流量 23 立方米每秒。取消固县跌水；拆除后小召分水涵洞，修建西孟姜女河排水涵洞下穿西一干渠；提高固县闸以下渠道底部高程和设计水位，同时改建桥、闸、涵洞等渠系建筑物，渠道比降统一调整为1/3800；沿废弃的老四支渠线扩建西一干二分干，设计流量8立方米每秒，向东6.4千米，在小冀镇都富村西北注入西三干，为新乡县翟坡、大召营供水；将程遇闸以下渠道扩建为一分干渠，北行7.6千米至彦当村东南分为五支渠、六支渠，其中六支渠北行至卫河边的永康村，西一灌区工程布局由此形成。

西一干渠技术改造工程的实施，使西一干渠灌溉面积进一步扩大，同时改善了西三干渠下段用水条件。2006—2011年，人民胜利渠实施多期续建配套与节水改造项目工程和维修养护项目，将西一干渠及两条分干渠进行全断面混凝土防渗衬砌。

（2）东一干渠。东一干渠位于获嘉县境内，从总干渠二号枢纽引水，位于总干渠右岸，沿西南至东北走向途经冯庄镇、亢村镇。东一干渠全长9.88千米，设计流量12立方米每秒，有3条支渠。

东一干渠是人民胜利渠一期工程建设项目，初始长度7.30千米，底宽3.40米，

东一干渠（2019年7月）

流量6立方米每秒。渠尾分出一支、二支两条支渠。1955年，东一灌区扩建，将二支渠延长至原阳县黑羊山村附近，穿越旧汴新路，并沿汴新路东南行，全长11千米。此后，又将原一支渠王官营节制闸以上部分改造为干渠，东一干渠长度增至9.88千米，王官营节制闸成为一支渠进水闸；将原一支渠五斗渠改造为三支渠，在墩留店村东南与总干渠连通；原二支进水口上移2.30千米至贺庄枢纽，形成东一灌区工程布局。2003—2010年，东一干渠通过实施续建配套与节水改造项目工程，实现全断面混凝土防渗衬砌。

（3）东二干渠。东二干渠进水闸位于总干渠三号枢纽，干渠全长4.21千米，与三号枢纽下游的总干渠平行布置，设计流量8.5立方米每秒，有4条支渠。

东二干渠（2018年10月）

东二干渠是人民胜利渠二期工程主要组成部分，1952年7月开工建设，同年12月完工。灌区开灌初期的东二干渠自总干渠三号枢纽上游右岸起向东，于0.60千米处分出一支渠，而后北折，于2.32千米处分出二支渠，于6.06千米处分出三支渠，而后转向东北，于14.17千米处终止，渠尾分出四支渠、五支渠。其中一支渠靠黄河废堤，二支渠、三支渠均为东西向，四支渠靠近新聊公路，五支渠穿过公路向东北。东二干渠原始设计流量为7立方米每秒，过二支渠后为6立方米每秒，过三支渠后为3立方米每秒。左右两岸顶宽均为2米。一支渠设计流量为2.50立方米每秒，二支渠为1.50立方米每秒，三支渠为3立方米每秒，四支渠、五支渠均为1.40立方米每秒。

1965年，灌区恢复引黄灌溉后，东二灌区渠系发生很大变化，靠近黄河废堤的原一支渠废弃；干渠自三号枢纽进水闸至二支分水闸，长度缩短至4.21千米，分水闸上游向东的渠道为现在的一支渠；分水闸以下部分统称二支渠；左岸分出的渠道为现在的三支渠，通过渡槽跨过总干渠为新乡市西水厂供水，同时兼顾沿线农田灌溉。1988年，在寺王节制闸上游右岸新建水厂支渠，为新乡市四水厂供水。2003—2015年，东二干渠通过实施续建配套与节水改造项目工程，实现全断面混凝土防渗衬砌。

（4）东三干渠。东三干渠是人民胜利渠二期工程的建设内容，1952年7月开工建设，1953年12月完成。东三干渠进水闸位于总干渠右岸，与东二干渠进水闸并排布置且位于东二干渠进水闸上游。东三干渠总长38.17千米，有5条支渠。1955年扩建，增加六支渠。1979年扩建，在东三干渠王堤节制闸上游右岸增修南分干渠；1982年，在东三干渠末端增修七支渠，东三干渠设计流量增至35立方米每秒，基本形成东三灌区工程布局。

东三干渠基本上沿黄河故道北堤—古阳堤布置，主要灌溉面积位于渠道下游左岸古黄河洪漫滩区。为尽可能保持灌溉水头，扩大控制灌溉面积，东三干渠设计比降为1/6000，在人民胜利渠6条干渠中比降最缓。2005—2017年，东三干渠开始分期实施续建配套与节水改造项目工程，辅以维修养护项目，逐段进行防渗衬砌。截至2020年12月，东三干渠已累计完成混凝土防渗衬砌30千米，南分干渠防渗衬砌18千米。

（5）新磁干渠。新磁干渠位于灌区上游右岸，进水闸位于总干渠一号枢纽，终点为西高节制闸，渠道总长度为21.26千米，设计流量20立方米每秒，有6条支渠。

灌区工程

东三干渠（2019 年 12 月）

新磁干渠（2019 年 7 月）

新磁干渠是由灌区原来的新磁支渠经数次改建、扩建而成。原新磁支渠起点为毛庄进水闸，终点为西高节制闸，全长9.41千米。1983年，灌区实施技术改造工程，东一灌区与新磁灌区渠系调整，合称新东一灌区。新东一干渠自沉沙池引水渠马营分水闸起，终点至毛庄节制闸，全长9.06千米（其中沉沙池内自然形成的渠道长约3.70千米）。新磁支渠升级为新东一干渠的二分干渠，经1984年扩建后流量达到15立方米每秒，并在渠尾西高分水闸枢纽向东、东偏北和南偏东方向分出3条分支渠。此后，为便于管理，将马营分水闸以上的沉沙池引水渠、新东一干渠和二分干渠合并称作新磁干渠。2006—2011年，新磁干渠实施多期续建配套与节水改造项目工程，除沉沙池内渠道采用浆砌石进行护坡外，其余全部渠段均实现混凝土防渗衬砌。

（6）西三干渠。西三干渠是在引黄灌溉恢复、发展的大背景下，由新乡县于1972年2月开工、1973年1月建成的一条灌溉渠道，起点位于新乡县七里营墩留店村西南，沿北偏西方向穿过京广铁路后，转向北稍偏东方向至合河的东元封村，全长18.10千米。西三干渠设计流量7～8立方米每秒，设有9条支渠，全长40.20千米。设计灌溉面积4000余公顷，受益区主要为新乡县的小冀镇、七里营镇、

西三干渠（2017年12月）

翟坡镇、大召营镇、合河乡。

西三干渠初期从墩留店生产桥上游约300米处的人民胜利渠总干渠左岸直接取水，因水位没有保障，引水困难。1974年修建墩留店临时性桥带闸工程，抬升总干渠水位后，可以3~4立方米每秒速度引水，实际灌溉面积达2000公顷。此后，新乡县对西三干渠进口段进行改造，放弃左岸进水方案，将渠道进水口移至下游300米处的墩留店渡槽，将渡槽加高后与东一干三支渠连接。由此，西三干渠可通过东一干三支渠自总干渠二号跌水枢纽取水。

1983年6月—1987年12月，新乡县对西三干渠实施三期改建工程，并于1984年在总干渠左岸修建西三提灌站，安装3台单泵流量2立方米每秒的轴流泵进行提灌。

1992年，西一干二分干渠建成，为便于管理，将西三干渠一分为二：西孟姜女河以上仍为西三干渠，灌溉面积420公顷。西孟姜女河以下的西三干渠改为西一干二分干渠下段，灌溉面积4400公顷。

2015年，灌区实施续建配套与节水改造项目工程，西三干渠上段和西一干二分干渠下段实现全断面混凝土衬砌。2019年，河南省人民胜利渠管理局实施维修养护项目，改建西三提灌站，安装3台潜水轴流泵，单泵设计流量2立方米每秒，扬程3米。

（7）东四干渠、东五干渠与西二干渠。1958年，东四干渠为扩大灌溉面积，在总干渠四号跌水上游约4.50千米处修建桥带节制闸，在总干渠右岸建闸引水，将东二干的二支渠扩建为东四干渠，设计流量6立方米每秒，加大流量8立方米每秒。东四干渠长9.30千米，设2条支渠和11条干加斗渠。东四干渠投入运行后不久，因为抬高节制闸上游水位，在总干渠两岸引起浸渍灾害并导致土壤次生盐碱化。1962年2月停灌后，渠道遭到人为破坏。进水闸被拆除，节制闸改建成生产桥。1965年恢复引黄灌溉后，东四干渠部分控制面积仍由东二干渠供水。1969年，东四干渠仍改称为东二干二支渠。

东五干渠于1959年冬修建，从一号枢纽引水，沿与新磁支渠平行方向布置，渠道兼具调蓄功能，主要是在东三灌区古阳堤以上古黄河洪漫滩地发展自流灌溉。干渠建成后不久，就因黄河下游引黄灌区发生大面积次生盐碱化而被迫于1962年2月停灌，干渠全线遭到破坏，此后一直没有恢复。东三灌区古阳堤以南古黄河洪漫滩地由沿东三干渠修建的提灌站提水灌溉。

西二干渠由获嘉县政府于1968年冬至1969年春组织修建，当时称为"加西干"，同时沿共产主义渠右岸洼地修建西一沉沙池，清水经退水渠在后小召村西回到西一干渠。西二干渠自二号枢纽上游约2千米处的总干渠左岸引水，沿武陟县与获嘉县界至共产主义渠，全长约7.8千米，设计流量5立方米每秒，1969年7月5日开始放水。此后，获嘉县沿武陟县界将西二干渠向西北延伸，修建渡槽跨过共产主义渠，与武嘉灌区衔接，灌溉面积一度达4666.67公顷。此后，由于排水矛盾以及管理上的原因，在西一沉沙池停淤还耕后，西二干渠灌溉面积逐渐减少。1991年称友谊支渠，与共产主义渠相通，可对其进行生态补水。2006年，友谊支渠通过实施续建配套与节水改造项目工程，实现全断面混凝土防渗衬砌。

（8）分干渠。人民胜利渠灌区建设初期的原始设计中只有西干渠与东一、东二、东三等4条干渠。在灌区发展过程中，为扩大和改善灌溉面积，对灌区工程布局进行调整，在续建配套期间，分干渠应运而生，规模与控制灌溉面积介于干渠和支渠之间。1979年东三扩建，增建东三干南分干渠。1987年灌区技术改造工程规划西一干一分干、西一干二分干两条分干渠。

东三干南分干渠始建于1979年，全长32.90千米，自东三干渠王堤节制闸上游右岸引水，渠道比降1/6000，设计底宽5.4~6.0米，设计流量12立方米每秒。规划有9条支渠，设计灌溉面积1.07万公顷，主要受益区为延津县，同时可向滑县补源。2008—2018年，东三干南分干渠通过实施续建配套与节水改造项目工程，实现全断面混凝土防渗衬砌。

西一干一分干渠为原西一干渠程遇节制闸以下渠段，起点为程遇节制进水闸，终点为彦当节制闸进水闸，控制灌溉面积5380公顷。西一干一分干渠建成于1991年，设计流量8立方米每秒，底宽1.5~2.5米，比降1/3800，沿共产主义

灌区工程

东三干南分干渠（2020 年 5 月）

西一干一分干渠（2019 年 12 月）

渠右岸布置。该渠大部分渠段设计渠底高出右岸地面，自流灌溉条件优越。一分干渠规划有4条支渠，其中四支渠（原西一干六支渠）向北延伸7.82千米，抵近卫河边的新乡县合河镇西永康村。2018年，西一干一分干渠通过实施续建配套与节水改造项目工程，实现全断面混凝土防渗衬砌。

西一干二分干渠起点位于西一干渠程遇分水枢纽的原四支渠进水闸，上段沿原四支渠线路向东在西三干三支渠进水闸前与西三干渠连接，全长6.40千米，1992年建成。二分干渠下段为原西三干三支渠进水闸以下渠段。依据1987年人民胜利渠技术改造工程规划，西一干二分干渠下段规划渠道长9.52千米，向北一直延伸到新乡县东元封村，接近卫河。西一干二分干渠设计流量4~6立方米每秒，控制灌溉面积5826.67公顷，渠道比降1/3800，渠底宽1.2~1.5米，绝大部分渠段为填方渠道。2005—2017年，西一干二分干渠通过实施续建配套与节水改造项目工程，实现全断面混凝土防渗衬砌。

西一干二分干渠（2019年12月）

支渠 支渠是灌区的输配水工程。除东三干七支渠、东一干三支渠（老五斗）等个别渠道外，人民胜利渠灌区大部分支渠设计流量一般在 2~3 立方米每秒之间，底宽不超过 1.5 米，比降 1/2500 左右。按照进水闸所在的渠道级别不同，人民胜利渠支渠分三大类：第一类是直接从总干渠上取水的支渠，共有 6 条。其中自一号枢纽上游取水的有进水闸位于渠道左岸倒灌和右岸白马、陈宋王马 3 条支渠；从二号枢纽上游左岸取水的有友谊支渠（原西二干渠）；在二号枢纽和三号枢纽之间取水的有西刘支和田庄支 2 条支渠。第二类是在各干渠上取水的支渠，共29条。第三类是从 3 条分干渠上取水的分支渠，共 9 条，总计有 44 条支渠。2020 年人民胜利渠支渠统计见下表。

2020 年人民胜利渠支渠统计表

序号	干渠名称	支渠名称	总长度/公里	设计流量/(米³/秒)	渠道设计断面			建设年份	改造年份	备注
					渠深/米	底宽/米	内坡比			
1	总干渠	倒灌支渠	2.88	1.50	1.30	1.50	1.25	1972	1995	
2		陈宋王马支渠	4.21	1.50	1.26	1.50	1.50	1971	2003、2010	
3		白马支渠	8.85	3.64	1.50	1.80	2.00	1971	2011	
4		友谊支渠	7.80	2.50	1.80	2.00	1.50	1968	1991、2006	
5		西刘支渠	4.25	1.70	1.70	1.50	1.50	2012		
6		田庄支渠	1.84	2.00	1.80	1.10	1.00	1972	2005	
7	东一干渠	一支渠	8.20	4.90	2.29	1.80	1.50	1954	1984	
8		二支渠	6.20	3.00	1.85	1.00	1.50	1954	2011	
9		三支渠	4.65	5.80	2.03	2.50	1.50	1954	2012	
10	东二干渠	水厂支渠	3.50	3.50	1.61	2.00	1.50	1975		
11		一支渠	1.00	5.00	2.00	2.50	1.50	1970		
12		二支渠	2.10	3.50	1.80	2.50	1.50	1970		
13		三支渠	8.86	3.50	1.69	2.50	1.50	1975		
14	东三干渠	二支渠	1.51							已废弃
15		三支渠	4.05	2.40	1.67	1.00	1.75	1965	2017	
16		六支渠	5.65	1.50	1.50	1.20	1.50	1982		
17		加三支渠	2.00	1.50	1.20	1.00	1.20	1988		
18		四支渠	6.64	6.50	2.20	1.80	1.75	1979		
19		加四支渠	3.50	1.50	1.30	1.50	1.50	1989		
20		五支渠	8.38	7.60	2.50	3.50	1.75	1981		
21		七支渠	21.87	9.35	1.80	4.00	2.00	1982		

续表

序号	干渠名称	支渠名称	总长度/公里	设计流量/(米³/秒)	渠道设计断面			建设年份	改造年份	备注
					渠深/米	底宽/米	内坡比			
22	西一干渠	一支渠	4.44	2.60	2.20	1.50	1.50	1970	1990	
23		加一支渠	4.15	1.00	1.30	1.00	1.50	1980	2008	
24		二支渠	2.56	3.20	1.60	1.50	1.50	1970	1990	
25		三支渠	3.01	5.00	1.90	1.50	1.50	1970	1990	
26	西三干渠	一支渠	1.95	2.00	1.30	1.50	1.00	1979		
27		二支渠	1.56	1.20	1.40	1.40	0	1972		
28		三支渠	0.76	1.20	1.40	1.40	0	1972		
29		四支渠	1.24	1.30	1.10	0.80	1.00	1984		
30	新磁干渠	祝楼支渠	3.46	6.00	2.00	2.00	1.50	1984		
31		顺干支渠	6.70	3.00	1.80	1.20	1.75	1984	2011	
32		贺庄支渠	2.90	6.00	2.30	3.00	1.75	1995		
33		一支渠	6.10	8.00	2.00	2.00	1.75	1995		
34		二支渠	4.80	1.98	1.70	1.20	1.50	1996		
35		三支渠	3.90	2.48	2.00	1.00	1.50	1991		
36	东三干南分干渠	一支渠	8.76							已废弃
37		二支渠	6.17	1.20	1.20	1.20	1.50	1985	2009	
38		三支渠	2.80	1.30	1.20	1.30	1.50	1985	1992	
39		四支渠	2.90	1.50	1.00	1.20	1.10	1985	2009	
40		五支渠	0.57	3.00	1.80	5.00	1.50	1985		
41		六支渠	4.81	2.00	1.60	1.50	1.50	1985		
42		七支渠	14.04	3.80	2.20	3.00	1.50	1985	2014	
43		八支渠	3.90							已废弃
44	西一干一分干渠	一支渠	4.28	1.20	1.07	1.20	1.50	1985	2010	

人民胜利渠灌区大部分支渠主要由地方政府（受益社队或乡村）和群众组织负责维护与管理。作为灌区专管机构的管理局负责为其提供供水协调服务和工程维护技术指导。历史上受灌区停灌复灌、工程改建扩建以及灌区规划调整等诸多因素影响，在人民胜利渠70年的发展进程中，支渠无论是从数量、断面尺寸到渠道长度，甚至部分支渠从名称到渠线走向以及工程布置方面等都处在不断变化中，这在一定程度上反映了灌区工程建设与管理的动态化属性。

建 筑 物

人民胜利渠位于黄河冲积平原上，为平原型自流灌溉区，主要渠系建筑物为节制闸、进水闸、退水闸、渡槽、涵洞、桥梁、跌水、倒虹吸、陡坡、斗门等建筑物，共8732座（人民胜利渠灌区6072座，武嘉灌区2660座），其中支渠及以上渠道渠系建筑物共有2933座（人民胜利渠灌区2347座，武嘉灌区586座）。建筑物主要有渠首闸2座、穿堤闸2座、总干枢纽工程6处、水电站3座、干渠枢纽工程2处。

渠首闸 （1）人民胜利渠渠首闸。因黄河善变，人民胜利渠在选定闸址时特别强调北岸靠溜这一点，河岸巩固不会从闸的两侧冲开缺口，陷闸身于洪流中，也是一个重要的依据。据此进行多方比选。

1）河岸固定：自京汉铁路桥到沁河口的一段河岸，1933年，铁路局怕洪水冲刷河岸，影响铁路桥安全，曾沿河修一铁路，大量抛石护岸（抛石约60万立方米），这一带河岸比较稳定。

2）引水口经常靠溜：经实地勘查，结合历史情况分析，黄河河道在铁路桥以上虽有南北两股，但北股经常靠溜，南股时大时小，有时断流（1950年曾断流）。在北股河岸因有对岸枣树沟挑水向东北，北岸石护坡拦水向东南，无论大溜上提下坐，在秦厂大坝头上游约400米的地点，是经常靠溜的，其他靠上靠下地点，则时常出滩。引黄灌溉济卫工程处曾于1950年4月邀集姚旗营村、御坝村、秦厂村3村老人和水手等召开座谈会，知情者称现秦厂大坝头是抗战前北岸车站（当时尚未设老田庵站）的水陆联运码头，40年来只要北支有水，秦厂大坝坝头均经常靠溜，温、孟、济、沁一带土特产均由此装卸。多方比选，选在秦厂大坝头以上400米处。

3）建闸位置基础条件：选定两个地点，一个在秦厂大坝头，一个在坝上游400米处。经钻探取土分析，25米均系沙土黏粒，没有好的土石层，表面20米下有一层约2米的黑色烂泥层，以下是细沙。从两处基础土壤情况进行比较，差

人民胜利渠渠首闸（1958年）

别不大，但秦厂大坝头是百年老坝，坝基土壤经常年荷重，比较密实，因此选定坝头为闸址。

4）引水口泥沙情况：就当时情况看，大坝头的河水有漩涡，水流很乱。大坝头上400米处水流平顺，经过取沙样比较，结果相差不大，所以选在大坝头以上400米处。

综合比较后，闸址选定在秦厂大坝头以上400米处。

根据苏联专家布克夫顾夫及其他专家建议，河岸稳定时将闸址选择在离河岸较近处，这样可以缩短引水渠的长度，便于管理，但也考虑到施工的便利不能离河边太近，故选用引水渠长130米。

人民胜利渠渠首闸位于黄河北岸武陟县嘉应观乡秦厂村境内距坝头约400米

人民胜利渠渠首闸（2020年5月）

处的秦厂大坝上，上距黄河中下游分界线桃花峪约2千米。工程于1951年3月开工建设，1952年4月投入使用。

渠首闸采用钢板桩加固扩大式基础、整体框架式结构设计，布置5孔带胸墙开敞式闸室，安装5扇平板钢闸门，配套单吊点20吨螺杆启闭机。闸孔单宽2.50米，孔高1.95米。闸底板高程90.27米，闸前设有20厘米底坎，初始设计过闸流量50立方米每秒。

1955年，灌区进行第一次扩建，对渠首闸下基础进行了加固，过闸流量由原来的50立方米每秒增加到70立方米每秒。此后，随着闸基础加固与下游防冲处理，同时黄河淤积和水位抬升，渠首闸过流能力进一步增大，正常情况下可引水60～85立方米每秒（1986年最大引水流量达96立方米每秒）。

由于黄河河床连年淤积，闸上游地下水水位持续抬升，闸基曾出现渗流、轻微沉降等问题。1973年，河南省新乡地区引黄人民胜利渠灌溉管理局对渠首闸闸门、启闭机、闸室进行加固，并将阻水板前的干砌石护底改为浆砌石。1985年，对渠首闸基础进行化学灌浆治漏处理，同时改建闸机房。1999年8月，更换渠首闸启闭机。2008年，对渠首闸闸肩进行高压灌浆防渗处理，并对闸房进行了整修。2013年，更换渠首闸平板钢闸门。

武嘉渠首闸（2020年10月）

（2）武嘉渠首闸。武嘉渠首闸位于人民胜利渠渠首闸西北200米处，始建于1985年，采用4孔钢筋混凝土无压箱涵式结构，单孔宽2.50米，高3.30米，闸底高程90.69米，设计水位93.59米，最高运用水位97.00米，防洪水位98.70米，当洪水水位超过98.70米时，开闸放水平压，确保建筑物的安全。涵洞上防洪堤顶高程100.70米，箱涵段长28.40米（含闸室），进口设滚动闸门，闸门尺寸2.9米×3.5米，采用螺杆式QBL-20吨手电两用启闭机进行启动，闸前混凝土铺盖长20米，闸后设消力池长15.50米，深0.50米，消力池出口设三级反滤层，下接护坦长20米，均为钢筋混凝土U形槽，护坦下游与矩形砌石引水渠相连，在护坦上段设三级配反滤层，厚0.65米，长5米，直径100毫米排水孔间距1~2米。渠首闸于1987年竣工投入使用，包括4孔钢筋混凝土箱涵式大闸1座，防洪堤1道长290米。

穿黄河大堤闸 （1）张菜园闸。张菜园闸是人民胜利渠穿越黄河大堤的涵闸，位于武陟县詹店镇张菜园村西南200米，北岸临黄河大堤桩号86+620处，该闸于1975年3月开始施工，1977年10月竣工。设计流量为100立方米每秒，加大流量130立方米每秒，闸分5孔，每孔高3.6米，宽3.4米，闸洞和闸室长96米，建筑物总长171米，主闸门为钢筋混凝土梁板式平面闸门，采用2×25吨双吊点移动式卷扬启闭机。设计灌溉面积5.91万公顷，设计防洪水位99.00米，校核防洪水位100.00米，闸底板高程88.22米。该闸属一级水工建筑物，主要是在设防标准条件下，确保防洪安全和引黄灌溉，为城市工业、居民生活用水提供可靠的水资源，该闸主要服务于人民胜利渠灌区。2003年10月该闸进行安全鉴定，定为二类涵闸。2013年12月进行第二次涵闸安全鉴定，2014年9月鉴定结果已通过专家论证，鉴定为四类涵闸。

张菜园闸（2020年5月）

（2）共产主义闸。共产主义闸为共产主义渠穿越黄河大堤的涵闸，位于北岸黄河大堤桩号78+800处。该闸建于1958年6月，闸结构型式为开敞式钢筋混凝土结构，共6孔，孔高3.5米，宽5米，钢质弧形闸门，设计流量280立方米每秒，加大流量540立方米每秒。共产主义闸原设计为贯穿河南、山东、河北三省的大型引黄工程，担负着下游城市航运用水和31.34万公顷农田灌溉用水任务。自1959年放水后，发现渠道水位高，渗水严重，造成部分低洼地面积水，土地盐碱化。1960年经河南省委报请中央批准，该闸停止运用。1981年对闸前进行加固施工，增设了现浇混凝土护面及喷浆阻渗层，中间4孔闸门用叠梁闸板封堵，只有东孔小流量农业引水灌溉。2007年新闸建成，原闸拆除。

共产主义渠新闸位于北岸黄河大堤桩号78+400处，2007年2月开工，6月25日竣工并投入使用。闸前设计水位93.84米，设计流量40立方米每秒，为一级水工建筑物。设计防洪水位100.71米，校核防洪水位101.71米，闸底板高程90.45米，该闸为3孔箱型涵闸，工作闸门采用浅孔式闸门，全闸总长172米，孔口尺寸为宽2.8米、高3.5米，设计水头9.62米。闸门为平面定轮钢闸门，门体总重4.0吨，最大外形尺寸3.4米×4.3米×0.6米（宽×高×厚），闸门运用方式为动水启闭，采用40.81吨固定卷扬式启闭机进行操作，扬程9米。该闸主要为武嘉灌区供水。

共产主义渠新闸（2020年5月）

人民胜利渠总干渠枢纽

人民胜利渠自西南至东北,大体沿着与地面等高线垂直的方向布置。由于人民胜利渠灌区位于黄河冲积平原上,灌区地形地貌受古、今黄河影响,呈现3个台阶状分布的带形地貌单元。为实现挖填平衡,减少工程量,控制建设投资,人民胜利渠原始规划设计方案沿总干渠设置了4个直跌式跌水。除与卫河衔接的四号跌水外,其他3个跌水与布置在跌水上游的节制闸、干渠进水闸、水电站等建筑物共同组成人民胜利渠控制性枢纽工程。

(1)一号枢纽。人民胜利渠总干渠一号枢纽位于武陟詹店何营村东南约500米处,由总干渠节制闸、何营水电站、新磁干渠进水闸、白马及陈宋王马支渠进水闸组成。一号跌水节制闸设计流量为80立方米每秒,布置在跌水溢流堰堰顶,上游与渠底等高,高程87.80米。下游消力池底板与下游渠底等高,高程85.07米,落差2.73米。跌水上游左岸布置何营水电站,安装5台水轮发电机组,总装机容量625千瓦。右岸布置白马支渠、陈宋王马支渠进水闸、新磁干渠进水闸。新磁干渠进水闸为开敞式结构,分5孔,单孔宽3米,设计流量60立方米每秒。

一号跌水主体部分于1943年修建,工程质量低劣。抗日战争胜利后,群众为扩大种植面积,曾将上游护坦砸开,把滚水坝和清水池下面掏空排除上面的积水,

一号枢纽(2020年5月)

工程基础遭到破坏。1951年,引黄灌溉济卫一期工程对破损部分进行填补修复加固,但跌水整体状况未能彻底改善。1956年,随着灌区引黄流量增加,一号跌水消力池底板出现裂缝。虽采用厚0.20米混凝土加固,但仍未从根本上解决问题。1979年7月底,跌水主体建筑物出现严重裂缝并发生位移,停水期间消力池底出现多处管涌。经调查是渗流压力较大,基土遭到严重破坏,截渗排渗设施防渗能力不足。

1979年冬,河南省新乡地区引黄人民胜利渠灌溉管理局拆除一号跌水老建筑,维持原中心线不变,重建一号跌水,最大过水能力达到100立方米每秒。节制闸建在溢流堰堰顶,闸室长6米,采用整体开敞式结构,分成3孔,单孔宽5米。跌水与节制闸之间设置沉陷缝。闸前设20米宽铺盖与上游右岸的新磁干渠进水闸底板衔接。

2017年,一号跌水闸门、启闭机更换,采用平板钢闸门替换钢丝网混凝土平板闸门,配套20吨手电两用双吊点螺杆启闭机。

(2)二号枢纽。人民胜利渠总干渠二号枢纽位于获嘉县冯庄镇王井村境内,由总干渠节制闸、二号跌水、东一干渠进水闸和西一干渠进水闸组成。跌水闸底(溢流堰堰顶)高程82.89米,下游渠底高程81.60米,跌差1.29米。节制闸布置在跌水溢流堰堰顶,为3孔开敞式结构,单孔孔宽2.50米,设计过水40~50立方

二号枢纽(2019年7月)

米每秒。跌水上游左侧为西一干渠进水闸，单孔孔宽2米，设计过水12～13立方米每秒；右侧为东一干渠进水闸，单孔孔宽2米，设计过水15立方米每秒。

二号跌水始建于1943年，存在质量缺陷和安全隐患。1951年引黄灌溉济卫一期工程在闸中墩下游增修后戗，其余稍作改造便投入使用，初次放水就出现问题。20世纪60年代，跌水下游护坦底板曾出现裂缝，产生严重淘刷，随即进行加固处理。20世纪70年代初，护坦裂缝又有发展，需再次进行加固。

1979年，东三灌区扩建，迫切需要提升总干渠过流能力。1982年，按照过水100立方米每秒标准对二号跌水进行扩建。同时跌水上游的西一干分水闸由12～13立方米每秒扩为20～25立方米每秒，除解决西一灌区用水外还计划向西三灌区下游送水；东一干渠进水闸虽不需扩建，但受二号跌水扩建影响，东一干渠进水闸后退新建。二号跌水修成实用堰，过水能力100立方米每秒，布置3孔，单孔孔宽4米；西一干渠进水闸单孔孔宽4米；东一干渠进水闸单孔孔宽2.50米。由于总干渠左岸是新郑公路，无法向左扩建。故将跌水上游左岸不动，跌水中心线向右移2.50米，上下游渐变回原渠中心，跌水底板布置在原跌水底板下沿，减少拆除量。东一干渠、西一干渠进水闸原中心线不动。

1999年，人民胜利渠灌区启动续建配套与节水改造项目工程，一期工程取消了二号跌水跌差，将二号跌水至三号跌水之间总干渠比降统一调整为1/4800，抬高三号跌水设计渠底与水位，东三干渠上段比降由1/6000调至1/5000，提高设计流速，减少渠道淤积。

2017年，二号跌水闸门、启闭机更换，采用平板钢闸门替换钢丝网混凝土平板闸门，配套20吨手电两用双吊点螺杆启闭机。

（3）三号枢纽。人民胜利渠总干渠三号枢纽位于新乡县翟坡镇田庄村东南，由跌水节制闸、东二、东三干渠进水闸以及田庄水电站组成。跌水上游渠底高程75.30米，下游渠底高程72.68米，跌差2.62米。三号跌水以下总干渠主要承担向卫河补水、两岸排水和黄河分洪任务，基本没有灌溉职能。东二、东三干渠进水闸均为开敞式结构，布置在跌水上游总干渠右岸，其中东二干渠进水闸设计流

三号枢纽（2019年3月）

量8立方米每秒，东三干渠进水闸设计流量35立方米每秒。

三号跌水始建于1943年，节制闸布置在跌水溢流堰顶部，分为3孔，中孔宽2.50米，两边孔各宽2.47米，设计过水40~50立方米每秒。由于初期工程质量较差，跌水消能不足，下游冲刷严重。1955年9月，对跌水下游消力设施及渠坡、渠底进行了加固处理，新增齿形钢筋混凝土消力坎一排，新增干砌片石护底30米、护坡20米。跌水抗冲刷能力提升，基本上能够满足济卫通航需求。1962年，人民胜利渠暂停向卫河补水，三号跌水节制闸长年闭闸，跌水以下总干渠处于不过流状态。1971年，人民胜利渠逐步恢复向卫河补水，并于1972年开始向天津市应急供水。三号跌水再度启用，重要性日益凸显。

1979年三号跌水拆除重建，中心线保持不变，跌水与节制闸做了重新布置。改建后的三号跌水修成实用堰，节制闸建在跌水上游。闸室长6米，分3孔，单孔宽4.45米，过水能力60立方米每秒。闸体采用钢筋混凝土整体开敞式结构，钢筋混凝土梁板式平面闸门，配2×10吨螺杆式双吊点启闭机。跌水与节制闸设置沉陷缝，闸前设30米铺盖与上游东三干渠进水闸衔接。

2017年，三号跌水闸门、启闭机更换，采用平板钢闸门替换钢丝网混凝土平板闸门，配套20吨手电两用双吊点螺杆启闭机。

（4）四号跌水。四号跌水是人民胜利渠与卫河的衔接工程，位于新乡市饮马口。始建于1943年，跌水单孔过流，顶宽9.40米。跌水顶沿高程67.86米，跌水下游渠底高程66.30米，落差1.56米。跌水上建有石拱桥，没有水量控制设施。人民胜利渠建成后长期引黄济卫，泥沙淤积导致卫河河床抬高，四号跌水失去水位调节功能。

武嘉总干渠枢纽 武嘉总干渠走向为自西南向东北，布于黄河故道上。地势平坦，相对落差较小，渠道按一定比降平均分布，不存在跌水与抬升，沿线布置有圪垱店和西浮庄2个控制性枢纽。

（1）圪垱店枢纽。圪垱店枢纽位于武陟县圪垱店村北2千米，始建于1978年，由五支进水闸、节制闸、退水闸、渡槽、一干进水闸、一干节制闸组成武嘉灌区控制性枢纽工程。五支进水闸位于总干10+895处，闸门尺寸1.30米×1.80米，配备5吨手电两用启闭机，五支渠设计流量为2.83立方米每秒，灌溉面积953.34公顷。退水闸位于总干渠10+912处，闸门尺寸3米×3米，配备8吨手电两用

圪垱店枢纽（2019年7月）

启闭机，当总干渠上游水位过高、压力过大时，打开退水闸门，将水排入共产主义渠，迅速降低总干渠水位，确保渠道安全运行。节制闸位于渡槽退水闸西侧，与退水闸并列而设，中间由分水墙隔开，闸门尺寸3米×3米，配备8吨手电两用启闭机，调节总干渠与五支渠及下游渠道的水量，保证五支渠用水。圪垱店渡槽位于总干渠桩号10+916处，是总干渠跨共产主义输水工程，渡槽槽身为钢筋混凝土U形薄壳，共4节，口宽3米，槽深2.70米，槽身长46米，最大过水能力25立方米每秒。一干渠进水闸位于总干渠桩号11+030处，闸门尺寸2米×1.8米，配备5吨手电两用启闭机。一干渠是武嘉灌区主要输水渠道，全长16千米，设计流量7.30立方米每秒，承担武陟、修武两县沿渠6286.67公顷的农田灌溉。一干渠节制闸位于一干进水闸下游50米，所在总干渠桩号11+072处，为双孔节制闸，单孔闸门尺寸为3米×2.8米，配备10吨手电两用启闭机，调节一干渠用水。

（2）西浮庄枢纽。西浮庄枢纽位于获嘉县西浮庄村东南1千米，始建于1978年，枢纽工程由退水闸、节制闸、渡槽组成。节制闸位于退水闸西侧、总干渠桩号18+250处，节制闸闸口尺寸为3.2米×2.8米，配备10吨手电两用启闭机，在保证上游渠道部分支、斗渠农业灌溉所需水位的同时，还承担渡槽的输水安全，调节总干渠上下游水位，以满足上游支、斗渠的引水需求。退水闸单孔，过水闸口3.2米×2.8米，配备10吨手电两用启闭机。西浮庄渡槽位于节制闸下游40米，渡槽起点桩号在18+568处，是总干渠跨越二干排的输水工程，也是总干渠向获嘉县输水的咽喉工程，经过30年运行，由于受到二干排多年流水侵蚀的影响，西浮庄渡槽地基沉降，造成槽身接口裂缝过大，漏水严重，无法正常运行。2017年，武嘉灌区续建配套与节水改造工程对浮庄渡槽进行拆除重建，渡槽采用钢筋混凝土U形断面，槽身全长34米，上口宽3.20米，槽深2.70米，最大输水流量20立方米每秒。总干渠通过西浮庄渡槽将黄河水输送至获嘉县境内，保证获嘉县工农业生产及生态用水。

西浮庄枢纽（2020年5月）

水电站 人民胜利渠沿线共布置有4个跌水，其中一号跌水和三号跌水落差分别为2.73米和2.62米。1950年灌区规划时，就有利用跌水修建水电站的计划。1956年、1958年人民胜利渠田庄和何营水电站相继建成并投入使用，1985年何营引黄小电站建成并投入使用，周边几个村庄率先实现农村电气化，促进了集体经济的发展。

（1）何营水电站。何营水电站位于人民胜利渠总干渠一号枢纽，在武陟县詹店何营村境内。水电站于1956年10月开工，1958年8月建成发电。何营水电站原设计安装5台水轮发电机组，装机容量1000千瓦，配套小型供电网络，主要为詹店火车站及周边社队砖瓦厂、面粉、轧花厂等小型加工企业供电。1962年灌区停灌后，水电站发电设备被拆除并安装在焦作青天河水电站。1972年，何营水电站恢复，仍安装5台水轮发电机组，总装机容量625千瓦。1997年2月，何营水电站完成上网改造，并入国家电网。2018年，为防止上游渠道淤积影响渠首闸自流引水，限制一号枢纽闸前运行水位。何营水电站发电水头降低，经济效益下滑，水电站停止发电。

何营水电站（2020年5月）

（2）何营引黄小电站。从白马支渠进水，发电尾水从一号枢纽下游右岸进入总干渠。为调节补充何营水电站水量而修建。1983年5月筹建，为提高建筑物观感质量，按照"不古不洋、造型新颖、美观大方"的原则设计。小电站装机2台×40千瓦，设计水头2~6.50米，单台设计流量0.94~1.69立方米每秒。工程于1985年4月开工，9月竣工并试运行发电。1997年2月，完成上网改造，并入国家电网。

何营引黄小电站（2018年5月）

（3）田庄水电站。田庄水电站位于人民胜利渠三号枢纽，为河床式低水头水电站，布置在人民胜利渠左岸和郑新公路之间。水电站始建于1955年，安装3台水轮发电机组，总装机容量348千瓦。1956年5月1日，田庄水电站建成并投入使用后，新乡县七里营在全国率先走向农村电气化。利用水电站提供的电力，人民胜利渠在东三干渠上段修建了3座提灌站，解决了东三灌区古阳堤以上3666.67公顷高地的灌溉问题，充足的电力促进周边农村农产品加工业发展。1962年，人民胜利渠暂停向卫河补水，田庄水电站停止使用。水电站水轮发电机组被拆除并调剂安装在焦作青天河水电站。1999年郑新公路扩宽，田庄水电站引水渠回填报废，水电站厂房被拆除。

干渠枢纽　人民胜利渠6条干渠上均布置有控制性工程，其中新磁干渠上主要有马营分水闸、大毛庄节制闸和西高节制闸；东一干渠上有贺庄节制闸和王官营节制闸；西一干渠上有后小召节制闸、程遇节制闸；东三干渠上有王堤节制闸、三支节制闸和五七支分水闸；东二干渠上有寺王节制闸、梁仁旺节制闸和三支节制闸；西三干渠上也设有多处节制闸。其中位于东三干渠上的王堤节制闸和西一干渠上的程遇节制闸担负着向分干渠分水的功能，具有枢纽建筑物性质。

（1）东三干渠王堤枢纽。东三干渠王堤枢纽位于东三干渠桩号20+437处，于1979年东三灌区扩建时修建。主要由王堤节制闸、南分干进水闸、二支进水闸和2座干加斗进水闸组成。王堤节制闸设计流量25立方米每秒，3孔开敞式结构，闸孔尺寸3.8米×2.9米，安装平板铸铁闸门，配套单吊点20吨启闭机。南分干进水闸闸孔尺寸3.5米×2.6米，主要为延津县供水，还可送水至滑县。王堤节制闸、二支进水闸和南分干进水闸通过架空走廊相互连接，形成独特水利建筑景观。

（2）西一干渠程遇枢纽。西一干渠程遇枢纽建于1988年，位于西一干渠渠尾获嘉县太山镇程遇村西北，是西一干一分干和二分干的分水枢纽。程遇节制闸同时也是一分干进水闸，设计过闸流量8立方米每秒，浆砌料石闸墩，开敞式结构，分2孔，单孔孔宽2.80米，铸铁平板闸门，配套15吨手电两用启闭机。二分干进水闸布置在节制闸上游右岸，也为开敞式结构，2孔，单孔孔宽2.80米。节制进水闸上游左岸布置有程遇退水闸，单孔孔宽2.80米，通过陡坡与共产主义渠衔接，正常情况下可向共产主义渠以速度6~8立方米每秒退水。

东三干渠王堤枢纽（2019年7月）

西一干渠程遇枢纽（2020年4月）

泥沙处理工程

黄河是世界上泥沙含量最大的河流。引黄河水灌溉，泥沙淤积问题是必须面对且需要妥善解决的一大技术难题。人民胜利渠是在黄河下游建设的第一座大型引黄自流灌溉工程，国内没有可供借鉴的经验，一切泥沙处理途径，均属探索。工程规划设计期间，听取苏联专家建议，利用总干渠上一号跌水和二号跌水落差，在人民胜利渠右岸靠近黄河大堤的大面积黄河背河洼地、沙碱荒地修建沉沙池集中处理大颗粒泥沙的工程设计方案。1953年，沉沙工程体系投入使用，人民胜利渠在渠首采取工程措施"拦沙"，修建拦沙潜堰、安设导流系统，一度使入渠含沙量减少10%～30%，引沙比在0.7～0.9之间。在黄河水含沙量较大的主汛期，实施错沙峰引水，一旦含沙量大于30.70千克每立方米时，立即关闸停止引水，尽可能减少引入泥沙总量。同时，灌区内受益县、乡政府和村委会还组织群众，对各级渠道尤其是田间工程进行清淤疏浚，保障安全输水。通过"拦沙、避沙、沉沙、清淤、浑水灌溉"等措施，较好解决了泥沙淤积问题，其中通过沉沙池集中处理大颗粒泥沙是最成功也是最重要的泥沙处理方式。自1952年开灌至2020年，相继建成东一、东三灌区沉沙池和西一灌区沉沙池等。

东一、东三灌区沉沙池　东一、东三灌区沉沙池是人民胜利渠初期建成并投入使用的主要泥沙处理工程，布置在总干渠右岸武陟县詹店镇的马营村、王庄村以及原阳祝楼乡的背河洼地，从总干渠一号跌水上游沉沙池进水闸（新磁干渠进水闸）引水，向东通过1.87千米长的引水渠至马营分水闸进入东一灌区沉沙池进水渠和东三灌区沉沙池引水渠。

东一灌区沉沙池出水口在原阳县祝楼乡西胡庄村西，出水渠引水向北至原阳县祝楼乡卞庄村西的平交道分为两支，其一继续向北在获嘉县冯庄乡的王井村进入东一干渠。另一支（新东一）向东至毛庄节制闸后再分为两个分支：一分支向北分水至贺庄闸上游进入东一干渠，另一分支向东至西高闸，即原新磁支渠（后改造为新磁干渠）。

东三灌区沉沙池布置在东一沉沙池以东的新东一干渠（新磁支渠）右岸，退水渠起点为祝楼乡西胡庄村的沉沙池出水口溢流堰，向北穿过新磁干渠（新东一干渠）、东一干渠后在人民胜利渠总干渠二号跌水下游约2.50千米处汇入人民胜利渠总干渠。

东一灌区沉沙池原设计为周边筑堤的湖泊型沉沙池，于1952年9月底建成启用至1953年3月，通过2次放水沉沙，发现存在以下问题：一是细颗粒泥沙全部积在池内，不但造成退水渠和下游总干渠冲刷，还大大缩短沉沙池使用年限；二是落淤不均衡，停水时沉沙池内积水不能完全排出，占用土地面积较大；三是湖泊式沉沙池周围没有修建排水设施，放水37天，池水渗漏造成地下水位上升0.70米，沉沙池东侧王禄村附近约66.67公顷土地遭受浸渍灾害。

为改善湖泊式沉沙池问题，尝试修建进出口窄、中间宽的梭形沉沙池，进出口最狭窄处宽约25米，全长5.70千米。为积累经验，中间最大宽度先后采用80米、100米、120米3种，并逐渐变窄与进出口连接。1954年3月至1956年3月共建成梭形沉沙池10条，土堤11条。梭形沉沙池投入使用后，沉沙池泥沙处理效果明显改善，渗漏影响范围显著缩小。

西一灌区沉沙池　（1）西一灌区沉沙池。西一灌区带形沉沙池建成于1954年，位于西干渠左岸的古黄河背河洼地，进口在西一干渠固县跌水上游，平行于西干渠布置。西一灌区沉沙池在设计上汲取东一梭形沉沙池经验，尝试使用带形沉沙池沉沙，进出口较梭形沉沙池短。沉沙池长2650米，中间宽度大体相等，平均池宽40米，进水闸设计流量7立方米每秒。沉沙池出水口设在获嘉县大辛庄乡后小召村西，通过退水闸进入西一干渠。西一干渠下游的三支、四支、五支、六支都可使用经过沉沙处理的黄河水。

西一灌区带形沉沙池沉沙效果良好。1955年6月22日至8月3日实际测算资料显示：当进口含沙量为11~25千克每立方米时，出口含沙量降至1~7千克每立方米，拦沙率在70%以上；当进口含沙量为25~50千克每立方米时，出口含沙量7~25千克每立方米，拦沙率在50%~70%之间，平均淤积厚度约1.80米（进口2米，出口1.60米），共落淤19万立方米。沉沙池使用后期，在出口利用闸门抬高水位，提高出口附近淤积厚度，为还耕创造条件。带形长条池沉沙经验后来在东一、东三灌区沉沙池使用，并逐步演变为条形沉沙池，可以有计划逐区域进行沉沙淤地改土，很受灌区群众欢迎。

（2）西二灌区沉沙池。1969年，获嘉县沿与武陟县界修建"加西干渠"，自人民胜利渠总干渠二号枢纽上游引水至获嘉县冯庄镇西北部的张堤、梁堤和小段庄村一带，在位于古阳堤以下紧邻共产主义渠右岸的古黄河背河洼地修建沉沙池。处理过的清水经后小召村西的沉沙池退水闸回到西一干渠。沉沙池投入使用后，由于西二干渠（后断面缩小并改为友谊支渠）淤积较为严重，输水困难，改自西一干固县村跌水上游的寺后村附近（加一支渠）供水，沉沙池退水渠与出水口保持不变。

人民胜利渠沉沙工程体系巧妙利用地形地貌，解决了泥沙淤积问题，泥沙成为灌区改土造田的宝贵资源。人民胜利渠灌区沉沙池使用期间，包括人民胜利渠总干渠在内的骨干渠道基本上维持冲淤平衡状态，部分渠段甚至出现冲刷状态。

排 水 工 程

人民胜利渠灌区采取灌排分设工程布局，以卫河为主要承泄区。灌区骨干排水渠道除天然渠、文岩渠以及大沙河外，位于人民胜利渠左岸的西孟姜女河、共产主义渠以及右岸的东孟姜女河、南长虹渠以及西一灌区下游的五支排、镜高涝河、大狮涝河等都是卫河支流。

人民胜利渠灌区排水工程体系多是在原有排水沟道基础上扩宽、清淤疏浚而成的，排水能力达到5年一遇标准。灌区排水工程体系建设一般由地方各级政府主导，具体管理与维护则由各县（市、区）水行政主管部门负责。

共产主义渠　共产主义渠为大型引黄灌溉工程，1958年1月开挖。一期工程由武陟秦厂进水闸至卫辉市小河口村入卫河，长111.68千米。渠道设计底宽

50～80米，比降1/5000～1/8000，边坡1∶2.5，1958年7月完工并试通水。1959年实施二期工程，将共产主义渠沿卫河左岸向下游延伸，从共产主义渠右岸的小河口村开始，穿淇河，经浚县的马胡、童山、白寺、屯子，在老关嘴北入卫河，长44千米。设计上口宽100米，底宽50米，纵坡1/5000，渠道泄洪能力为400立方米每秒，排涝能力170立方米每秒。二期工程于1959年12月20日开工，1960年5月土方工程完工。

共产主义渠（2020年5月）

1958年5月—1961年6月，经共产主义渠向下游输水达85亿立方米。由于长时间高水位输水，导致两岸地下水位上升，发生大面积次生盐碱化，部分低洼地带甚至长时间积水成为沼泽地。1962年3月停止引黄灌溉，共产主义渠逐步演变为防洪排涝河道。人民胜利渠西一灌区和武嘉灌区均有小部分区域以共产主义渠为承泄区。人民胜利渠西一干渠在获嘉县的后小召村、程遇村建有2处退水闸，可分别向共产主义渠补水7立方米每秒。在获嘉县彦当村东的西一一分干渠上建有彦当退水闸，可向共产主义渠补水5立方米每秒。新乡县的大块乡、合河乡沿共产主义渠建有提灌站，通过西一干渠补水进行提灌。

东孟姜女河　　东孟姜女河属海河流域漳卫河水系，卫河右岸支流，位于古阳堤北侧背河洼地。该河起源于新乡县小河村西，自西南向东北穿过朗公庙镇、洪门镇、关堤乡、小店镇后，在东聂庄东北进入卫辉市境内，在城郊乡司湾村入卫河，全长40千米，流域面积386平方千米，是新乡县东南部、新乡市区东部、延津县西北和卫辉市西南的主要排水河道。

东孟姜女河

1949年，平原省新乡专员公署建设科组织新乡县、延津县、汲县3县群众对该河进行疏浚清淤。1964—1965年，新乡市再次组织按5年一遇除涝标准对东孟姜女河进行清淤疏浚。1971年、1981年再一次组织新乡县、延津县、汲县3县群众进行人工清淤。2011年10月，新乡县对东孟姜女河进行治理，河道清淤疏浚14千米，整修加固堤防8.45千米，重建涵闸3座、新建涵闸5座。2012年卫辉市对东孟姜女河进行治理，11月开工，2014年8月完工，清淤疏浚14.40千米，整治堤防8.50千米，新建涵闸1座，浆砌石护坡3处，防浪墙护砌1处。2017年，对东孟姜女河新乡市市区段进行治理，总长度18.66千米。

东孟姜女河作为人民胜利渠右岸东一、东二、东三灌区主要排水河道，支流众多。东一干一支排、二支排，大泉排，赵定排，小店排，闫屯排，东三干二、三支排，东四干排，代庄排等都以东孟姜女河为承泄区。

西孟姜女河 西孟姜女河原为黄河、沁河泛滥故道。清代周洽在《看河纪程》记载："此河俗名孟姜女河，为沁河决溢而成"。西孟姜女河始于武陟县城郊莲花池，沿古阳堤北侧背河洼碱地向东北穿过新乡市西部。1951年7月，平原省政府为保护飞机场和市区的安全，对西孟姜女河进行改道，自西孟姜女河与店后营支排汇流口起，向北开挖至西高村入卫河。

西孟姜女河发源于获嘉县大新庄乡后小召村，在新乡市卫滨区平原乡西高村东入卫河。全长29千米，流域面积136平方千米，平均比降0.237‰，自西南至东北，流经获嘉县大辛庄乡、太山乡，新乡县小冀镇、翟坡镇，卫滨区平原镇等。西孟姜女河流域是古黄河、沁河泛流地区，由黄河、沁河泛滥沉积形成，地貌复杂，多为槽状洼地和龙岗坡地，海拔70~82米，地势西高东低，一般坡降为1/4000。

西孟姜女河呈西南向东北流向，经北小庄村、沙窝营村、辛章村至塔洼村有郭孟排在右岸汇入。继续下行经程操村、韩小营村后进入新乡县境内，向东北流经新乡县西崔庄村、秦村营村、小宋佛村，穿东营村、南翟坡村、任小营村、高任旺村进入卫滨区，在唐庄村折向北流，经八里营村后在西高村汇入卫河。

1964—1965年，两次对西孟姜女河按照5年一遇除涝标准进行治理，治理长度16.58千米。2007年，新乡县对西孟姜女河进行治理，长度9千米。2011年再次疏浚河道10.20千米，加固堤防5千米。

人民胜利渠左岸的西一干一支排、二支排、三支排、四支排以及新乡县小冀镇的敦孟排河、翟坡镇的宋佛排、岗头排等均以西孟姜女河为承泄区。

长虹渠 长虹渠属卫河支流，发源于卫辉市城郊乡毛楼村，在滑县道口镇小桥村入卫河，是卫河中游坡洼长虹渠蓄滞洪区的主要排水渠，也是人民胜利渠东三灌区下游主要排水承泄区。

长虹渠河道全长42千米，河流平均比降0.144‰，流域面积320平方千米，涉及新乡市的卫辉市、鹤壁市的浚县和安阳市的滑县。南长虹渠流经城郊乡、上乐村镇、李源屯镇、庞寨乡，与北长虹渠在浚县的新镇汇合后自西向东流经浚县新镇，滑县王庄镇、小铺乡、道口镇等乡（镇）。

清雍正五年（1727年），汲县（今卫辉市）知县李廷密率众在柳卫坡内挖了两条排水沟，称北官道沟和东官道沟（又称柳围坡渠），沟宽各为四五尺，深四尺。1954年，汲县对东官道沟进行疏浚，改名为南长虹渠，把北官道沟更名为北长虹渠。

1965年春，对长虹渠进行统一规划，按3年一遇除涝标准，全线治理。1982年3—7月，再次对长虹渠进行全线疏浚，工程竣工后，排水渠均达到3年一遇的除涝标准。2002年12月，对南、北长虹渠部分河段进行清淤疏浚，拆除、新建生产桥2座，解决了卫辉和浚县多年存在的水事纠纷问题。

文岩渠 文岩渠发源于原阳县祝楼乡夹堤，曲折东北流，承接文岩一支、二支来水后，于安乐庄进入延津境内。文岩渠在延津县承接文岩三支、文定渠、文岩四支、五支、六支、文岩故道来水后，过留固进入封丘境内。从入封丘境至封丘铁炉，流向为自西向东，左岸有文岩八支汇入，右岸有文岩七支、九支汇入，过铁炉，文岩渠折向东南流，承接文岩十支、十一支来水后，在大车集与天然渠交汇，下段称天然文岩渠。文岩渠是新磁干渠和东三干南分干渠的重要排水河道。

文岩渠上建有文岩渠排涝闸，设计流量306立方米每秒。文岩渠两岸堤防原阳段共66千米，延津段共50千米，封丘段共51.1千米，长垣段共13.9千米。文岩渠设计除涝流量155立方米每秒，防洪流量385立方每秒，河道为复式断面，主河槽底宽60～185米，河口宽95～210米，滩地最宽48米。自长垣市大车集至入黄河口，堤防全长46千米，左为临黄堤，右为天然文岩渠右堤，右堤为4级堤防。流域有橡胶坝2座、提排站6座、涵洞涵闸50座。

1956—1957年河南省水利厅完成了《天然文岩渠蓄排工程技术设计书》，是1949年以后第一次对天然文岩渠流域进行全面的规划与设计。蓄排工程分别于1956年4月20—27日先后开工，1957年5月30日完工，1957年7月完成验收。新开挖支渠15条，疏浚4条，各支渠总长332.4千米。建蓄洪区6处。工程完成后，保证了本流域以往受淹土地的80%免灾。

1963—1965年进行天然文岩渠扩大治理工程。工程按照3年一遇除涝，10年一遇防洪标准，整治疏浚干渠227.33千米，对流域面积在50平方千米以上的文岩一支、文岩二支等11条支流进行挖深疏浚，个别支流进行了筑堤等。通过本次全面治理，河道的除涝防洪及治碱标准得到了明显提高。

大狮涝河　　大狮涝河是卫河水系大沙河右岸的一条主要排水支流，发源于武陟县三阳乡大樊村，流经修武县至获嘉县位庄乡苏章营村汇入卫河。

大狮涝河是沁河在武陟县的三阳乡大樊村决口所冲洼地，流域面积275.60平方千米。河道自武陟县的三阳乡大樊村起，自西南向东北流经武陟县的三阳乡，修武县的高村乡、王屯乡、郇封镇，获嘉县的黄堤镇，全长40千米。河流平均比降0.403‰，年平均流量1.20立方米每秒，多年平均入河水量0.60亿立方米，河水清澈见底。大狮涝河流域位于冲积平原地带。修武县、获嘉县两县分别在修获交界处和获嘉花庄修建拦河闸2座，用于引水灌溉。经过多次清淤治理，大狮涝河除涝标准达到5年一遇，防洪标准达到20年一遇。

大狮涝河原无固定河槽。1947年国民党为阻止解放军前进，将沁河大堤扒开，洪水漫流数年冲刷而成的一条天然河道，具有河床地势较高，河道弯曲、排涝不畅等特点，对两岸农业生产影响较大。1964年，新乡专区组织获嘉县、修武县两县对大狮涝河进行治理，将修武县、获嘉县两县交界至新焦公路之间的河段由安仪村南改道至村北。大狮涝河改道后下泻顺畅，两岸地下水位降低，使当地1300多公顷沼泽盐碱地变成良田，解除了大狮涝河对李村、高庙、范庄、陈庄等村庄

大狮涝河

的洪水威胁，旧河道一直作为一条支排使用。

大狮涝河于 1981 年 11 月由新乡地区组织按 2 年一遇除涝标准进行了扩宽疏浚，同时按 10 年一遇防洪标准修筑右岸防洪堤，此后 25 年未进行过彻底清淤，河道逐年淤塞，河床抬高，大纸坊桥下游段因引黄退水，原来 4 米深的河槽淤成只有 1 米左右。2005 年冬，对大狮涝河进行治理，清淤疏浚、修复堤防 17.48 千米。工程建成后，不但有效地解决了武嘉灌区沿河农田、村庄汛期排涝难的问题，且可以补充当地地下水，使灌区内机井效益明显提高，有效地促进了工农业生产的发展。

信 息 化 建 设

20 世纪八九十年代，人民胜利渠灌区在自动化遥控、遥测、遥信等方面进行科研探索。2016 年以后，持续推进灌区信息化建设，完成灌区信息化暨防汛抗旱指挥调度系统和灌区量测水设施专项建设。

前期信息化科研　20世纪80年代承担了《灌溉系统引配水枢纽工程多微机分布式远方监控系统的研究》，该项目是"七五"期间（1986—1990年）国家重点科技攻关项目，主要研究灌溉渠系引配水枢纽采用多微机处理，进行水位、闸位的监测和闸门的控制调节，以改进水管理能力，提高供水效率，达到节约用水的目的。系统由1个中心站和4个分站组成。中心站设在河南省人民胜利渠管理局内，4个分站分别在人民胜利渠渠首（包括武嘉灌区渠首）及一号枢纽、二号枢纽、三号枢纽。"七五"期间完成中心站及渠首、一号枢纽两个分站的监控系统。

系统采用分布式计算机控制系统结构，一期工程实现对人民胜利渠总干渠渠首闸和武嘉渠首闸、一号枢纽站的计算机远方监控。计算机控制系统的中心调度站位于河南省人民胜利渠管理局，两个分站分别位于人民胜利渠渠首分局和人民胜利渠总干渠一号枢纽站。中心调度站与两个分站之间的联络采用无线超高频调频收发通信，整个系统是通过计算机远方监控系统硬件设备、计算机远方监控软件等完成。系统中心控制室对渠首和总干一号枢纽两分站的5组闸群共17孔闸门的上下游水位、闸门启高及过闸流量等数据实施监测和控制。

中心站采用VAXstation II /GPX为主机，其功能分随机任务和定时任务。

随机任务由9部分组成，具体包括：数据召唤（包括实时参数及经分站数据处理和计算的数据，并可以单个分站形式和所有分站形式对数据进行召唤）打印召唤、图形显示召唤、参数修改、放水操作、停水操作、按流量调节、按开度调节、退出系统。

定时任务由4部分组成，具体包括：数据采集、数据处理、定时控制、定时打印。

分站使用可变程序控制器（P/c）和彩色图形监视器（CVU5000），实现功能：接收中心站的遥控指令，实现远方监控；进行本地的计算机手动与计算机自动控制；对现场的数字量及开关量进行数据采集；对本分站的数据量及状态量进行图形显示；对参数报表实行定时打印及人工召唤打印；将参数报表的数据存盘；对故障和越限值提示报警信息。

监控系统效益：提高了闸门过闸流量的控制精度和计算精度；实现闸门开启的优化管理，减少渠道由于引水方法不当带来渠道淤积以及对渠道的破坏；中心站、分站报表的自动生成，既节约人工劳动，又提高统计精度；提高引水量的计算精度，用水管理更加科学化；人民胜利渠计算机远方监控系统是国内在灌区自动化管理的初步尝试，具有极大的社会影响力。

灌区监控系统研制和研发经验：由于泥沙多，淤积严重，因此，在黄河上搞自动化控制与管理的难度较大。杂草多且分布在水深的各个部位，给计算流量以及水位传感器安装带来困难。课题组人员经过一年多的反复试验，找出解决水位传感器的安装办法，在渠首下游采用向上浮动式浮筒的办法；在一号枢纽采用固定在边墙上半圆桶的办法。经试运行这两种安装方法，解决了泥沙大、杂草多造成的淤积。当时国产的超声波式水深传感器，适用于含沙量小、渠道无淤积的情况，对于黄河上采用超声波式水深传感器测量水深，由于淤积较大，不能进行测量。国外生产的含沙量传感器量程较少，不适合大含沙量时的测量，国内测量含沙量传感器的淤积尚处于试验阶段。

1990年，该项目通过部级鉴定。

水环境监测与决策支持系统　"作物田间水环境自动监测与灌溉决策支持系统"是国家"八五"期间（1991—1995年）科技攻关项目"黄淮海平原农业持续发展综合技术研究"专题，"人民胜利渠灌区农业持续发展综合研究"是其子专题，是继"七五"期间实现中心站对渠首和一号枢纽17孔闸门的计算机远方监控后，根据人民胜利渠提出的灌区管理"由点到线，由线到面"逐步实现自动化管理的设想，在"八五"期间，将灌区田庄支渠的"作物田间水环境自动监测与灌溉决策支持系统"列为国家科技攻关项目，以便取得田间自动化工程的经验，向整个灌区推广。

1992年7月开始对《作物田间水环境自动监测与灌溉决策支持系统》进行开发研制，12月完成项目的总体设计和传感器的调研与选型；1993年4月完成遥测站主电路板的设计与加工，10月完成设备现场安装；1994年1月系统开始试运行，

4月完成墒情预报模型的建立和软件编制，完成灌溉决策软件的编制。

系统选择人民胜利渠田庄支渠约1500公顷农田作为研究试验区，应用计算机与现代通信技术，对试区范围内的土壤墒情、地下水埋深和降雨量实施自动监测，并将监测数据以无线电通信方式传至16千米以外的机房室——管理局设立的中心站。中心站将收到的数据进行分析处理，做出该区土壤墒情、灌溉时间、灌溉水量以及灌溉方式联机预报，为合理利用地上、地下水资源，调控地下水位，防止土壤次生盐碱化，随时掌握土壤墒情变化的信息，及时确定灌水时间及灌水定额，使土壤墒情维持在适宜的程度，使农作物的生长处于最佳的土壤水分状态，获得最佳灌溉效益，为灌区灌溉决策提供快速、准确的支持手段，为国内实现灌区自动化管理提供了有益经验。

1996年项目通过省级验收和鉴定，达到国内领先技术水平，获得河南省水利科技进步一等奖。

防汛抗旱指挥调度系统 人民胜利渠灌区信息化暨防汛抗旱指挥调度系统，包括信息采集系统、通信网络系统、防汛会商系统、灌区管理信息应用系统。

（1）信息采集系统。包括水雨情、墒情、水质、非接触式雷达测流遥测系统，闸门远程监测系统和视频监控系统。

1）水雨情、墒情、水质、非接触式雷达测流遥测系统。安装3个水雨墒情监测点、9个地下水位监测点、1处五参数水质遥测站、1处非接触式雷达在线测流站，增加了2处地表水遥测站。实现了对灌区水雨墒情、水质、主要区域地下水位的实时掌控。

2）闸门远程监测系统。分别在渠首分局、一号枢纽、二号枢纽、三号枢纽、寺王枢纽、西水厂、本源水厂7个位置安装20处闸门远程监测设备。闸门远程监测系统包含20台现地监控单元LCU、20台工业交换机、30台雷达水位计、41台激光闸位计等硬件设备以及相应流量系数的率定工作。可以将这20处的闸门开启状态和开启高度第一时间收集上报，实时地反应到远程客户端。

3）视频监控系统。分别在渠首分局、一号枢纽、二号枢纽、三号枢纽、寺王

水雨情、墒情遥测系统（2017 年 6 月）

枢纽、西三干、西水厂、本源水厂 8 个位置安装了 44 套视频监控设备对 41 孔闸门和 2 处提灌站进行监控。视频监控设备包含智能球形摄像机 18 套、防水型枪型摄像机 26 套、网络硬盘录像机 7 台。达到了对总干渠主要水利枢纽和闸站的全天不间断监控，有效地提高了生产安全和群众生活安全的保障水平。

（2）通信网络系统。灌区主干网租用 VPN 专线，组建人民胜利渠会商网络和视频监控办公两套独立网络，遥测站点信息利用 GPRS 通信。

（3）防汛会商系统。全局共设 1 个防汛抗旱指挥中心、8 个防汛抗旱会商室。其中包含管理局防汛抗旱指挥中心，渠首分局、武嘉分局、东三分局、何营管理处、获嘉管理处、田庄管理处、新磁管理处及节水灌溉试验站会商室。视频会商系统共安装 1 台 MCU、4 套分体式会议终端、5 套一体式会议终端、4 套会议音响系统、2 套手拉手会议发言系统、1 套 DLP 大屏拼接显示系统、2 套液晶拼接显示系统。

（4）灌区管理信息应用系统。建设开发灌区 GIS 信息管理系统、综合信息管

水质在线监测系统（2017年6月）

理系统、闸门监测系统、供配水计划系统、视频监控系统、水费计收系统。

系统于2016年8月开工，2017年3月建设完成，实现了对灌区重要闸门和跌水进行视频监控，使管理局机关与河南省水利厅、局属各单位实现远程视频会议，随时读取各闸门的启闭高度，及时掌握灌区内的降水量、风向、气温、墒情等数据，采集灌区总干渠水质参数，对张菜园闸下游总干渠段实现在线测流。改变了传统的观测方式和管理模式，节省了人力物力，提高了工作效率和人员素质，使人民胜利渠灌区现代化水平得到了极大地提升。

量测水设施专项建设　主要建设水情信息采集与监控系统、信息传输系统、所属管理站工作环境、应用系统等。

（1）水情信息采集与监控系统。水情监测系统：建设第二引水渠水位监测1处，总干渠闸后量水断面测流16处共计17个测点，其他明渠闸后量水断面测流13处共计15个测点，斗门流量监测25处共计33个监测点，试点农门量水20处共计20个测点。

斗门监控系统：选择6处斗门进行远程监控改造，其中西一干渠上1处，总干渠上5处。

闸门监控系统：新建东二干三支渠进水闸、东二干总干渠退水闸、心连心支渠进水闸3处闸门远程监控，共计3孔。升级改造渠首、一号枢纽、二号枢纽、三号枢纽，共计35孔升级改造。李胡寨退水闸3孔、东三干渠任庄节制闸3孔闸门启闭机改造。

视频监控系统：建设总干渠、其他水闸房视频监控，动点球机6处，定点枪机19处。

（2）信息传输系统。铺设管理站到相应远程控制闸门站点、视频站点的光缆线路，室外地埋光缆1.43千米，室外架空光缆2.97千米，共计4.4千米；租用覆盖各类现地监测站GPRS网络。

（3）所属管理站工作环境。任旺管理站1处，东二干三支渠管理站1处，为2个管理站所配置必要的检测和配套设备。

轨道测流桥（2020年5月）

（4）应用系统。完善灌区信息化暨防汛抗旱指挥调度系统增加精细化维护管理系统，对现有业务应用软件进行整合增加灌区业务综合管理系统、灌区管理可视化展示系统、量测水信息管理系统。

系统于2018年9月开工，2019年9月建成。系统实现了对人民胜利渠灌区各级渠道配水口水量实时监测监控，使各级灌区管理机构及时掌握灌区实际用水情况；提高灌区配水调度管理水平和基层管理人员调控水的能力；实现了对灌区管理业务数据、采集数据等科学存储和有效管理；为灌区管理人员提供了一套方便、科学的需水计划和配水方案、实时调度方案编制工具，并实现了水量统计、水费计收等灌区日常业务的流程化、标准化管理。

供　　水

人民胜利渠自1952年开始引水灌溉济卫，历经快速发展、停灌整顿、恢复扩大、砥砺前行等时期，农业灌溉逐步走向良性循环。1970年开始为新乡市城市生活供水，1981年开始为延津县、滑县等苦水区和地下水漏斗区补源供水。2019年起变"随用随引"为"引蓄结合"的用水模式，人民胜利渠在原有供水功能的基础上又增加了为灌区内的引黄调蓄工程供水的功能。至2020年年底，人民胜利渠已发展为兼具农业灌溉、城市供水、生态供水、引黄补源和引黄调蓄等多功能的灌区。自1952年开灌至2020年，累计引水总量404亿立方米，其中农业灌溉水量254.20亿立方米、济卫济津水量72.70亿立方米、城市生活用水16.00亿立方米、补源水量44.44亿立方米、其他用水16.66亿立方米。

农　业　灌　溉

人民胜利渠从1952年开始引水，主要任务是农业灌溉，为了做到合理调配、科学用水，1953年开始试行计划用水，通过灌区试验站的观测试验研究和灌区灌溉经验的不断总结，计划用水逐渐在全灌区推广并日臻成熟，成为灌区用水管理的关键一环。同时，农田灌溉方式也在灌区发展过程中不断演变和完善，从灌溉初期的纯自流灌溉，到引黄受挫后大力发展井灌，再到恢复引黄灌溉，逐步形成了井渠结合、提水灌溉等模式，灌溉方式对灌区内农业生产收益、地下水位变化和盐碱化面积的增减等影响明显。灌区自1952年开灌至2020年，农业灌溉及补源范围涉及焦作市、新乡市、安阳市3市11县（市、区），农业灌溉用水量254.20亿立方米，累计实灌面积292万公顷。开灌前粮食产量0.13万千克每公顷，2020年粮食产量达到1.64万千克每公顷。

计划用水　　人民胜利渠灌区从1953年试行计划用水，到全灌区实行计划用水，逐步摸索并总结出一套适用于引黄灌区实际情况的用水管理措施，对提高黄河下游引黄灌区的用水管理水平起到了积极的示范作用。

（1）计划用水发展历程。1953年10月引黄灌溉济卫管理局邀请苏联专家契卡索夫帮助灌区开展计划用水工作，首先在东三灌区三支渠进行试验，试点面积0.2万公顷。随后增加东一干小冀支渠试点，试点面积0.15万公顷。并建立忠义引黄灌溉试验场，对灌区主要作物的需水量、灌水时间、灌水次数、地下水利用量、灌水技术等方面进行试验研究，将试验成果作为计划用水的依据在灌区推广。

1955年，引黄灌溉济卫第三届灌区代表会议在总结计划用水试点经验的基础上，决定在全灌区推行计划用水工作。按照计划用水的要求，全灌区普遍开展了渠系水文、土壤含水率、地下水动态、田间灌水技术和作物生长发育状况等的观测。试点支渠还进行气象观测，建立严格的水量调配制度，管理局内设调配组，支渠以上的枢纽工程均驻有专人管理。1955年试行计划用水面积扩大到0.9万公顷，至1956年扩大至1.6万公顷，1957年达4.13万公顷。

1979年，经过20多年的实践和经验总结，计划用水管理水平不断提高，编制的用水计划也更接近实际。1981年10月起，农业用水按水量计征水费，分次用水计划改为管理局配水到干渠，分局或管理段配水到乡镇。到1996年，计划用水面积达到5.6万公顷。20世纪90年代，黄河下游河道多次出现断流，引黄灌区可引用水量严重不足，在农业用水的关键时期无水可引，节水灌溉成为当务之急。在编制灌溉用水计划时，以节水灌溉制度为依据，推广田间灌溉节水技术，在可供水量不足的情况下，考虑非充分灌溉或采用灌关键水的灌溉制度。这一措施的实行，使得小麦实际灌水次数比以前普遍减少1~2次，而产量仍保持在原有水平。

东三灌区三支渠（2020年6月）

（2）计划用水基本环节。计划用水工作主要是做好水量平衡计算，编制供水、配水计划并组织实施。灌区把统、算、配、灌概括为计划用水工作的四个基本环节，每个环节都要体现节水的要求："统"包含两方面的统一，一是灌区可利用水资源—引黄水量和地下水可开采量统一管理、统一协调使用；二是灌区内各用水单位纳入统个一的计划供水体系，以灌区年度灌溉用水计划为指导，统一安排各用水单位配水和灌水，以充分发挥水资源的效用。"算"是提高灌溉水利用率的关键，即依据作物种类、生育阶段和土壤墒情，使用节水灌溉定额计算作物需水量，再结合渠道工程状况和田间灌水技术，确定每次灌水的时间和灌溉过程，以便组织实施。"配"即指用水计划由灌区灌溉管理部门执行。每次灌溉开始前5～7天，各分局或管理处向管理局列表上报本次灌溉的灌水计划（待灌作物种类、计划灌溉面积、灌水定额、具体的灌水时间、灌水方案、毛灌溉水量等）；管理局对上报的灌水计划进行必要的调整和修正（协调时间和调整流量过程），制订总干渠引水量和向各分灌区、干渠的配水计划,并反馈给各分局和管理处。骨干渠道在整个灌水过程中的输水流量应力求不低于设计流量的80%,特别是在黄河水含沙量较高的情况下,骨干渠道大流量集中供水对减少损失、提高输水效率尤为重要。"灌"即田间灌水,是计划用水过程中重要一环。采用节水型灌溉制度和推广节水灌溉技术是实现节水目标的关键。灌区采用地面灌溉方式,小麦实行畦灌,玉米、棉花采用沟灌,水稻为格田淹灌,稻茬撒播小麦以水平格田灌为主。20世纪末,由于黄河水资源紧张,前期的大定额灌溉制度逐步被节水型灌溉制度取代。水稻种植区普遍采用"薄、浅、湿、晒"的灌溉模式,在水稻插秧、返青后大部分生育期内,田间不再保持淹灌水层。在灌溉面积稳定的情况下,年用水量减少20%左右,还可向自流灌区外扩大补源面积。

(3)用水计划编制。用水计划一般分渠系用水计划和用水单位用水计划两种。渠系用水计划的主要内容是引水和配水计划,是渠系管理者(专管机构、群管组织)从灌溉水源引水和向渠系配水的依据。人民胜利渠灌区根据渠道级别可分为总

灌区稻田

干渠、干渠、支斗渠引配水计划及田间渠道轮灌计划。其中，斗农渠及田间渠道轮灌计划是灌区落实计划用水工作最为关键的一环；单位用水计划，是灌区用水单位根据作物种植结构和生育阶段、灌溉制度和灌水技术、待灌面积、生产组合以及渠道过水能力等因素编制的计划。单位用水计划是渠系用水计划编制的依据，而渠系用水计划指导各用水单位的用水工作。渠系用水计划和单位用水计划又分为年度用水计划和分次用水计划。

年度用水计划：首先，在每年的9月份各用水单位根据气象部门发布的水文年度气象预测信息和往年灌溉用水情况，结合灌区工程条件，初步制定灌区全年的灌溉用水计划，上报管理局。管理局对用水计划进行汇总，根据灌区往年灌溉用水情况，结合灌区作物种植结构、灌溉制度和水利用效率等因素，计算出灌区水资源总需求量，并与灌区水资源（引黄水量和地下水可开采量）供给量进行水资源平衡计算，对灌区不同用水保证率下的水量供需进行预测，在此基础上，制定全灌区的用水计划。管理局再根据全灌区用水计划对各用水单位上报的用水计划进行分析、平衡和调整，作为各用水单位的年度用水计划，并反馈给各用水单位。至此，制定完成灌区全年的用水计划，经上级主管部门批准后作为下年度农业灌溉用水指导依据。

分次用水计划：根据年度计划控制的引水天数、时间、沙量，尽量保持灌区水、沙、盐平衡的原则，结合作物需水情况、水源、工程特点，每次灌水前5~7天，各用水单位根据作物生育阶段、土壤土质、墒情，结合灌溉制度和具体灌水技术下的灌水定额、待灌作物种类、计划灌溉面积，计算本次灌溉净用水量，再根据工程情况、灌溉水利用率，计算总引水量，制定本次灌溉用水计划。并将本次灌水的待灌作物种类、计划灌溉面积、灌水定额、灌水时间、灌水历时、干渠供水方案、干口毛用水量列表，随灌水计划一并上报管理局。管理局对用水单位上报的用水计划进行必要的调整和修改（主要是协调灌水时间和调整流量过程），据此制定总干渠的引水和向各干渠的供水计划，并将此计划反馈给各用水单位。

（4）用水计划修正。用水计划在执行前或在执行过程中遇到与实际情况不适应时，必须修正用水计划。人民胜利渠一般不修正年度计划，只对分次用水计划加以修正。在分次用水计划执行中，遇到流量变化在原计划的±10%以内时，可在执行中调节掌握，不必修正计划；当流量变化超过原定计划的±10%，尤其是在天气干旱、作物需水急迫时，则修正原订计划。修正方法主要是：当需要增加渠首引水流量，而水源流量亦有条件增多时，渠首按加大流量引水，下级渠系引水流址按比例增加，但不能超过设计加大流量；当渠首引水流量达不到原计划流量但又大于计划流量的80%时，按实际引水流量，向各渠道按原配流量比例减水。若实际引水流量小于计划流量的80%时，要重新划分轮灌组或改续灌为轮灌。

（5）用水管理制度。灌区制定了一系列用水管理制度，以保证良好的灌溉秩序和用水计划的落实。主要制度有：①引水制度。管理单位和用水单位都要遵照已批准的用水计划，按时按量在规定的地点引水。禁止在堤上任意扒口、私埋涵管、设站提水、堵坝拦水等行为。②用水交接制度。上下游渠道和用水单位，按计划时间 上送下接，协调用水。③用水量结算制度。放水期间灌区管理单位的专职量水员和用水单位量水员，在固定的量水点（灌区多用建筑物量水）共同量水。灌水结束后，统计实灌面积和用水量，并经双方量水员签名盖章，作为缴纳水费的依据。④请示汇报制度。逐级定期或不定期汇报灌溉面积，以及引水、用水、配水情况和问题，以便上级掌握灌溉进度，分析情况，解决问题，提出措施加快灌溉进度。⑤奖惩制度。

（6）计划用水的主要作用：一是根据可供引用的水资源状况和农业生产实际情况，通过灌区水量总量供需平衡计算，实现多水联动，适时适量提供灌溉用水；二是通过全面的计划安排，合理使用有限的水资源，协调各用水单位，做到错峰用水，减少或避免用水单位间的矛盾冲突；三是通过计划用水，促进水费征收，发挥水价的杠杆作用，利用计量征费，促进节水机制的形成；四是促进节水灌溉制度的落实。

量测水 量测水是用水管理的关键环节，是计划用水、结算水费的基础。人民胜利渠灌区的量测水从开灌时就开始了，随着灌区的逐步改建扩建不断扩大量测水范围。计划用水自1953年开始试行到1955年全灌区推行，灌区的测水量水也经历试点和全面推广逐步发展起来，到1957年，灌区已经实现量水到县，部分地区已经达到量水到支渠或测水到公社。

灌区量测水方式有水工建筑物量水、流速仪测水、巴歇尔槽量水等方式，主要采用建筑物量水。

（1）设立计量站点，健全管水组织。

1）人民胜利渠开灌70年来，灌区几经改扩建，水费收取办法也由1980年以前的以灌溉面积计征改为1981年之后的以水量计征，计量点设立也随之调整并有所增减。截至2020年年底，灌区计量站点24个，量水建筑物67座，建立测流缆道2处、测流桥7处、巴歇尔槽测量断面1处。

2）设立计量站点的原则：计量站点的设立主要根据渠道级别及行政区划，以利于灌区及当地政府或用水组织的用水管理。总干渠是灌区输水的大动脉，渠首闸和3个枢纽是灌区重要的计量站点，同时，3个枢纽也是对各干渠或支渠的分水点，上述站点均配备专职量测水人员，在多年的用水管理中，总干渠量测水人员曾划归沿干渠管理段领导，但因用水分配易产生矛盾，1996年后又归管理局直接管理。而对于跨县的干渠或支渠，如东三干渠长38.17千米，跨新乡县、延津县、汲县（现卫辉市）3个县（市），兼顾为滑县补源，除闸门量水外，还在两县行政区划交界线处设立测流桥，作为分水计量点。1981年开始按水量征收水费以后，测水量水工作由管理部门测到支渠。支渠灌溉范围在1个公社内的量水到支渠口，在2个以上公社范围的量水到公社分界处。在公社范围内配水由公社自行量水。渠道利用建筑物量测水，并通过流速仪测水进行校核。

3）量测水人员的配备及培训。灌区管理单位对量测水站点均配备量测水人员，对于骨干渠道枢纽站点加强人员配备。1998年之前，为了加强灌区与引黄用水各县乡（公社）的联系沟通，便于用水管理，对灌区内各乡派驻乡管理员，负责该

二号枢纽测流桥（2020年5月）

1988年7月人民胜利渠试验区管理人员培训班

乡的用水计划编报、灌溉面积、用水量的核实等工作。在灌水过程中，驻乡管理员也对其所驻乡的用水管理人员及用水户普及量测水的相关知识，建立用水户对量测水结果的信任。1998年，国家规定在夏粮征购期间除农业税之外不得代扣其他费用,地方政府逐渐退出灌区用水管理,原来主要通过与灌区内乡或乡水利站合作管理的模式,向与农民用水户协会合作管理转变,计量更加细化,驻乡管理员大多转为测水计量员。为做好量测水工作,灌区多次举办驻乡管理员及量测水人员量测水培训班,计办培训班26次,培训人员2855人次。

4)量测水时间、日测水次数及上报时间。管理局灌溉管理部门制定有量测水制度,在放水期间,量测水人员每天6时、12时、18时、24时进行4次测水,若流量变化较大则另需加测,每次测量水后向调配人员报告各口门水位、引水流量及累计用水量。每月3日前将上月测水记录表报管理局,是每月或每灌水周期用水计量分水结算的依据。有城市、生态供水任务的管理处,与用水单位共同测水,就测量结果签字确认,并在每月3日前将上月测水记录表、量水计算表及时汇总报管理局。

5)专管组织对基层管理组织在量测水方面的培训、指导。人民胜利渠管理局除培训本单位的量测水人员外,还邀请灌区内的乡水利站、村水利组等骨干人员参加培训,在灌水过程中对遇到的用水管理问题进行指导。

U形渠道闸门(1989年8月)

（2）采用新技术，引进新设备。

1）在量测水设施的基础上，引进新的测量水信息传输设备。在国家"七五"重点科技攻关项目"人民胜利渠灌区综合技术改造研究"中，开展了"灌溉系统引配水枢纽多微机分布式远方监控系统的研究"，主要是对灌溉渠系引配水枢纽采用多微机控制，进行水位、闸门的监测和控制调节，以提高量测水精度。由于投资大，"七五"期间仅完成中心站及渠首和一号枢纽两个分站的监控系统，之后因投资不到位而停用。这是一次通过远程监控提高用水管理水平的有益尝试。

2）2016年5月10日，河南省水利厅批复人民胜利渠灌区信息化暨防汛抗旱指挥调度系统设计方案，2016年8月14日至2017年3月30日，完成信息采集系统并投入使用。该系统包括3个水雨墒情监测点、9个地下水监测点、20处视频(闸门)监视点、41孔闸门水位自动化控制、1套雷达在线测流系统、1套五参数水质监测系统等，实现了水工建筑物量水自动采集数据及远距离传输。

3）一号枢纽上游设非接触式在线雷达测流站，主要功能是测量水位、流速信息，每隔5分钟向管理局信息化平台发送实时数据。

4）自动化量测水。2018年9月至2019年8月底，灌区按照测水量水设施建设实施方案，建设灌区水情监测系统86个测点；斗门监控系统6处；闸门监控系统新增3处、升级改造5处；视频监控系统25个监控点；搭建信息传输网络系统；调度中心增配服务器1台，任旺管理站和东二干三支渠管理站配置必要的监测配套设备；配套灌区量测水应用支撑系统、灌区量测水信息管理系统和灌区量测水信息管理App等，实现了数字信息化管理。量水点配备有专门的量水设备。渠首闸闸后100米处、二号跌水节制闸闸后70米处安装有轨道式自动化测流设备，一号跌水节制闸闸后150米设有走航式ADCP测流，在新磁干渠、东一干渠、西一干渠、田庄支渠进水闸等处均安装有明渠雷达流量计（共计26处），在杨柳庄新农斗、职庄1号斗门、王井斗门、郭堤斗门等处安装有巴歇尔槽和磁致伸缩水尺（共计16处），屯街斗门、亢西斗门、刘固堤斗门、高村斗门、化肥厂斗门安装

一体化闸门控制系统（2019年7月）

有一体式超声波明渠流量计，糠醛厂斗门、化肥厂斗门安装有超声波管道流量计（共3处）。通过应用现代化量测水方式，实现水情信息的准确、快捷、高效传递，为灌区更加科学的调度水量，更加高效地利用水资源奠定基础。

灌溉方式　灌区灌溉方式有自流灌溉、井渠结合灌溉、提水灌溉三种。根据水资源、地形、地质等条件选择不同的灌溉方式。

（1）自流灌溉。人民胜利渠在设计修建时称引黄灌溉济卫工程，主要是引黄河水灌溉获嘉县、新乡县、延津县、汲县4县农田，同时补给卫河水量，使新乡至天津航运畅通。引黄灌溉济卫工程设计引水流量40立方米每秒，灌溉和济卫各半，灌溉京汉铁路以西1个灌区、以东2个灌区，面积2.4万公顷。

1952年3月21日，政务院第129次会议通过《关于1952年水利工作的决定》，要求引黄灌溉工程争取春季提前灌溉1.33万公顷，年内达到2.67万公顷。1952年第一期工程竣工，4月开始放水，由于工程一直做到田间，春季灌溉面积1.89万公顷，年内灌溉面积2.9万公顷，超额完成政务院第129次会议确定的指标。

1953年1—8月设计书中的收尾工程完成后，设计灌溉面积4.8万公顷。

1955年6月，水利部召开引黄水量分配座谈会，会上确定河南省要扩建人民胜利渠，扩大灌溉面积，加固渠首闸，将其正常引水流量由50立方米每秒增加到70立方米每秒，加大流量85立方米每秒。1957年，开始对人民胜利渠灌区的西灌区及东一、东二、东三、东四、东五灌区逐年扩建，增加干渠2条、支渠6条，增加灌溉面积2.08万公顷。到1959年，人民胜利渠灌区的设计灌溉面积达到6.88万公顷。

1953—1957年，灌区逐步实行计划用水，建立了一整套灌区监测、水量调配和全面实行沟畦灌溉的制度，自流灌溉稳步发展。这一时期，灌区的年平均产量，粮食为1815千克每公顷，较开灌前的1335千克每公顷增长了36%；皮棉为302千克每公顷，较开灌前的225千克每公顷增长了34%。在此期间，水利部、水利科学研究院、黄委和河南省水利厅等领导机关派来许多科技人员，指导并参加灌区的科学研究工作，进行了泥沙观测研究；水量平衡影响因素、盐碱地改良和防止次生盐碱化的研究；作物需水规律和灌水技术、渠道防渗和提高水的有效利用系数等的试验研究，使灌区的灌溉建立在科学的基础上。

渠水浇灌农田（2019年2月）

1956年，河南省引黄灌溉济卫管理局与新乡县小河农场合作，在东二灌区的牛皮碱地上试种水稻成功，引起各方面的重视并进行推广。当时灌区推广稻改时，缺少统一规划，不管水源远近，要求社社种稻，形成水稻与旱作交错种植。由于需求用水"高指标"，于是大量引进客水。根据历年灌区用水统计，1954—1957年，每年灌溉天数为88~136天，年灌溉用水量为1.01亿~1.87亿立方米，亩均年用水量为172~250立方米，最高年引泥沙量为386万吨。而1958—1960年灌溉天数为232~313天，年灌溉用水量为3.64亿~5.74亿立方米，按实际灌溉面积计算亩均年用水量为476~666立方米，最高年引沙量为1460万吨。每亩用水量比之前的2.5倍还多，年引沙量则近4倍。

1958—1962年初，为了追求产量的高指标，提出小麦灌播前、压根、冬灌、返青、拔节、抽穗、灌浆、攻籽等八水，玉米灌播前、幼苗、拔节、抽穗、灌浆等五水，远超作物需水量。这一时期，灌区地下水位上升，盐碱地面积迅速扩大，粮食产量大幅度减产。地下水埋深由1957年的1.8米上升到1959年的1.33米，卫河沿岸及背河洼地埋深分别只有1.12米和0.96米，小于临界深度2米；盐碱地面积由1957年的0.64万公顷扩大到1959年的1.89万公顷；1961年灌区粮食平均产量1455千克每公顷、比1957年下降645千克每公顷，棉花产量248千克每公顷、比1957年下降150千克每公顷。

1962年，国务院副总理谭震林在山东省范县（今属河南濮阳市）主持召开引黄会议，确定停止引黄。人民胜利渠因兼有济卫航运用水的职能，准予少量引水，大部分灌区被停灌，仅保留古阳堤以上各级渠道通水，灌溉面积减少到1.6万公顷。停灌的地方，工程无人管理，渠道被填平复耕，建筑物被损坏。片面注重引黄灌溉，忽视发挥井灌作用，大引、大蓄、大灌，破坏了灌区的水量平衡，引黄事业发展遭受挫折。

1964年灌区成为新乡地区"保棉工程"的重点。从1965年开始，第一次有计划地连续5年在灌区大量建造机井，发展机井灌溉。适时井灌在满足农作物需水要求同时，也发挥着竖井排水调控地下水位的作用。但提水灌溉成本高，特别是在汛期前的夏播用水高峰期，提水机械、电力、油料等供应困难，遇干旱年份，地下水位大幅度下降，提水就会更困难。如汲县的李源屯、延津的丰庄等乡，因为平掉了灌溉渠，只用井灌，地下水位下降了10余米，出现地下水漏斗区。

1965年大旱，境内5月、6月两个月降雨不足20毫米，群众使用机井抗旱出现困难，开始自发地修复灌溉渠道。自流灌溉省时省力肥地，经黄河水灌溉的地块粮棉增产明显，灌区群众迫切要求恢复渠灌。在广泛征求社队意见的基础上，经上级同意，恢复了部分基层专业管理机构，修复了主要工程，建立了基层用水组织和制度，先后恢复新磁、白马、东二、东三等灌区。到1970年实际灌溉面积恢复到3.48万公顷，粮食产量提高到3540千克每公顷。

通过灌溉实践，逐步认识到井灌是对引黄不足时的补充，也是对地下水位的调节，合理采用井灌，能减轻或消除土地干旱、盐碱化、次生盐碱化等灾害。渠灌与井灌适当结合是灌区良性发展的灌溉方式。在恢复引黄灌溉的同时，从1970年起，在国家的支持下，灌区又加大投资力度，经过十多年持续投入，到20世纪80年代初，灌区机井建设初具规模，配套机井数量达到6500余眼，初步形成井灌系统。

1973年11月22日至12月5日，黄河治理领导小组在郑州召开黄河下游治理工作会议，总结治黄工作经验，提出发展引黄灌溉作为黄河下游治理的措施之一。1975年，人民胜利渠引黄灌溉济卫扩建工程开始进行设计。1978年，人民胜利渠正常引用黄河流量60立方米每秒，可灌溉新乡县、获嘉县、武陟县、原阳县、延津县5县及新乡市郊，共有26个乡，4万公顷耕地。1978年，灌区粮食平均产量8025千克每公顷，皮棉1425千克每公顷。灌区成为农业生产比较稳定的地区。

1979年，人民胜利渠被列为水利基建工程。1980—1985年，灌区先后完成东三灌区恢复扩建、东一干新磁渠系改造、滑县补源供水、西灌区和田庄支渠技术改造等工程，扩大和改善灌溉面积4.27万公顷。这一时期，灌区范围包括南起黄河，北至卫河，西界共产主义渠，东沿黄河故道延伸至柳卫、丰庄一带，总面积1183平方千米，涉及新乡县、获嘉县、武陟县、汲县、原阳县、延津县6县及新乡市郊,共有31个乡、613个村。渠首正常灌溉流量60立方米每秒,加大流量85立方米每秒,实际灌溉面积5.6万公顷,抗旱补源面积3.57万公顷。在此范围内,井渠结合面积超过6.67万公顷。

1985年,人民胜利渠灌区综合技术改造研究被列入国家"七五"重点科技攻关项目,对田间渠系防渗技术、引黄灌区优化配水方案的应用、合理利用地上和地下水资源调控地下水效果、灌区灌水指标等项目进行研究,同时通过田间系统引配水多微机分布远方监控系统,将利用新设备、新技术手段应用于用水灌溉管理。

1986年,人民胜利渠灌区开展工程大普查,当年灌区总灌溉面积6.27万公顷,其中包括1962年豫北地区大面积停灌时保留1.6万公顷、1965—1969年对停灌地区逐步恢复2.67万公顷、1979年以后灌区扩建2万公顷。

至1987年,灌区可用于沉沙的洼地已淤成高产农田,失去了沉沙作用,灌区开始浑水灌溉,渠道出现大量淤积,不得不投入大量人力清淤,以改善输水条件。在灌区30多年的观测、试验、实践总结的基础上,针对黄河泥沙"量大、粒细、质肥"的特点,参考原来"少引、巧配、多用"解决泥沙问题的对策,开始着手对浑水灌溉进行研究。从用水管理方面,避开黄河汛期含沙量高的时段引水,注重渠井结合,避免或减少渠道淤积,入渠泥沙能输送至田间,以减少清淤负担。

到了20世纪90年代,黄河来水逐渐减少,水资源日益短缺,对节约用水、优化配置水资源,提高水的利用率提出更高的要求。1999—2015年灌区续建配套与节水改造项目列入国家水利建设重点项目,2000年开始逐年实施。

2002年,小浪底水利枢纽开始运行,经过几年的汛期调水调沙,灌区引水条件发生重大变化。至2008年,引水口处黄河主槽下切约2.5米,在黄河同样的来水流量下,人民胜利渠引水能力大为下降。但较小浪底水利枢纽运行之前,黄河来水含沙量明显降低。又因为灌区续建配套与节水改造项目的逐年实施,经改造的渠道输水条件改善,渠道淤积情况明显改观,清淤量大为减少。为改善渠首引水能力,十几年来,在新的引水条件下,灌区通过每年疏浚引水渠、2012年修建

节水改造项目施工（2018 年 10 月）

浮箱式移动泵站、2015 年修建桃花峪引水渠等办法提高渠首引水能力，尽力满足灌区引水需求。

（2）井渠结合灌溉。灌区从开灌初期的兴渠废井导致灌区地下水位上升造成土壤盐碱化，到 1962 年灌区引黄受限，大量采用井灌导致地下水位迅速下降甚至形成地下水漏斗区，又到 20 世纪 70 年代初重视渠井结合灌溉加以试验研究，灌区井渠结合是在机井建设逐步形成系统和灌区进行改扩建不断完善的过程中经过不断总结、积累经验，逐步形成了引黄地表水与地下水联合调度、水资源统筹运用的"井渠结合"灌溉格局。2020 年，灌区范围内有机井 1.5 万眼，其中配套齐全正常使用的有 1.3 万眼，在灌区上游及渠灌用水较方便的地区，每百公顷耕地有机井 12~14 眼，在灌区下游及偏远地区每百公顷耕地有机井 16~18 眼。因地制宜地适时井灌，是渠灌的有益补充。

井灌能适时适量供水，使作物经常处于良好的土壤水分状态。但若遇到连续不雨的特旱年份，单纯井灌会导致过量开采地下水、出现采补失调，造成能源供应紧张、灌溉成本提高的现象。而单纯渠灌又会使地下水位抬高，导致土壤次生

井渠结合（2012年4月）

盐碱化。因此，实行井渠结合，做到扬长避短、互补余缺，既能满足作物高产需要及时灌水要求，又解决了因渠道轮灌使部分土地不能灌水的矛盾；既减轻了引黄带来的淤积负担，又摆脱了因过量引水而招致次生盐碱化的威胁。特别是解决了井灌区地下水的补源问题，避免了由于大量开采地下水，因储量不足而出现的降落漏斗，为黄河水与地下水科学调度开创出一条新路。

1）井渠结合形式。1982年，对灌区内机井的分布及使用情况进行了摸底排查。根据调查，井渠结合的形式，按工程布局可分为两种：一是井渠并存，即在同一地区有井也有渠，两套工程设施齐备；二是井渠分设，即纯井灌在灌区内以片状与渠灌交错分布。

井渠结合按运用方式可分为三种：一是井渠并用，即在一定时期内，有时用渠灌，有时用井灌；或在一次灌水中，一部分用渠灌；另一部分用井灌。二是渠井汇流，即在一次灌水中，渠水和井水汇合，实行远距离输送或进行田间灌溉。三是井灌渠补，即在灌区内或干支渠末端的纯井灌区，靠渠灌退水或田间渗水补充其地下水，以维持井灌开采的需要。

井渠结合灌溉（2020 年 5 月）

　　井渠并用是灌区井渠结合面积最大的一种形式，在灌区设计灌溉面积 9.92 万公顷中，约有 5.33 万公顷属于这种类型。其特征是：在需要灌水的时期，渠道有水用渠灌，渠水未到用井灌；水稻泡田用渠灌，育秧及生长期补水用井灌；大面积干旱，渠道放水用渠灌，个别地块需水用井灌；在一般情况下，从控制地下水位上升，防止土壤次生盐碱化考虑，汛期及冬灌用井灌，其他时间考虑用渠灌。由于水源条件的不同，同属这一类型的不同地区，井渠用水比例不完全一样，井的密度也有差异。灌区上游的冯庄乡、亢村乡一带，用渠水比较方便，每百公顷耕地有机井 12~14 眼；中游的小冀乡、七里营乡一带，是灌区粮棉高产区，农作物对用水的保证程度要求较高，加上受轮灌影响，特别在灌区下游，采取以井为主、以渠为辅，因此井的密度更大。

　　渠井汇流仅限于个别地区的个别时期采用，尚处萌芽阶段，但从合理调度水沙资源来看，是一种很有发展前途的结合形式。另外，灌区尚有 6758 公顷没有农用机井的纯渠灌地段，多分布在干支渠的上游地区。

井灌渠补多分布在灌区的下游及干支渠的末端，如新乡县的刘庄、陈庄、夏庄、南位庄一带；卫辉市的柳庄乡、孙杏村乡一带；西一干二支渠下游沙窝营一带；西三干四、五支渠下游丁固城村、北翟坡村一带。这些地区，由于补源条件不尽一致，能维持井灌时间长短也不相同。沙窝营处于灌区腹部地带，四周为渠灌所包围，补源条件较好，所以长期开采后地下水仍趋向稳定。卫辉市的柳庄乡、李源屯乡位于东三干渠下游，在东三干渠未扩建前，补源条件差，长期开采使地下水位出现下降、形成漏斗，因此又恢复渠灌，实行井渠并用。

2）井渠结合特点。从1982年和1983年的调查看，灌区井渠结合的不同形式，无论从作物种植上，还是在机井的配套上、井渠用水比例上，都有各自的特点。这些特点又与不同地区的水资源状况、农业生产条件等因素紧密相关。

一是种植特点。1983年，对灌区作物种植情况进行调查，其中包括井灌渠补区8个村、井渠并用区12个村。从调查情况来看，在种植上，井灌渠补区多选择需水量较少的作物，8个村总耕地面积1220.33公顷，种棉花518.53公顷、水稻93.13公顷，分别占耕地的42.5%和7.6%。而12个井渠并用灌溉村，在2166.20公顷耕地中，种棉花只占28.6%，种水稻都达21.7%。由此可以看出，由于水源条件不同，井灌渠补区与井渠并用区种植上有明显的特点。

二是配套差别。井灌渠补区，地下水是唯一的可调节的灌溉水源，因此群众对机井管理保护、配套利用十分重视，被调查的8个村，平均配套率高达90%。相反，井渠并用地区，由于有渠水和井水两个水源，灌水保证率较高，因此群众对机井的配套较差，调查的12个村平均配套率只有63.2%，个别村不到1/3。

三是用水数量不同。据调查，按耕地面积计算，井灌渠补区平均年灌水6.6次，井渠并用区只有4.2次，这是由于井灌灌水定额小、灌水后土壤水分支撑时间短所造成。从地下水开采强度来看，井灌渠补区每年每平方千米面积开采地下水39.6万～48.8万立方米，井渠并用区只有8.9万～18.7万立方米。但单位面积上的总灌水量，还是井渠并用区大于井灌渠补区。

（3）提水灌溉。在灌区内，部分区域受到地形等方面的限制，自流灌溉存在困难，或因渠道比降较小，淤积严重。为了解决这部分土地灌溉问题，从1955年开始，地方政府陆续修建多处提灌站，以提水方式进行灌溉。较大规模的提水站有4处，即朗公庙一号机电提灌站、东三干二号抽水站、古固寨提灌站、西三干提灌站，灌溉面积1.2万公顷。

1）朗公庙一号机电提灌站：又称小河提灌站，在新乡县朗公庙镇小河村东、人民胜利渠东三干右岸。1962年东三干渠停灌后废除，1967年东三干渠恢复后，群众要求重新修建提灌站。1975年10月，朗公庙公社以民办公助的形式进行重建，1978年6月1日建成。新站址在原站址东500米，占地2000平方米，总扬程3.50米，提水流量4立方米每秒。设计灌溉面积1000公顷，实际灌溉面积600公顷。建成后由公社统一管理，设专职人员12名。1983年实行承包，以水计费，提高灌溉效率。

2）东三干二号抽水站：位于新乡县朗公庙朱堤村村头的东三干干渠右岸。1956年始建，总扬程3.49米，设计灌溉面积1300公顷，提水流量1.18立方米每秒。该抽水站建有机房、进出水池、斗农渠道等，1956年5月1日试水，实际灌溉面积1200公顷。1962年2月，东三干干渠停灌，人民胜利渠管理局将设备调往他处，部分渠道还耕。1979年，人民胜利渠扩建工程，把东三干干渠上段流经的地势高亢、不能自流灌溉的新乡县朗公庙和关堤公社的故黄河高滩地约4667公顷，发展为提水灌区，1983年工程完成后，提水流量5~6立方米每秒。

3）古固寨提灌站：位于新乡县古固寨镇史屯村西头、人民胜利渠东三干干渠中游右岸。1981年11月，兴建提灌站改自流灌溉为提水灌溉，1983年5月竣工。安装80千瓦立式电动机带轴流泵4台，总扬程3.50米，提水流量4立方米每秒。设计灌溉面积733公顷，实际灌溉面积566.67公顷。1983年冬，古固寨镇提灌站实行承包，以水计费，提高灌溉效率。

4）西三干提灌站：1984年由新乡县修建，安装3台水泵，最大提水流量6立方米每秒，运行模式为2台运行、1台备用，主要灌溉新乡县大召营乡、翟坡乡、小冀镇乡、合河镇乡及七里营乡的部分耕地，设计灌溉面积4820公顷。

经过多年运行，提水设备老化现象严重，影响到泵站正常功能的发挥。2019年，管理局对西三干提灌站进行了整体改造更新，将原来的3台轴流泵改为潜水轴流泵，设计流量不变。

此外，在总干渠沿线，当地乡镇或村建有多处提水流量不同的小泵站。

西三干提灌站（2020年5月）

济 卫 济 津

卫河航运始于东汉，盛于隋唐，连接海河直通天津，是历代南北航运的大动脉。卫河每年春夏之间流量很小，航运往往被迫中断，如何补充水源以维持卫河航运是历史上多个朝代试图解决的问题。到了20世纪40年代，由于卫河水量减少，航行日渐困难。中华人民共和国成立后，积极推动发展内河航运繁荣商贸，1950年开始筹建的引黄灌溉济卫工程，1952年4月开始通水就实现向卫河送水20立方米每秒，自此，百吨货轮频繁来往于新乡与天津之间，卫河航运再次繁荣。但因引黄入卫造成卫河严重淤积，1962年2月停止引黄济卫。后卫河几经疏浚，终因缺乏水源，航运中断。1972—1982年，海河流域屡遭大旱，天津市多次用水告急，经国务院批准后，人民胜利渠先后四次紧急输水经卫河济津，向天津输水量共11.26亿立方米。

卫河

引黄济卫　引黄济卫是与卫河的形成有历史渊源。晋代以前，豫北卫河水系还未形成，清水、淇水和洹水（今安阳河）都流入古黄河；东汉建安九年（公元204年）

始入白沟（现卫河）。隋大业四年（608年），开永济渠即今天的卫河和南运河，把海河流域与中原地区连接在一起。北宋将永济渠更名为御河，到明朝洪武元年（1368年）又改御河为卫河。

卫河的发源地有3个：第1个在河南省博爱县皂角村，这里是原引丹济卫（又称运粮河或小丹河）的起源；第2个在辉县百泉，最早的永济渠即今天的卫河，而永济渠的水源，自晚唐以后，断引沁水，唯有百泉；第3个在山西省陵川县夺火镇。1979年版《辞海》记载："卫河上源出山西省太行山，南流经河南省新乡市……"1999年，河南省水利厅印制的《河南水利辉煌五十年》，按照"河源惟远"的原则，确认卫河河源为山西省陵川县夺火镇。

卫河航运始于东汉末年，盛于隋唐，宋代改称御河，主要负担宋朝河北边防军粮的输送，元代仍靠其进行水陆转运。明代因御河流经的地方多在春秋时期的卫国，改称卫河。从明永乐年间到清朝末年，卫河航运畅通往返新乡、天津之间，长达400多年，对华北地区工商业的繁荣和发展曾起过重要作用。清光绪三十年（1904年）以后，由于道清、京汉铁路的先后通车，卫河航运受到影响，即便如此，至清末民初，卫河航运货船仍达700余艘，其中载重百吨以上的大船约占三分之一，船工有3000人。随着时间推移，上游水源明显减少，卫河航运迅速衰落。

日军侵华时期，日本军队为了长期占领中国，曾经制订修建引黄工程的详细计划，一是引黄灌溉农田；二是为卫河补充水量，扩大河北临清至天津的内河航运，运送军需物资。1943年8月，开始动工兴建引黄渠首张菜园闸，两年后，干渠所设建筑物尚未竣工，中国人民抗日战争胜利，工程遂告中止。

1949年11月，中华人民共和国成立伊始，时任黄委主任王化云、副主任赵明甫积极向华北人民政府主席董必武建议并达成共识，卫河临清至天津段为通县至杭州大运河的一部分，运输价值重要，兴建引黄济卫工程，通过补充卫河水量能使该段内河全部通航，同时可以灌溉沿卫河的农田。11月8—18日，全国各解放区水利联席会议在北京召开，将水利作为安邦兴国的一项重要工作专门进行研究部署。这次会议确定将兴建引黄灌溉济卫工程列入国家第一批建设项目。

引黄灌溉济卫工程修建的目的是发展农田灌溉和为卫河补充水量以济航运。水利部副部长张含英,清华大学教授张光斗参加了工程的勘察、论证和设计。经勘测规划,确定了引水线路及设计流量。1952年4月,引黄灌溉济卫工程举行放水典礼,工程被定名为人民胜利渠,引水流量40立方米每秒,其中补济卫河流量20立方米每秒。济卫黄河水经52.71千米总干渠输送到卫河,加上卫河本身的流量,新乡至天津航运通畅,可行驶200吨汽船和150吨木船,同时可补充新乡市、安阳市、卫河下游等沿河城乡以及天津市郊工农业生产、生活用水。

济卫通航受到各级人民政府重视,组织和扶持船民从事水上运输。1953年12月,经引黄灌溉济卫工程输水卫河后,卫运河系河北省内河航运管理局"河丰号"轮船由山东临清市至新乡市试航成功。1954年1月,卫运河系河北省内河航运管理局客轮从塘沽至新乡试航成功。10月,"河丰号"轮船行驶无阻,开始浚县至新乡市客运,每日往返一次。1956年,新乡设内河航运管理处,有机船6只,民航800余只。1959年卫河航运达到高峰,货运年周转量达10529万吨每千米,客运年周转量达527万人每千米。新乡港发展到固定国营船18只、载重521.50吨,私营船458只、载重1.56万吨。

1958年,受大引、大蓄、大灌的影响,人民胜利渠超标准引水,原设计济卫流量为20立方米每秒,实际最大达50立方米每秒,引水含沙量为设计上限的1.5倍。大引水带来大量泥沙,导致卫河合河公社以下大量淤积,淇门村以上河段淤积2米以上,新乡市城区最大淤积达3.9米。基于这种情况,1962年2月,水利部正式宣布豫北地区停止引黄,共产主义渠改引黄为防洪除涝河道,仅保留人民胜利渠并限制引水流量为20立方米每秒作为灌溉用水,引黄济卫就此停止。因水源问题,卫河航运停止,成为一条季节性排涝河道。

从1952年4月人民胜利渠引水到1962年2月被限制引水,入卫水量总计44.11亿立方米。1952—1962年人民胜利渠引黄济卫水量见下表。

1952—1962 年人民胜利渠引黄济卫水量表

年 份		1952	1953	1954	1955	1956	1957	1958	1959	1960	1961	1962	总计
水量/亿立方米	总水量	4.05	4.63	3.58	3.78	5.03	10.04	12.67	17.05	16.63	10.39	3.04	90.88
	入卫水量	2.84	3.16	2.46	2.72	3.47	7.90	4.67	5.27	4.93	4.58	2.12	44.11

供水

引黄济津　据资料统计，引黄济津在20世纪50年代经天津入海水量年均145.48亿立方米，20世纪60年代降至81亿立方米，70年代更是降至45亿立方米。20年间天津这个拱卫京畿的重要门户，由水资源比较丰沛演变成资源型缺水的城市。

1972年，遭遇罕见大旱，黄河、海河流域的内蒙古、京津地区、河北、山西、山东、甘肃、宁夏等省（自治区、直辖市）的降水量较常年偏少25%。是年，天津市全年降水量仅有313.9毫米，较以往多年平均值少42%。海河干流来水只有2.9亿立方米，相当于1950—1957年同期平均来水的1/34。潮河、蓟运河相继干涸，水库蓄水大幅度减少。天津市城区生活用水告急，即成为引黄济津的缘起。

通过人民胜利渠引黄济津共有4次，20世纪70年代3次、80年代1次。人民胜利渠引黄济津情况见下表。

人民胜利渠引黄济津情况表

引水次别	时间		引送水天数/天	引送水量/亿立方米
	引水开始时间	引水停止时间		
第一次引水	1972年12月25日	1973年2月16日	53	1.61
第二次引水	1973年5月3日	1973年6月22日	50	1.25
第三次引水	1975年10月18日	1976年1月31日	105	4.17
第四次引水	1981年10月15日	1982年1月8日	86	4.23
合　计			294	11.26

（1）第一次引黄济津。1972年海河流域大旱，11月16日海河闸上水位降至-0.06米，已导致海水倒灌，天津市用水告急，将要出现断水、停电、停产的

175

严重局面。中共天津市委向国务院作了紧急汇报，经国务院召开紧急会议研究，决定启用人民胜利渠引黄济津。

这次引黄济津的详细线路是：从人民胜利渠渠首闸引出的黄河水，途经河南省的新乡、汲县、浚县、滑县、汤阴县、内黄县、清丰县、南乐县，河北省的魏县、大名县，山东省的冠县，于徐万仓村与漳河来水汇合后进入157千米的卫运河，至四女寺镇水利枢纽再进入南运河向北汇入子牙河，最后流入海河干流到达天津市。

1958—1962年，卫河曾因大量引黄造成淤积而河底抬高，1962年2月停止引黄济卫后，经过多次清淤和多年建设，当时各河段已具备过流条件。为保证顺利送水，水利电力部、河北省、天津市成立联合调水检查组，黄委负责黄河来水的预报和调度，河南省水利厅负责人民胜利渠渠首闸调度、闸前清淤及总干渠管理等工作。在多方配合下，第一次引黄济津，从1972年12月25日开始，历时53天，至1973年2月16日结束。人民胜利渠输送流量平均35立方米每秒，入卫河后流经的汲县、老观嘴村、临清市、四女寺镇等主要节点，先后出现45.0立方米每秒、67.9立方米每秒、77.4立方米每秒、58.6立方米每秒的最大流量，输送水量1.61亿立方米，至天津市九宣闸实收水量1.03亿立方米。1973年2月16日，人民胜利渠关闭渠首闸停止放水，引黄尾水和卫河基流很快回落，到27日九宣闸关闭，第一次引黄济津结束。

（2）第二次引黄济津。由于旱情特别严重，人民胜利渠第一次引黄济津时，输水沿线特别是河北省沧州市地区发生擅自开闸抢水，导致天津市收水不足。第一次引黄济津结束不久，天津市城区供水再次告急。天津市再次向国务院报告，请求继续引黄河水接济天津。1973年4月国务院决定仍采用人民胜利渠路线实施第二次引黄济津。从1973年5月3日人民胜利渠渠首闸开闸放水，到6月22日关闸，历时50天，共计引水1.25亿立方米，天津九宣闸收水量为1.08亿立方米。

此次送水总结了第一次引黄济津经验教训，加强了监督管理，收水率达87%。据当时的实测流量记录显示：在卫河的汲县、老观嘴村，南运河的临清市、四女寺镇、九宣闸等水文节点，此次引黄过水的流量均超过上次。特别是6月中旬水流进入南运河后,四女寺镇、九宣闸最高过水流量分别为79.1立方米每秒、29.6立方米每秒,较第一次引黄济津高出35%和27.5%。

此次引黄济津,适值1973年大旱,夏灌之前就全面动员,5月26—28日引黄人民胜利渠灌区管理委员会召开了扩大会议,决定夏灌时间为6月3—15日,灌溉用水流量64立方米每秒,济卫流量15立方米每秒。

1973年5月31日,水利电力部召开河北、山东、天津三省(直辖市)沿南运河有关地、县负责人会议。会上,天津市介绍了缺水情况,河南省新乡地区引黄人民胜利渠灌溉管理局汇报了夏灌期间的配水计划,济津流量15立方米每秒。会议集中讨论了如何保证向天津送水问题,并要求济津流量40立方米每秒。会议期间,水利电力部、黄委、天津市又派专人到新乡地区,具体研究加大向天津送水流量问题,经水利电力部、河南省委、新乡地委等最终商定,在夏灌期间除灌区用水外,济津流量保持30立方米每秒,甚至争取加大。

灌区在人民胜利渠引黄济津送水期间,遇到了与夏播用水的矛盾。在中共河南省委、新乡地委的积极支持下,根据水利电力部会议精神和人民胜利渠灌区管委会扩大会议精神,河南省新乡地区引黄人民胜利渠灌溉管理局提出统筹兼顾,充分挖掘工程设施潜力。为加大济津流量,采取充分利用井灌、渠道轮灌等措施,一再压缩本灌区的用水计划,厉行节约用水,合理调配水量,加强渠道防护,严格用水制度,改进灌水方法,加快播种进度。期间,多数公社抽调干部和有经验的社员,专门由一位领导亲自巡护渠道,保证安全送水。6月3—8日,渠首引水流量70~90立方米每秒,济津流量保持30~40立方米每秒。6月15日如期完成夏灌计划,为济津加大流量提供了保证。

为了送水济津,人民胜利渠超设计流量引水,送水后期,干渠两侧地下水位上升很快,出现次生盐碱化,总干渠上段及四号跌水出现险工,但为了支援天津,合理解决工农业用水矛盾,仍持续送水。送水时间和水量都超过了预定计划。

(3)第三次引黄济津。1975年8月27日,海河流域上游各支流完全断流。8月29日,海河天津段水位骤降至0.55米,可能造成海水倒灌,直接威胁到天津市的城市生活及工业用水。为保持海河淡水，解决天津用水危机，天津市向国务院请求应急调水。

国务院接到天津市的紧急报告，副总理李先念、谷牧当即作了重要批示。9月18—19日，水利电力部在北京召开冀、鲁、豫、京、津五省（直辖市）水利厅（局）及水利电力部第十三次工程局负责人会议，会议听取了天津市、河北省、北京市关于当年水资源情况的汇报，分析了面临的缺水形势危机，综合各方面的实际情况，决定天津市的缺水问题由人民胜利渠引水4亿立方米作为接济。

10月13日，水利电力部在天津市召开引黄济津会议，水利电力部副部长李伯宁传达了中央领导的指示和水利电力部关于实施引黄济津的文件精神，要求有关各方把确保为天津市送水当成国家大事抓紧抓好。

10月18日，新乡地区开始从人民胜利渠引水送入卫河，送水流量40立方米每秒。放水期间，为解决河北省用水问题，从11月17日停止向天津送水1个月，12月16日再继续为天津送水。这次送水正值冬季，黄河水位下降，渠首引水困难。在引水流量不足的情况下，人民胜利渠灌区停止冬灌。为提高引水渠输水能力，有关人员在解放军的大力帮助下，利用拖轮在黄河引水渠水面上扰动7~8天，挖深引水渠，加大引水流量，以保证向天津送水。至1976年1月31日，人民胜利渠引水105天，引水量4.17亿立方米，期间为天津市送水75天、为河北省送水30天。加上卫河基流5.37亿立方米，至2月15日，天津市共收水4.37亿立方米。

（4）第四次引黄济津。1981年入春以后，华北地区持续干旱少雨，海河流域持续干旱，河流断绝，水库干涸，京津用水出现危机。4月12日，水利部、北京市、天津市、河北省、海河水利委员会、密云水库管理处等单位在天津召开紧急会议，为缓解天津市用水之急，决定暂时由密云水库向天津市输水。同时，天津市紧急采取节水措施，压缩全市生活用水指标及工业日用水量，但天津市面临的水荒仍难以扭转。5月15日、6月14日，国务院副总理万里两次主持京津用水紧急会议，形成《京津用水紧急会议纪要》，确定了解决天津市水危机的方针和原则。但是，干旱一直持续，天津市用水危机仍未解决。

1981年8月11日，国务院副总理万里主持召开常务会议。在会上，水利部部长钱正英首先向会议汇报了"关于京津用水危机现状及建议措施"。当时研究设想3条引黄济津线路：第一条线路是河南省人民胜利渠，以40立方米每秒的流量，引水3.5亿立方米，天津市按30%收水，可收1.05亿立方米；第二条线路是山东省位山引黄闸，该线路渠道需要扩大，沉沙条件也比人民胜利渠差；第三条线路是山东省潘庄引黄闸，该线路当时无沉沙条件，工程质量较差。会议根据当时京津水源危机的现实情况，集中研究了几种引黄方案的可行性。8月15日会议结束，形成《京津用水紧急会议纪要》，为解决天津市用水危机，从人民胜利渠引黄河水接济，是其提出的措施之一。

9月1日，河南省人民政府召开引黄济津工作会议，决定成立引黄济津指挥部，研讨了引黄济津具体方案措施，建立严格的责任制，申明了送水纪律。会议安排从10月15日开始用120天时间，保证经人民胜利渠从四号跌水入卫河40立方米每秒，给天津市送水3.5亿立方米。有关地、县及沿途公社都及时成立引黄济津指挥部和领导小组，各县还成立了封堵小组和检查组，设有检查员、护堤员、看泵站员，沿河沿渠的大队也建立了送水管理小组。省、地、县、社直接参加这一工作的干部群众近4000人。

9月21—22日，河南省新乡地区引黄人民胜利渠灌溉管理局召开灌区扩大管理委员会，会议要求，10月15日以前完成小麦塌墒任务，并强调了送水纪律。

9月28—29日，水利部副部长李伯宁在北京主持召开临时引黄济津工作会议，决定人民胜利渠送入卫河水量为3.5亿立方米（按四号跌水水文站的水量计算）。

10月3日，成立河南省新乡地区引黄济津送水施工指挥部，下设两个办公室：指挥部办公室主要负责向天津送水和有关工程的施工，卫河清淤办公室主要负责对卫河机械清淤的安置和施工。

10月10日，新乡地区引黄济津送水施工指挥部召开第一次指挥部全体成员会议，传达了贯彻国务院关于引黄济津的决定，制定了《新乡地区引黄济津工作意见》和《引黄济津工作守则》，要求沿人民胜利渠及卫河两侧的武陟县、获嘉县、新乡县、延津县、汲县和新乡市郊区都要由农田基本建设指挥部抓引黄济津工作。

经过长时间的准备工作，10月15日正式由人民胜利渠引黄河水经卫河向天津送水，当日16时入卫流量即达48立方米每秒。至10月28日6时，黄河水经人民胜利渠、沿南运河顺利到达天津市的静海县九宣闸，比原计划流程提前7天到达天津市。在人民胜利渠尾端入卫河口流量50立方米每秒，比原定要求40立方米每秒大25%。

本次引黄济津，共有河南省人民胜利渠渠首闸、山东省位山闸和潘庄引黄闸3个引水闸3条线路送水。3个引水口共引水10.08亿立方米，送入卫河水量共计7.34亿立方米。其中，人民胜利渠1981年10月15日至1982年1月8日，引水86天，引黄河水总量为4.23亿立方米，送入卫河4.02亿立方米。

（5）引黄济津对人民胜利渠的影响。

一是对人民胜利渠沿岸土地造成次生盐碱化。人民胜利渠总干渠肩负灌溉和济卫的双重任务，灌溉一般每年引水5～6次，输水天数100～150天，加上济卫平均输水天数260余天，全程土渠的总干渠长期处于高水位输水，尤其是1972年以后，由于向天津市应急送水，人民胜利渠总干渠约40余千米长的河道输水水位高出地面，两侧渗漏影响范围约2千米宽，长时间的高水位运行，致使总干渠两侧地下水位急剧上升。1972年送水期间，人民胜利渠总干渠两侧地下水埋深仅0.57米，造成土地次生盐碱化，8667公顷耕地受到影响。

二是给人民胜利渠造成冲淤。规划设计济卫流量为20立方米每秒，而1972年的引黄济津流量为35立方米每秒，1973年则达40立方米每秒，是设计济卫流量的1.75～2.00倍。因无沉沙池，大量泥沙带入卫河，给卫河带来严重淤积。而人民胜利渠则因超济卫设计流量送水，部分渠段造成冲刷，又因卫河的严重淤积影响人民胜利渠输沙入卫而造成人民胜利渠下段渠道的淤积。人民胜利渠需要整修并调整过水断面。

其 他 供 水

人民胜利渠开灌 70 年来，随着经济社会的发展，不断拓展供水服务，从最初的引黄灌溉济卫发展到兼具城市供水、引黄补源、引黄调蓄等多功能。

城市供水　1970 年以前，新乡市的城市供水全部依靠抽取地下水，随着城市的发展，居民生活水平的提高，城市生活需水量大幅度增加，过多提取地下水使得水源地形成地下水漏斗区，完全依靠地下水已不能满足新乡市城市用水需求。1970 年起，通过人民胜利渠引黄河水向新乡市城市供水。自此，城市供水也成为人民胜利渠用水管理的重要任务。

1970—1988 年，人民胜利渠主要是向高村水厂（西水厂）供水，在三号跌水上由东二干进水闸取水，经东二干渠及其三支渠输水至西水厂。1987 年年底，新乡市孟营水厂（四水厂）开始建设，确定通过人民胜利渠引用黄河水为供水水源，1990 年四水厂工程初步完成，并于当年供水。供水线路是：在人民胜利渠三号跌水前东二干进水闸取水，在东二干渠寺王节制闸前引水，经水厂专用渠道输水至第四水厂沉沙池，沉淀后流入调蓄池（贾太湖）。

四水厂调蓄池——贾太湖（2020 年 5 月）

随着新乡市东区的建设，城市规模成倍扩展，为适应城市发展需求，2008年在东区新建了新区水厂（五水厂），以黄河水作为水源。

人民胜利渠向贾太湖供水（2012年8月）

至2014年，上述的高村水厂、孟营水厂和新区水厂3座新乡市城区供水水厂，水源为地下水和黄河水。其中，黄河水占总水量的80%以上，地下水由原新乡市自来水公司自备井供给，黄河水则由人民胜利渠和韩董庄灌区管理局供给。高村水厂和孟营水厂由人民胜利渠主要供给，新区水厂由人民胜利渠和韩董庄灌区管理局供给。

水量测算。河南省人民胜利渠管理局与城市供水公司双方各派1名量水员，在确定的计量点每天6：00、12：00、18：00 3次共同量水，测得流量经双方量水员认可后，填入记载表并签字，水量每月确认结算1次。人民胜利渠管理局根据河南省政府物价部门制定的水费标准和供水量，按水量计收方式向城市供水公司收取水费，每月结算1次水费，月结月清。

人民胜利渠管理局按城市供水和农业供水分别计量，按照城市、农业用水的不同计价标准向焦作黄河河务局交纳黄河渠首工程水费，接受焦作黄河河务局对供水情况的监督。

1970—1980年，河南省新乡地区引黄人民胜利渠灌溉管理局与新乡市自来水公司以水费包干的形式签订供需水协议。1983年4月1日，新乡地区物价局转发了河南省物价局《关于人民胜利渠灌溉管理局向新乡市自来水公司供水收费问题的通知》，从此自来水公司按通知要求向管理局交纳水费。

2007年1月31日，新乡市自来水公司更名为新乡市中源水务有限责任公司，2015年7月1日，新乡市中源水务有限责任公司更名为新乡首创水务有限责任公司。

截至2020年，共向新乡市城区供水15.00亿立方米，引黄水量约占新乡市城区供水量的80%。

解决渠首水源污染问题，为城区供水提供优质原水。20世纪80年代起，黄河支流沁河、蟒河水质污染逐渐严重，直接影响人民胜利渠向城市供水水质。为解决沁河、蟒河污染对渠首引水水质的影响，1994—2004年河南省人民胜利渠管理局先后3次修建渠首导污工程，导污倒虹吸设计流量30立方米每秒，在渠首闸上游500米处将沁河、蟒河污水通过倒虹吸穿越引水渠导入引水口下游黄河，渠首水源污染问题得到了解决。2003年在黄河滩内沁河串沟形成，当沁河流量大于100立方米每秒时，武陟县西营村处沁河堤就会决口，沁河污水沿串沟流至渠首闸前，影响人民胜利渠引水水质。为确保新乡城市居民饮水安全，河南省人民胜利渠管理局每年都要对沁河决口进行堵复，增加了城市供水成本。

对引水渠持续清淤，确保引水渠畅通。2002年小浪底水利枢纽投入运行，其蓄浑排清的运行模式，改变了黄河下游的水沙平衡，使得黄河下游河床逐年拉深下切，从2008年开始人民胜利渠引水出现困难，当黄河花园口流量小于500立方米每秒时，人民胜利渠渠首已引不出水。根据多年统计结果，黄河花园口流量小于500立方米每秒的时间约占全年50%。为改善引水条件，2009年，河南省人民胜利渠管理局先后购买6台水陆两用挖掘机用于引水渠清淤，每年疏浚数次，仅 2013 年就组织清淤 5 次 165 台班，清淤土方 15 万立方米。持续的清淤，保持了引水渠畅通，基本可以解决城市用水问题。

移动泵站（2018 年 10 月）

建设移动泵站，解决应急引水问题。2012 年人民胜利渠引水口处黄河主槽已下切 2.0~2.5 米，仅靠对引水渠清淤和向黄河管理部门申请加大引黄流量，已不能解决城区供水和灌区正常的农业灌溉用水问题。为解决应急水源，特别是保障城区供水，河南省人民胜利渠管理局于 2012 年 10 月底开工建设浮箱式移动泵站，2013 年 5 月调试运行。当年 7 月 8 日黄河调水调沙结束，8 月中旬黄河花园口流量急剧减小，回归 500 立方米每秒左右，渠首基本引不出水。作为新乡市城区供水的主要水源黄河水的供水者——人民胜利渠灌区和韩董庄灌区都不能自流引水，城市供水出现空前危机。河南省人民胜利渠灌区管理局按照市委、市政府的要求，主动承担新乡市城区供水任务，组织技术人员到现场研究清淤方案，购置机泵配件，安排机修人员，为启动移动泵站做好准备。从 2013 年 8 月至 2014 年 2 月底，该泵站连续运行 7 个多月，确保了新乡市城区生活用水。

2014 年 12 月南水北调中线工程通水，新乡市城市用水多了一种可选择的水源。2015 年起，新乡市城区供水开始配置南水北调水源。至 2020 年年末，南水北调供水已成为新乡市用水的主要水源，人民胜利渠城区供水锐减，成为新乡市城区供水的备用水源。

引黄补源　随着灌区内工业和乡镇企业的发展，用水需求越来越大，致使灌区内局部地下水位逐年下降，逐渐增多的排污对生产生活环境产生的负面影响增大，严重制约了地方经济的发展和人们生活水平的提高。因此，通过引黄补源，对地下水补源及生态环境供水，解决区域内地下水位下降，改善周边区域内水环境和生态平衡，也是人民胜利渠供水的任务之一。根据区域水环境的不同，补源用水分为以下几种类型：

（1）地下水补源。自20世纪70年代后期，灌区内获嘉和新乡等县的太山公社、小冀公社、七里营公社、朗公庙公社等经济快速发展，随之地下水提取量大增，逐渐形成地下水漏斗区，其范围大致为南至新乡县七里营南辛庄村、北至大召营公社，西至敦留店村、东至朗公庙公社，约20平方千米，该区中心处地下水最深达19～20米，周边则有14～15米。实践证明，该区域内通过引黄种植水稻，对地面以下深4～5米的地下水补源调节有较好效果，虽不能对深水进行补给，但利用农业灌溉用水间隙对上述区域进行引黄补水，可以减少地下水的提取量，并在一定程度上阻止地下水位进一步下降和漏斗区面积扩大。

东三灌区扩建完成后至1989年，人民胜利渠曾通过东三干三支节制闸上游约3米处的李胡寨退水闸泄水入大沙河向滑县补源，但因工程不完善，停止补源供水。1989年11月，南分干渠经过疏浚、延伸并配套完善，能够正常用水，利用非灌溉季节向滑县、浚县等地补充地下水面积约4万公顷。滑县补源区农业生产稳定，产量提高，农民收入增加；地下水位连续下降的局面有所好转，水质得到改善。2019年，滑县人民政府给河南省人民胜利渠管理局发来感谢信，信中写道："在贵局领导和同志们的大力支持下，2019年我县引黄补源和灌溉工作，通过东三分局经南分干灌区分别在春季小麦返青、拔节、夏灌期3次给滑县供水3214.76万立方米，满足了滑县引黄补源和灌溉的需要。通过引黄补源和灌溉，极大地改善了我县牛屯镇和半坡店镇两个苦水区50多个行政村的灌溉条件，使农民粮食作物产量得到了很大提高,从而增收5000余万元。不但实现了增产、增收和节支,同时,通过供水力度的不断加大,两个镇的土壤环境也得到了进一步的改良,为今后农业发展打下了基础"。

李胡寨退水闸(2020年6月)

人民胜利渠灌区的边缘大都为井灌区,因常年抽取地下水灌溉,地下水位较深,需客水补充(如卫辉市的庞寨乡、丰庄镇、柳卫村,滑县的牛屯镇、半坡店乡等乡镇)。

人民胜利渠通过地下水补源,对减缓灌区内及周边区域的地下水下降趋势,维护域内水环境的生态平衡,改善灌区内的人居条件,维持灌区经济可持续发展起到了巨大作用。

(2)苦水区补源。滑县的牛屯、半坡店两乡(镇)和焦虎西部、老店镇南部,及至延津县的王楼镇和魏邱乡相连的大片区域,面积约有320平方千米,因地下水硫酸根、钠、镁、氯等离子含量高,易结合形成硫酸盐、氯化物等盐类使地下水变得苦咸涩，该区域被称为苦水区。滑县苦水区矿化度、硫酸根离子分别在1.5克每升、150毫克每升以上，半坡店乡小屯东南3.08克每升、845毫克每升，为全县最高。地下水矿化度、硫酸盐和氯化物等盐类含量高，不宜饮用和农业灌溉。苦水给当地群众生活、生产造成严重危害，农业生产水平低，经济发展落后。该地区小麦返青水若提取地下水灌溉，可致枯黄甚至死亡，受灌溉条件影响产量仅1500~2250千克每公顷。降雨补给产生的浅层水，在苦水区是极为宝贵的好水源，但数量不足，对地下水补给有限，远远满足不了当地人们生活、生产的需要。打井则要300米以上的深井，投资太大。1979—1985年，滑县修建苦水改造工程，但工程启用后，因配套不齐或部分工程效果不理想，水质变坏而停止使用。

卫河沿岸（2008年4月）

20世纪80年代，东三灌区扩建工程完成后，利用东三灌区正常灌溉之外的时间，在引黄水量富裕的情况下，通过东三干南分干向苦水区供水补源和灌溉，每年供水时间和供水量不太固定。春灌时，小麦返青水使用引黄水灌溉，到了小麦拔节期后，抵抗力增强，再提取地下水灌溉对其产量则影响不大，能达到

6000~6750千克每公顷；若小麦拔节水还能用引黄灌溉，则可以达到7500千克每公顷以上。引黄灌溉及补源使当地地下水水质得到了改善，受当地群众的欢迎。

（3）生态补源。进入21世纪随着经济社会的发展，人们生活水平不断提高，城镇生活的水生态却不断恶化，群众对美好生活环境的诉求日渐迫切。在保证城市生活供水的情况下，结合灌区农业用水需求，对灌区内的东孟姜女河、西孟姜女河、卫河、大沙河及市区人工湖等进行生态补源，改善了灌区水环境，又为农业灌溉提供了适时保障。从2004年开始供水后，市区河湖清澈透明、波光粼粼，生态环境大为改观，为新乡市文明城市建设提供了支撑。

引黄调蓄 2011年，《国务院关于河南省加快建设中原经济区的指导意见》中指出："在深入论证的基础上，适度开展引黄调蓄工程建设，提高黄河水资源利用水平"。为提高黄河水资源利用，2014年河南省发展和改革委员会、河南省水利厅联合印发《河南省引黄调蓄工程建设总体意见》（2014—2020年），全省规划了引黄调蓄工程，主要任务是以统筹城乡、工农业及生态环境用水为建设目标，发挥农业灌溉、生产生活供水以及生态用水功能。转变原有的引黄思路，变"随用随引"的引黄模式为"引蓄结合"的引黄模式，以实现"丰枯调蓄、常蓄备用"，用足用好国家分配的黄河水量。

豫北地区水资源分布不均，局部地区人口集中、用水集中，以超采地下水满足生活生产需要，造成地下水漏斗不断扩大。2015年年末，新乡市因超采地下水形成降落漏斗区总面积达1400多平方千米，其中新乡市城区北部地下水漏斗最大埋深达18米以上。新乡市根据在中原经济区建设中的战略定位以及对黄河水迫切需求的客观实际，针对黄河来水时空分布不均的特点，规划了一批引黄调蓄工程，以发展农业灌溉及地下水补源，充分提高黄河水资源的利用水平，缓解水资源供需矛盾。此规划列入河南省引黄调蓄工程建设总体安排的工程共38处，其中规划通过人民胜利渠供水的调蓄工程共14处，调蓄总库容3701万立方米，年调度水量1.15亿立方米，水面面积7.81平方千米。

已建成的引黄调蓄工程两处：一是新乡县境内的大兴调蓄工程——凤鸣湖，总库容152万立方米，调蓄库容140万立方米，水面面积0.16平方千米；二是经开区李胡寨引黄调蓄工程——平原湖，总库容140万立方米，占地46.35公顷，设计灌溉面积5300公顷，水面面积0.79平方千米。

正在建设的引黄调蓄工程两处：一是卫源湖调蓄工程，总库容500万立方米，调蓄库容350万立方米，水面面积0.16平方千米；二是凤泉湖总库容854.4万立方米，水面面积11.1平方千米。

平原湖（2020年5月）

水 价 管 理

水利价格收费体系是水利经济的重要组成部分，是水利经济体制改革的突破口，是水利经济实现良性循环的根本途径。1953年开始征收农业水费，随着社会主义市场经济体制的逐步确立，计划经济时代演变过来的水费计收工作已不适应出现的新情况、新问题，直接或间接地影响了灌区的可持续发展。水利价格收费工作得到河南省各级水利部门的高度重视，河南省人民胜利渠管理局抓住机遇不断深化水价体制改革，合理开发和利用水资源，促进了人民胜利渠灌区的工程效益与社会经济效益和谐发展。

灌区农民交公粮路上

农业水价 （1）农业水费征收。1953—1970年，水费以粮食（小麦）按亩计收，统称为水利粮，折合成人民币为：自流灌溉为每亩每年1元、提灌为每亩每年0.5元、井渠结合双灌为每亩每年0.7元，由单位直接收取并使用。

1970—1980年，水费由公社（后来的乡镇）水利站（所）代收，在夏粮征购时，农民随公粮一起缴纳水利粮，水费标准未变。水费使用上进行了分成，根据工程分级管理情况，公社（乡或镇）水利站（所）留下一定比例（15%~25%）的水费作为支渠以下工程的维修和管理人员的报酬补贴。

1980—1981年，对水费征收标准进行了调整，自流灌溉旱作物为每亩每年1.5元、自流灌溉水作物为每亩每年2.5元、提灌为每亩每年0.7元。

1981年，开始在灌区尝试"以方计征"水费，"以方计征"标准为：自流灌溉每立方米5厘、提灌每立方米2.5厘（以斗口为计量点）。"以亩计征"标准为：自流旱作每亩每年2元、水作每亩每年3元、提灌按照自流标准减半征收。水费由公社（乡或镇）水利站（所）代收，一般是在夏粮征购时，农民随公粮一起缴纳水利粮，水费使用上进行了分成，公社（乡或镇）水利站（所）留下30%的水费作为支渠以下工程的维修和管理人员的报酬补贴。

1987年以后，采取按方收费为主、按亩收费为辅。对条件成熟的灌区，采用"以方计征"的办法；对工程不配套、无法按用水量计征水费的灌区，暂实行以亩计征。水费由乡（镇）水利站（所）代收，一般是在夏粮征购时，农民随公粮一起缴纳水利粮，水费使用上进行了分成，乡（镇）水利站（所）留下30%的水费作为支渠以下工程的维修和管理人员的报酬补贴。

1991—1998年，水费按照河南省物价部门规定的标准，乡（镇）水利站（所）可以在水费标准的基础上加收20%的水费，作为末级渠系的维修养护。

1998年后，国家规定在夏粮征购期间除农业税之外不得代扣其他规费。一方面，农村粮食收购实行户交户结，原有的水费征收体系被打破，新的体系尚未建立，出现农业水费征收困难的局面；另一方面，乡（镇）水利站（所）退出支渠以下工程的管理，使得末级渠系管理缺位、无人问津。水费难收，末级渠道损坏严重，灌溉面积衰减，严重威胁了灌区的发展和农业的有序灌溉。

1999年，河南省人民胜利渠管理局上下齐动员，在灌区群众中广泛宣传改革的意义和改革的目的，得到群众的理解和支持。同时，根据干渠以下工程情况、村况民情以及过去的管理经验，制定不同的改制方案，先后尝试建立了用水户参与的农民用水户协会、水利服务公司、承包经营等多种形式的基层群管组织，及时填补乡（镇）水利站（所）缺位后的管理真空。

用水户协会是根据河南省人民政府办公厅《关于加强农民用水户协会建设的意见》的文件精神，在民政部门注册登记、非营利性的社会民间组织，具有法人资格，能够独立承担民事责任，自主经营，独立核算。用水户协会根据灌区实际情况制定了协会章程及各项管理制度，广泛发动群众参与协会建设与管理，保护改善农村水利基础设施，合理高效利用水资源，降低灌溉成本，提高引黄的用水效率与效益，建立稳定和谐的用水秩序，为当地农户提供公平、优质、高效的灌溉服务，提高水费收取率，使灌区资产保值增值，逐步实现灌区良性循环和可持续发展，提高农业综合生产能力、增加农民收入、发展繁荣农村经济、保护和改善生态环境。

（2）农业水价改革。1980年5月，依据河南省人民政府批转河南省水利厅文件《河南省水利工程水费征收试行办法》的规定，人民胜利渠农业用水的水费开始推行按用水量计征，或按基本水费加用水量计征，多用多缴、少用少缴。要求各自流灌区，改按亩计征为按用水量计征水费。规定农业用水水费标准，从灌溉斗渠进水口计量。

1987年10月，河南省人民胜利渠管理局根据河南省人民政府颁发的《河南省〈水利工程水费核订、计收和管理办法〉实施细则》文件精神，明确各级水利部门主管水利工程水费的核订、计收和管理工作，要求各级人民政府加强对水费征收工作的领导，水利工程管理单位要同用水户签订供水合同，按合同履行义务，承担责任。规定应在核算供水成本的基础上，逐步实行全部供水成本核订水费标准的办法。采取以方计征办法的：粮食作物每立方米8~10厘、经济作物每立方米9~11厘（以总干渠首为计量点）；采用两部制水价的：基本水费每亩每年1.8元，实际用水量的水费标准为粮食作物每立方米4~6厘、经济作物每立方米5~7厘、提灌每立方米6~8厘（以总干渠首为计量点）。

1991年9月，河南省政府批准省物价局、水利厅联合发布《关于加强水利工程水费征收和管理工作的意见》，农业水费调整为0.02元每立方米，末级渠系可加收20%的水费用于末级渠系的维护。如实行先缴费后供水制，可按实物计收水费，水费价格可按规定上下浮动10%，同时，对水费计收办法及水费管理使用作出若干补充规定。

1997年4月，人民胜利渠按照河南省物价局《关于加强水利工程水费征收和管理工作的意见》，农业水费调整为0.04元每立方米，末级渠系可加收20%的水费用于末级渠系的维护。同时，对水费计收办法及水费管理使用作出若干补充规定。

2006年6月，人民胜利渠按照河南省发展和改革委员会《关于调整省人民胜利渠水利工程供水价格的通知》规定，农业水位以斗渠进水口为计量点，粮食生产用水价格为 0.07 元每立方米，其他农业用水价格为 0.10 元每立方米。上述价格包括以斗渠进水口为计量点的末级渠系水价 0.01 元每立方米。

非农业水价　　1970 年，人民胜利渠管理局与新乡市自来水公司签订供水协议，1971—1980 年，每年按 2.5 万元水费大包干形式征收水费。从 1980 年开始，按照河南省水利厅《河南省水利工程水费征收试行办法》的规定，城市生活用水和工业水费按用水量计征。1987 年按河南省人民政府颁发的《河南省〈水利工程水费核订、计收和管理办法〉实施细则》规定，城市生活用水和工业水费按用水量计征。1991 年按照河南省人民政府颁发的《关于加强水利工程水费征收和管理工作的意见》规定，城市生活用水 0.04 元每立方米、工业用水价格 0.10 元每立方米。

1997 年，人民胜利渠按照河南省物价局《关于加强我省水利工程水费计收和管理工作的通知》规定，城市生活用水 0.08 元每立方米、工业用水 0.20 元每立方米，远低于灌区供水成本；引黄渠首工程水价提高后水资源费占全省规定的工业及城市生活水费标准的 33%，为推行终端水价，减少因推算等方面造成的矛盾，增加水费计收的透明度。

2006 年 6 月，人民胜利渠按照河南省发展和改革委员会《关于调整省人民胜利渠水利工程供水价格的通知》规定，以供、用水双方共同约定的支渠进水口为计量点，城市公共供水综合水价为 0.28 元每立方米，工业用水价格为 0.35 元每立方米，环境用水价格为 0.20 元每立方米。

2014 年，人民胜利渠按照河南省发展和改革委员会、水利厅《关于调整人民胜利渠非农业供水价格的通知》规定，城市生活用水 0.35 元每立方米、工业用水 0.50 元每立方米，根据国家发展和改革委员会关于引黄渠首水价季节差价的规定，并考虑移动泵站取水费用，每年 4 月 1 日至 6 月 30 日执行引黄渠首水价季节差价上浮 0.05 元每立方米。

灌区科学研究

为了提高灌溉管理水平,解决引黄灌溉中存在的问题,在开灌之初,1953年3月,黄委引黄灌溉济卫管理局成立忠义引黄灌溉试验场,对作物需水量、灌溉制度、灌水技术等进行了大量的试验研究,研究成果作为计划用水的依据在灌区进行推广,部分成果被大学教科书所采用。试验场地处古黄河滩地,位于总干渠二号跌水附近,总面积6.67公顷,其中试验及生产用地4.67公顷。1959年引黄灌溉济

豫北灌溉试验重点站——灌溉试验

卫管理局与新乡专署水利局合并，新乡专署水利局在忠义引黄灌溉试验场成立了新乡专署水利局水利科学研究所。1963年新乡专署水利局水利科学研究所搬回新乡，忠义引黄灌溉试验场恢复交人民胜利渠分局管理。改革开放后，水利部在河南省、山东省两省选两个灌区开展黄淮海平原综合治理旱、涝、碱、沙科学研究，人民胜利渠是选定的灌区之一。为了配合此项工作的开展，引黄人民胜利渠灌溉管理局成立专门的科研小组，与大专院校和科研院所合作，针对灌区存在的关键问题开展研究。1987年，根据科研工作的需要，原来的科研小组正式命名为河南省人民胜利渠管理局引黄科学研究试验中心，先后完成了国家"六五""七五""八五"科技攻关和河南省重大科技项目的研究。2003年，国家规划设立100个灌溉试验站，人民胜利渠管理局引黄科学研究试验中心为其中之一，是豫北灌溉试验重点站。2008年，引黄科学研究试验中心更名为河南省人民胜利渠管理局节水灌溉试验站，主要从事农田灌溉基础试验、新技术推广等工作。2009年，在寺王节制闸东侧建设寺王试验基地，占地1.71公顷，分三期对试验基地进行升级改造，配备先进仪器设备，实现基地基础数据采集信息化、农田灌溉自动化，基地功能更加完善，试验研究能力显著增强，具备结合当地生产实际，承担全省重大科研和推广项目的实力，为灌区及本地区经济建设和水利事业的可持续发展提供水利科技支撑。

农田灌溉试验

忠义引黄灌溉试验场地处古黄河滩地，位于总干渠二号枢纽附近，土壤属于轻壤、中壤质黄潮土。耕作层0~18厘米为轻壤土，色浅黄，腐殖质积累不多，粒状结构；18~60厘米为中壤，色棕黄，粒状间有小块状；60~70厘米是一层紧实的重壤；70厘米以下则大部分为轻壤；全剖面pH值在7.5左右，0~60厘米土壤容重为1.46吨每立方米，田间持水量为25%。

作物田间耗水量试验与分析　（1）田间耗水量。1953—1981年，忠义引黄灌溉试验场对小麦、玉米、棉花等的田间耗水量进行了试验。主要旱作物的田间耗水量见下表。

主要旱作物的田间耗水量表

作物名称	田间耗水量/（米³/亩）	作物名称	田间耗水量/（米³/亩）
小麦	210.4	花生	197.7
麦茬玉米	178.4	油菜	162.6
春玉米	179.1	芝麻	160.3
棉花	208.6	红薯	149.1
春谷	239.0	马铃薯	86.7

以上表中所列数据偏低，在使用表中资料时要进行修正。其原因：一是它不包括地下水利用量；二是观测土层统一以60厘米为准，而忠义引黄灌溉试验场内地下水位较高，地下水利用量较大，同时一些农作物如小麦、棉花的根系都在2米左右，它所利用的水已超出60厘米的范围。

忠义引黄灌溉试验场1975—1976年曾采用不同深度0.6米和1米分别计算小麦耗水量，求得1米比0.6米计算出的耗水量值大10%。经过修正后的耗水量值，小麦为320立方米每亩，玉米为270立方米每亩，棉花为400立方米每亩。随着节水灌溉制度的研究，这些数值还在变化。

（2）作物耗水规律。

1）小麦耗水规律：1981年忠义引黄试验场用"小液流法"对小麦的水势进行了测定。植物细胞水势的高低，可以反映植物组织内水分是否充足。在植物缺水时，叶片水势很快下降，反映比较灵敏，因此，测定不同作物不同生育期叶片的水势值，可以作为合理灌水的生理指标。测定结果发现0~60厘米土壤含水率低于15%时，水势值迅速降低，也就是渗透压力急剧增大，根系吸水困难，说明小麦的最低含水率不宜低于15%。

2）玉米耗水规律：玉米对水分要求较高，特别是拔节至抽穗阶段，生长迅速，对土壤水分的高低反应极为敏感。1981年，忠义引黄试验场用"半叶法"对不同土壤含水率的玉米叶片夜间有机物运转情况进行测定。方法是在先一天晚上把玉米的叶片剪下一半，在第二天凌晨把另一半叶片也剪下来，烘干称重比较它们的重量。留在植株上的一半叶片在夜间光合作用停止后，要把存留在叶片中的有机物输送出去，常比先一天晚上剪下的半叶要轻。利用这一原理，比较在不同水分条件下叶片有机物输出情况，可以作为水分生理指标的测定。测定结果发现，拔节至抽花丝阶段，0~60厘米土壤含水率在16%~23%之间最适合玉米生长，每晚可输出不少于10%的有机物。抽花丝以后，玉米生长机能衰退，在同样水分条件下，有机物输出明显减少。为了保证籽粒的形成，以保持17%以上的水分，使每晚能有7%以上的有机物输出为宜。

（3）阶段耗水率。以1953—1954年筒测资料（代表干旱年）、1977—1978年田测资料（代表中旱年）、1955—1956年筒测的小麦试验资料（代表平均年），

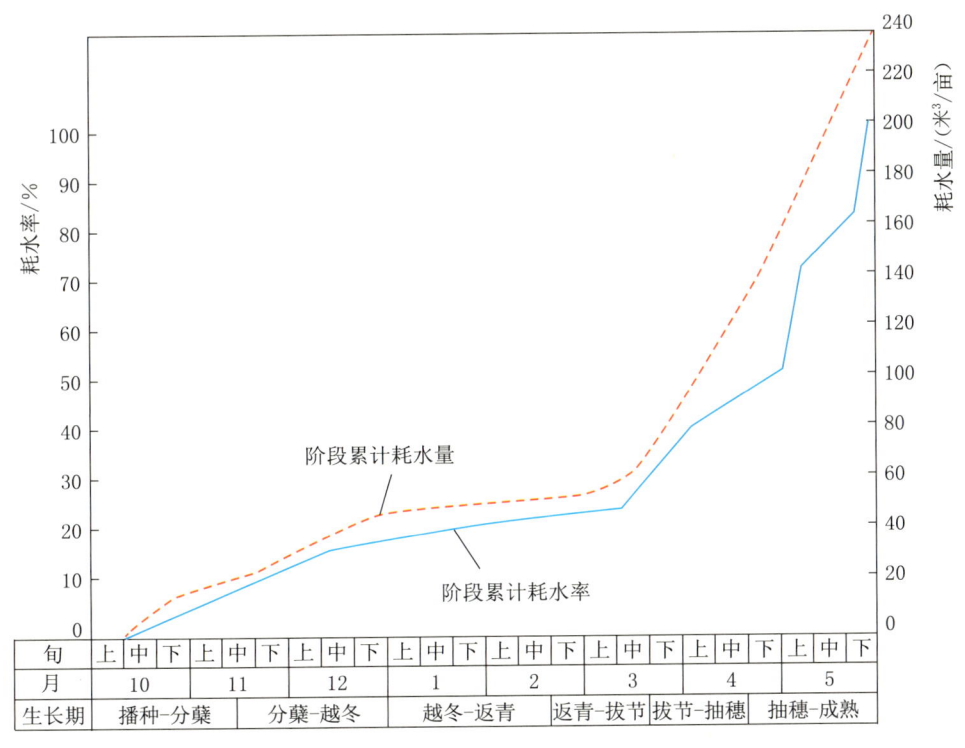

小麦阶段累计耗水率、耗水量图

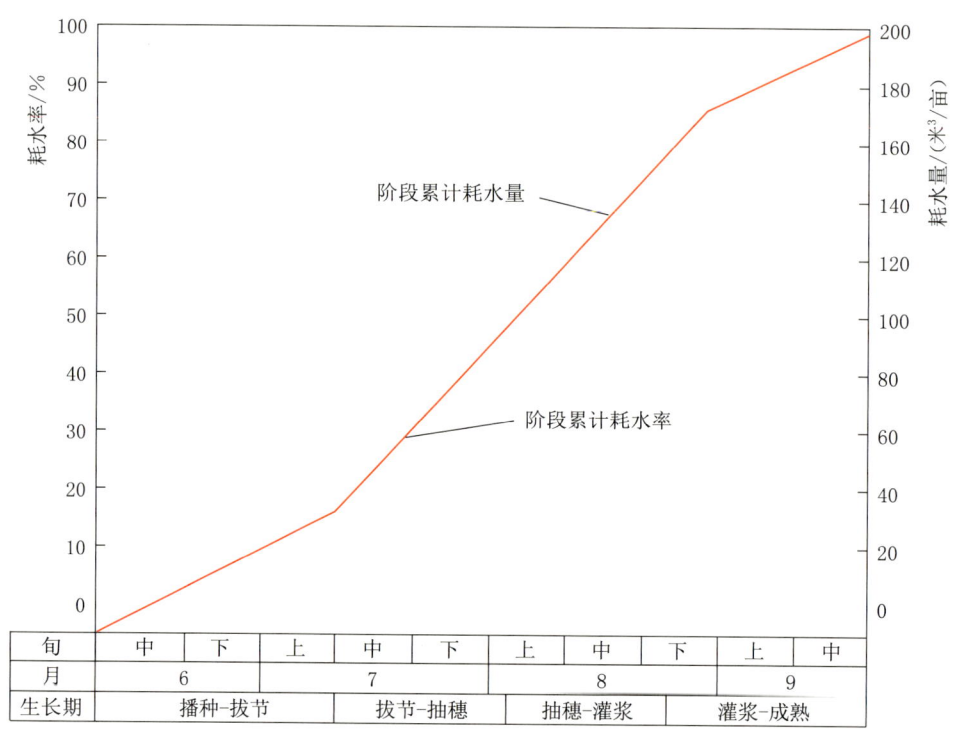

玉米阶段累计耗水率、耗水量图

计算出小麦的阶段耗水率，发现不同水文年份的阶段耗水率的变化趋势完全一致，而且在数量上也相差不多。（图中人民胜利渠灌区小麦和玉米的阶段耗水率、耗水量均未计入60厘米以下的地下水利用量。）

（4）耗水强度。耗水强度是作物生长期间每天的耗水量。根据田间耗水量和阶段耗水率（未修正值），求得各种作物的耗水强度。

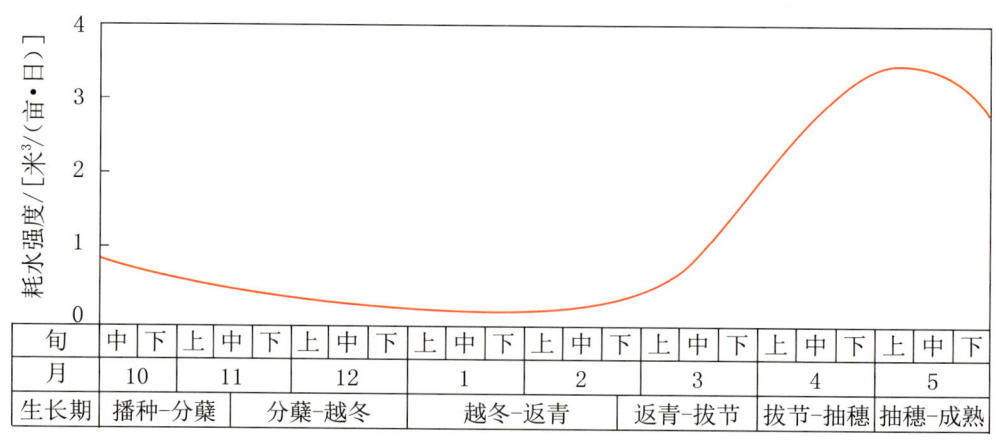

小麦耗水强度

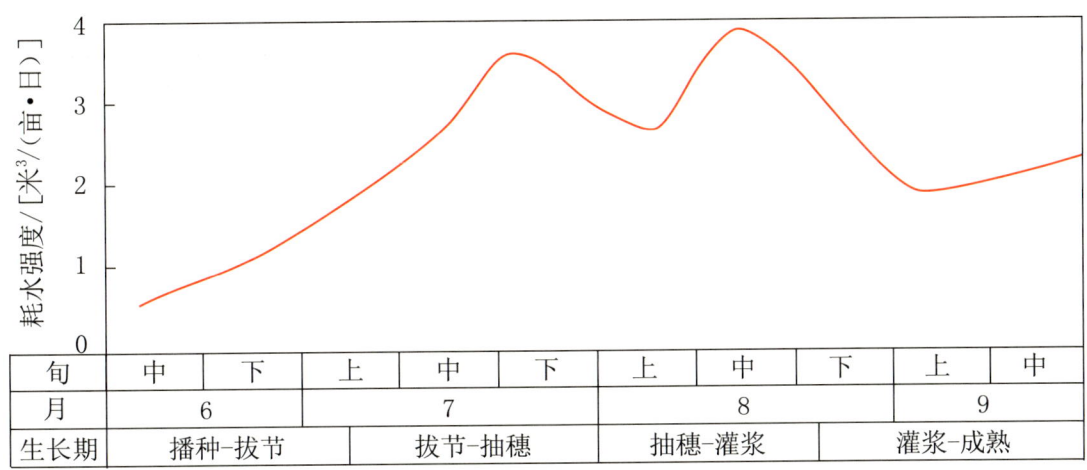

玉米耗水强度

旱作物灌溉制度 人民胜利渠灌区主要农作物的灌溉制度表中列出了人民胜利渠灌区主要农作物的灌溉制度，但灌溉实践仍然要根据天气、土壤含水率和作物生长情况来确定灌水时间和灌溉水量。人民胜利渠灌区主要农作物的灌溉制度见下表。

人民胜利渠灌区主要农作物的灌溉制度表

单位：米³/亩

作物名称		小麦			玉米			棉花		
水文年份		干旱年	中旱年	平均年	干旱年	中旱年	平均年	干旱年	中旱年	平均年
播前水	时间（旬/月）	下/9	下/9	下/9	上/6	上/6	上/6	下/3	下/3	下/3
	灌水定额	80	80	80	50	50	50	50	50	50
第一水	时间（旬/月）	下/2	下/3	下/3	上/7	上/7	上/6	上/6	上/6	
	灌水定额	50	50	50	40	40	40	40	40	
第二水	时间（旬/月）	下/3	下/4	上/5	上/8			上/7		
	灌水定额	50	50	50	40			40		
第三水	时间（旬/月）	下/4	上/5							
	灌水定额	50	50							

续表

作物名称		小麦			玉米			棉花		
第四水	时间（旬/月）	中/5								
	灌水定额	50								
生长期	灌水次数	4	3	2	2	1	1	2	1	0
	灌溉定额	200	150	100	80	40	40	80	40	0
	有效降水量/毫米	63	89	97	120	145	160	187	210	230

（1）小麦的不同生长阶段。小麦播种：1953—1954年，对小麦进行了播前深灌与浅灌的对比试验，深灌产量为210.5千克每亩、浅灌产量为193千克每亩；1956—1957年，对小麦进行了播前灌水和不灌水的对比试验，播前灌水产量为228千克每亩、不灌水产量为208.5千克每亩，说明灌水比不灌水产量要高。两种试验都证明了小麦足墒播种对增产有很大的作用。

小麦冬灌：人民胜利渠灌区对冬小麦是否需要冬灌曾进行观测。1956—1957年进行冬灌试验，未冬灌的亩产200千克，冬灌的亩产205千克。冬灌虽稍有增产作用，但由于容易导致地面板块裂缝、降低温度、发生冻害等副作用，如果不缺墒，冬灌就没有必要。1981年元月观测，当气温上升到11.2℃时，10厘米土层中冬灌的比不灌的地温低5.5℃。冬灌降低地温的时间约80天，深度超过30厘米。由于冬灌使小麦长期处于低温的环境中，影响它的光合作用，1981年2月15日测定分蘖节的含糖量，冬灌的为5.48毫克每毫升，不灌的为6.11毫克每毫升。

从土壤水分消退情况看，在足墒下种条件下，播种时0.6米计划层保持20%的含水率是完全可能的，这时每亩含有的水量为117立方米。根据多年资料，由播种到12月中旬，土壤水分的消退量约为30立方米每亩，这一段的降雨量，按保证率为80%计算，约有13立方米每亩，到12月中旬，每亩含有的水量为100

立方米每亩，相当于17%的土壤含水率，说明从墒情的角度上来考虑，冬灌没有必要，如果播前墒情不足则又当别论。

小麦返青水：3月上旬是灌区灌溉返青水的适宜时期。1964—1965年曾在没有灌播种水的基础上进行试验，生长期只灌抽穗一水的亩产363千克，灌返青、抽穗两水的亩产380千克；1981年4月11日，对当年3月13日灌返青水与不灌返青水的植株含糖量进行了测定，灌返青水的含糖量为8.12毫克每毫升，不灌返青水的含糖量为5.44毫克每毫升。所以，灌溉返青水再加以追肥，可以促进小麦增产。

小麦拔节水：拔节水是小麦关键的一水。根据1953—1954年、1958—1959年、1960—1961年、1974—1975年共4年试验结果，通过对灌拔节水和不灌拔节水的产量进行对比，灌拔节水可增产10%～11%。

小麦灌浆水：1959—1960年，在灌浆期及其前后2～8天内进行灌浆水试验，可以增加产量10%～11%。

（2）玉米。玉米生长在夏季，气温高，蒸腾量大，仅在苗期略受点旱，对产量影响不大。从拔节、孕穗到灌浆都不缺水，在这几个发育阶段灌水增产幅度主要取决于灌前土壤含水率的高低。至于灌水次数主要取决于生长期降水量和降水的分布。一般要灌水1～2次。丰水年则不需要灌水。

根据1954年、1959年、1960年进行的对比试验，在几个生育关键期缺水情况下，灌水与不灌水，均可增产3%以上。

（3）棉花。棉花播前水：根据多年经验，棉花播前水不如用冬季储水灌溉代替，1958年4月1日在获嘉县照镜乡调查，冬灌的土壤含水率为18%，4月27日出苗80%；不灌的含水率14%，出苗20%。后期推广麦棉套种后，棉田不再单独冬灌。

棉花现蕾水：棉花出蕾以后，植株迅速上长，叶面蒸腾约为苗期的3倍多，此时灌水，能增加蕾铃数量和产量，但现蕾期灌水定额以不超过30立方米每亩为宜。过多容易引起徒长，提前封垄，增加花蕾脱落数量。根据1955年、1958年进行的对比试验，现蕾期灌水比不灌水产量可增加4.5%～12.5%。

棉花花铃水：在豫北地区棉花花铃期，正值雨季，棉花很少需要灌水，即便有时灌上一水，灌后若遇降雨，不仅灌水不增产，有时灌水还会减产。

节水灌溉技术研究 （1）水稻湿润灌溉技术。1977—1979年，连续3年在忠义引黄灌溉试验场进行水稻湿润灌溉试验，取得一些有价值的成果。湿润灌溉有明显的节水效果，3年平均节水率达47.1%，湿润灌溉比淹灌平均增产26.4%。

20世纪90年代以后，人民胜利渠灌区水稻最大面积达1.33余万公顷。在实行井渠结合灌溉的条件下，水稻返青以后大部分稻田采用湿润灌溉，只保持田面土壤湿润，田面不建立水层，大大节省了灌溉水量。湿润灌溉灌水的时间，原则上是5天灌1次水，但在砂壤土地区，由于渗漏较快，也有3天灌1次水的。具体掌握是田面（0~10厘米）土壤的含水率以不小于田间持水率的80%~90%，小于此值，即应该灌水。人民胜利渠灌区推广了湿润灌溉技术，水稻平均亩产都在500千克及以上，且创造了盐碱地"原阳大米"的著名品牌。

（2）涌流灌水技术。涌流式灌水（以下简称涌灌）是向沟（畦）中间歇性地

小冀乡张青村田间测量（1991年10月）

灌水，即在一条灌水沟（畦）中，不是一次连续放水浇完，而是分次放水，先浇一段，停一停，再浇下一段，从而依次产生供水和间歇的周期，这些周期的长短视灌水方式的不同有常数和变数之分，通常灌溉是向几组沟（畦）中轮流交替供水，直到灌完为止。

1989—1991年，河南省人民胜利渠灌区共进行3次田间涌灌试验，即1989年4月上旬在新乡县七里营乡刘店村棉麦套种田小畦灌（无自动设备）试验、1989年9月下旬至10月上旬在新乡县良种场沟灌试验、1991年3月中旬在新乡县小冀乡张青村棉田沟灌和小畦灌试验。通过3次田间试验，得出以下成果。

一是节水效果显著。一般情况下，涌灌比连续灌节水8%～34%；透水性好的土壤比透水性弱的土壤节水率高，新乡县良种场由于土壤质地黏重，透水性较差，因此实施涌灌后，节水率只有7.8%～8.4%；在地块长度小于200米的情况下，等时涌灌节水率比等距涌灌高。

小冀乡张青村人工灌水试验（1991年10月）

二是灌水效率高。当灌水流量保持恒定，灌水效率的提高与节水率的提高完全相同，其变化规律也基本一致。从土壤入渗良好的刘店村和张青村的试验结果来看，不论是沟灌还是畦灌，涌灌省水、灌水效率高的特点还是比较明显的。对于那些地块很长（大于 200 米）、纵坡很小、透水性强（如新翻耕地）的土壤，连续灌水时，即使采用大流量，也因沿程入渗量过大而造成费水费工；地块越长、纵坡越小，灌水效率越低。若采用涌灌，合理确定灌水流量和灌水分次数（或间歇时间），可提高灌水效率，收到良好的灌水效果。

三是灌水均匀度高。刘店村和张青村两次灌水试验单宽流量为 1～2 升每秒的时候，不同畦（沟）长方向灌后入渗水量的情况，当畦灌时，分两次灌完的，畦首畦尾入渗量小，且均匀度好；分 3 次灌完的次之；1 次连续灌完的最差，畦首畦尾入渗水量差达 1 倍以上。沟灌时，分 3 次灌完的，沟首沟尾入渗量最小，但沟首沟尾入渗水量差与分 2 次灌完的差不多；1 次连续灌完的最差，沟首沟尾入渗水量差达 66%。因此，1 次连续灌完，灌水均匀度最差。

总之，涌灌和连续灌相比其优点十分明显，不但能提高灌水效率，而且可节省水量。如果土壤适宜，田面平整，合理选择灌水参数，可进一步提高涌灌的灌水效率和节水效率。

（3）小麦畦灌技术试验。1992—1993 年，进行了小麦畦灌技术试验，对主

小冀乡张青村自动灌水仪灌溉（1991 年 10 月）

要灌水因素,如畦宽畦长、单宽流量、灌水长度等的最佳组合,进行了重点试验研究,提出了提高田间水利用系数的技术措施。

1992年,结合群众大田种植情况,选择不同畦长畦宽范围进行灌水试验。在已初步取得成果的基础上通过优质组合,1993年又进行了重点试验。试验期间,畦田灌水次数是根据当年降雨情况、随群众大田灌水而定;入畦水量采用梯(三角)形量水堰测流;土壤水分测定采用人工钻孔取土、室内烘干称重的方法;小麦生长期间,各项农业措施基本一致,并在收获时,对各试验方案进行了单打测产。

为了寻求畦长畦宽、入畦单宽流量、灌水改水成数要素的合理范围,1992年,选择畦宽2~5米、畦长40~100米畦块,共设置14个试验方案,在小麦生长期内灌水3次,通过不同畦块与灌水量及产量的对比分析,畦宽2.2~4.1米,畦长40~80米,各试验方案灌水效果好,其平均灌水定额为53.2~56.7立方米每亩,产量均在368.1千克每亩以上。

1992年试验,各试验方案均采用九成改水,观测其尾水是否均匀灌遍全畦。结果畦长80~100米,畦末积水一般在3~4厘米之间;畦长在60~80米之间,畦末积水平均在5~7厘米之间;畦长在40~60米之间的畦块,其畦尾积水在10厘米以上,可见九成改水对40~60米畦长偏大。根据多次灌水试验分析,改水成数以八九成为好。原则是长畦改水成数宜大、短畦宜小,田面比降大的改水成数宜小、反之则宜大。

盐碱地改良试验

1954年3月开始,人民胜利渠开展了盐碱地改良的试验研究,并将科研成果在生产上推广,促进了灌区的盐碱地改良工作。截至1980年,盐碱地面积已减少到0.44万公顷,盐碱地的危害程度也大为减轻。以上事实说明,引黄灌溉不仅可以避免盐碱地的发展,而且也为原有盐碱地的改良创造了条件。盐碱地改良试验所采取的技术措施主要是：对盐土进行排水冲洗，对碱化盐土种植水稻，对背河洼地进行沉沙放淤，同时采取一些农业技术措施。

盐土冲洗试验　　从1954年3月开始，在西一灌区四支渠与获嘉县农场合作进行盐土冲洗试验。1954年春季共冲洗土地285亩，当年亩产籽棉55千克（当地盐碱地一般产量为10～25千克每亩）；1955年又冲洗土地370亩，亩产籽棉40～70千克；1956年冲洗土地扩大到6200亩，棉花出苗尚好，但因后期受淹而大量死亡，农场产量降为30千克每亩。多年的试验和推广，说明进行无排水冲洗，只能使表层脱盐，底层盐分反而增高，虽有利于出苗，但冲洗效果不容易巩固。

1956年秋季开始，由河南省水利科学研究所、河南省水利厅、新乡专员公署水利局等单位合作，共同在西一灌区四支渠的重盐碱地进行排水冲洗试验。任务是找出适合当地条件的冲洗制度与冲洗技术，比较不同排水设施对降低地下水位的作用，研究冲洗后防止土壤返盐的农业技术措施。从1956年秋季到1959年春季共进行6次冲洗，冲洗土地124.67公顷（分属获嘉县丁村、新乡县文营村）。冲洗的土地大部分播种棉花，也有部分小麦、谷子，并试种了小面积玉米、向日葵等。从1957年冲洗土地86.67公顷的情况看，有56%的土地面积出全苗、14%的面积出苗率在50%以上，30%的土地面积严重缺苗或没苗。全部冲洗土地平均亩产籽棉40千克，3.73公顷试验小区平均亩产70千克，最高的达95千克。1958年、1959年两年冲洗试验也都显著增产。1959年以后，由于试验区周围种植水稻，土壤返盐严重，冲洗试验被迫停止。但前期冲洗试验效果明显，积累了丰富的试验资料。

此外，在冲洗试验田上还进行了一些农业措施试验，目的是研究如何巩固冲洗土地成果、培养土壤肥力、提高农作物产量等，主要项目有：土地冲洗后的耕作保苗措施，包括秋洗田早春耙地、播前灌水、灌后浅耕、雨后中耕等措施对棉花出苗保苗的作用；冲洗田培肥地力的措施，包括绿肥（紫花苜蓿、草木樨）的栽培、增施有机肥料对改良土壤和提高产量的作用；作物丰产栽培试验和盐水浸种试验；棉花耐盐性试验等。各项试验都取得了初步成果，部分成果已在生产上推广。

碱化盐土改种植水稻试验　为了对黄河背河洼地碱化盐土的改良进行试验研究，1955年帮助新乡县在东二灌区的3000亩碱化盐土荒地上建立了小河农场。1956年开始采取排水冲洗土地等水利、农业措施，种植棉花、小麦等旱作物，大部分未能出苗，少部分有苗的又被雨涝淹没，没有成效，只有试种的1.87亩水稻生长良好，每亩收稻谷332千克，水稻后试种小麦亩产280千克。1957年结合附近11个农业社搞中间试验，种植水稻1946亩，共收稻谷23万千克，每亩平均118千克，高产地达到500千克。通过试验工作初步说明，碱化盐土改种植水稻办法可行，1968年以后，这项措施在人民胜利渠灌区推广。

低洼盐碱地沉沙放淤　利用黄河水含沙量大、养分丰富的条件，有计划地采取引黄沉沙放淤的措施改良洼涝盐碱地，取得了良好的效果。特别是两处黄河背

丁村碱化盐土水稻旱种试验田调查（1984年6月）

河洼地，经过放淤以后，大部分得到改良，有不少变为丰产良田。放淤措施大致有下列3种方式，即沉沙池放淤、洼地围堤（或结合平原水库）放淤和种植水稻灌淤（也称淤灌）。以上3种方式对改良低洼盐碱地的作用基本一致，主要有如下几方面：

（1）淤土覆盖，形成新的肥沃土层。结合沉沙池放淤，由于流量大，时间长，淤积厚度一般可达2米以上。洼地放淤如放水量大，天数较多，淤积厚度一般也在1米以上。至于种植水稻灌淤，因灌水量较小，淤积层不如放淤的厚，每年数厘米至十厘米，只要继续种植水稻，可以逐年淤积。不论淤积多厚，在原来的盐碱地上覆盖一层新的淡土层，不仅改变了表土层的理化性状，而且提高了土壤肥力。据渠首对黄河淤泥养分含量的测定，黄河淤泥含有机质占0.88%～1.0%、速效磷占0.002%～0.004%、速效氮占0.004%～0.007%、速效钾占0.034%～0.054%。假如淤泥层厚10厘米，相当于每亩上优质有机肥900～1000千克、速效氮5.8～8.2千克（折合硫酸铵29～41千克）、速效磷3.2～9.7千克（折合过磷酸钙17～22

东三一号沉沙池放淤（1984年12月）

千克）、速效钾 40 千克（折合硫酸钾 80 千克）。因此在淤成后一年到二年内，农作物产量往往可成倍增长。

但要取得良好的放淤效果，还必须选择适当的放淤季节和放淤方法。黄河泥沙的颗粒成分，其特点是汛期黏粒（粒径小于 0.01 毫米）占总量的 45%～55%，而枯水期黏粒仅占 10%～20%。因此在汛期放淤，不仅含泥沙量大，而且含黏粒也多，所含养分也就较多。放淤要求落泥多，时间短，尽快恢复耕种，而沉沙池要求多沉沙少沉泥，尽量延长使用年限。为了解决这一矛盾，人民胜利渠采取条池轮淤和分散使用的方法，把沉沙、改土、耕种结合起来，即在灌溉时只用其中一条沉沙，使用一年到两年即可还耕，其余未用的条池仍由群众耕种，可减少占地损失。根据黄河冬春沙多泥少、汛期沙少泥多的特点，采取汛期换地，能使条池底部沉沙、表层沉淤，更好地达到改土的目的。至于种植水稻灌淤，要求时间早些（8月开始）、落淤厚以 10～15 厘米效果较好，但也不宜过厚过早，不要在分蘖期以前落淤，以防埋没分蘖点，影响水稻分蘖和生长。

（2）冲洗盐分改良盐碱地。由于放淤的水量很大，一般要比冲洗水量大几倍至十几倍，因而放淤能同样起到冲洗盐分的作用。大量放淤水进入田间以后，在泥沙沉下的同时，也溶解了大量土壤盐分，一部分随着放淤的退水排除；另一部分通过土壤渗漏而补给了地下水，然后经由排水系统排出放淤区。因此放淤的脱盐效果比冲洗还好，特别是表土层。据其他引黄灌区观测资料，放淤后 0～20 厘米土壤脱盐率达到 83%～86%。但如放淤区缺乏排水系统，不能使放淤而抬高的地下水位及时降到临界深度以下，淋洗盐分不能排出区外，则盐分仍会上升，不但不能巩固放淤成果，还会造成放淤区周围土壤次生盐碱化。

放淤对改良碱化盐土起着特殊的作用。当富含钙离子的黄河淤泥降到碱化土壤上，不仅增加了代换性盐基总量，同时通过盐基交换作用，使原来土壤胶体上的钠离子被淤泥中的钙离子所置换，从而使钙占了优势。当钠离子比例降低到无害的程度时，碱化土壤就逐步得到改良。据小河试点观测，黄河淤泥（胶泥）中代换性钙占 73.5%，代换性钠仅占 3%。

东三一号沉沙池测流取样（1985年7月）

此外，由于淤泥的沉积，还能改变原来土壤的物理性能，如淤泥中的黏土和原来的沙质土掺和，可使沙土变为壤土，使轻壤土变为重壤土。这样，不仅改善了土壤质地和结构，也起到抑制土壤返盐的作用。

（3）抬高地面，改善洼涝地的排水条件。地形低洼，不仅造成排水困难，雨季积水成灾，而且地下水位高，容易发生土壤盐碱化。在低洼易涝地引黄放淤，不仅可以抬高地面、改变地形，治理了低洼易涝地，也相对地降低了地下水位，为盐碱地改良创造条件。如武陟县、原阳县的两个大沉沙池，原为黄河浸润带的槽状洼地，地形起伏，很多大坑，缺乏排水工程。经沉沙淤积以后，地面抬高2～4米，把原来起伏不平的地形，淤成一片平原，修建排水系统后，改变了低洼易涝的面貌，又打了一些机井，成为旱涝保收的良田。

洪门公社盐碱地改良　新乡县洪门公社位于东二灌区，耕地0.29万公顷，其中盐碱地为0.25万公顷。据历史资料，1900年前这里就是一片盐碱地。1958年在缺乏排水条件的情况下，大面积发展水稻，地下水位上升，加重了土壤盐碱化。1962年引黄停灌后，中国农业科学研究院土壤肥料研究所和农田灌溉研究所的专家相继来到东二灌区，与当时的洪门公社合作，进行盐碱地的改良试验研究工作。土壤肥料研究所先在小冀公社李村进行冲沟播种试验，随后在各地推广。采取这一措施能解决一般较轻盐碱地当年的出苗保苗问题，但不能起到改良的作用。1963年以后，在农田灌溉研究所的技术合作下，制定了全公社的治碱规划，从排水入手，采取灌溉洗盐、平整土地、增施肥料等措施，经过十多年的治理，逐步总结出一整套改良盐碱地的措施，促进了农业生产的发展，并取得较多的科研成果和成功经验，为人民胜利渠灌区的治碱工作树立了样板。

洪门公社改良盐碱地的经验可概括为"排、灌、平、肥"四字。在低洼盐碱地区，有灌无排只能压盐，不能排盐和防止返盐；有排无灌，土壤盐分亦能得到雨水淋洗，但脱盐速度缓慢，难以彻底改良；土地不平整，排灌措施难以发挥脱盐和防盐的作用；缺肥，就不能发挥地力、提高作物产量、巩固改碱效果。"排、灌、平、肥"是针对改变盐碱地的形成条件，进行旱、涝、碱综合治理而提出的，实践证明，具有一定的普遍意义。

土壤次生盐碱化防治

人民胜利渠灌区开灌前有0.68万公顷老盐碱地。在长时期的土壤积盐脱盐过程中，盐碱地面积保持着相对的稳定。开灌后新增加了一个灌溉因素，如何在新条件下防止土壤次生盐碱化的发生并改良原有的老盐碱地，成为当时一个迫切需要解决的新课题。因此在开灌初期就着手进行灌区防止次生盐碱化的观测研究工作，并采取了一些工程和管理上的措施。

灌区水盐动态观测　　灌区土壤次生盐碱化的发展和消退，虽与一定的气候、地形、土壤等因素有关，但决定性的因素是地下水位的变动，因此要防止次生盐碱化，就必须掌握地下水的变化规律。

（1）地下水位的变化。开灌以前，地下水主要受降水、蒸发的影响，属

小冀乡李庄村进行土壤剖面水盐动态观测（1983年11月）

"降雨入渗、蒸发型"。开灌以后动态类型有所变化，随着灌溉引水量的增加，水位不断上升，到1957年全灌区平均埋深由1953年的2.76米上升到1.80米。1958—1961年地下水位持续上升，1960年达到开灌以后的最高水位，平均埋深只有1.31米。卫河沿岸及背河洼地区仅为1.12~0.96米，小于临界深度，造成盐碱地大面积发展，此为次生盐碱化发展期。1961—1966年地下水位逐步下降，5年中下降了1.45米，全灌区平均埋深达到2.85米，大于1953年的埋深，次生盐碱地基本消失。1967年以后，在降雨、灌水的影响下，灌区地下水埋深虽有升有降，但基本趋于稳定，一般埋深都大于临界深度（2米），1978年以后进一步下降。2010年全灌区地下水平均埋深为6.63米，2020年全灌区地下水平均埋深为11.54米。

（2）地下水矿化度的变化。总的来说，地下水的矿化度比较低，水质良好，宜于灌溉。从灌区中11个土壤定位点的地下水矿化度变化可以看出，古黄河漫滩区矿化度最低，平均不到1克每升，卫河沿岸次之，背河洼地区最高，丁村最高

灌区土壤剖面水盐动态观测（1983年11月）

时达8.23克每升。在时间的分布上，1962—1966年，为次生盐碱地脱盐期，随着土体的脱盐，地下水矿化度有增高的迹象。20世纪80年代后期，大部分地区地下水矿化度有淡化趋势，2010年灌区中上游地下水矿化度平均为1.2克每升。

（3）灌区土壤盐分动态。开灌初期，由于用水不当，自1958年开始全灌区盐碱地面积由1957年的0.64万公顷发展到1961年的1.89万公顷。当时采取了一系列紧急措施，直到1966年土壤次生盐碱化问题才得到基本解决，前后经历了9年时间。通过对土壤盐分动态的观测，可以看出灌区次生盐碱化土壤盐分的变化有下列一些特点：

一是地下水位对次生盐碱化的影响：灌区土壤随着地下水位上升而积盐，次生盐碱化土壤又随着地下水位下降而自然脱盐。次生盐碱化虽是多种因素综合作用的结果，但地下水位的变化是最直接最敏感的因素，而地下水高水位时间持续的程度又决定次生盐碱化的发展速度。开灌前地下水位虽有涝年上升、旱年下降的现象，但由于降雨量有其相对稳定的幅度，因而在长期内地下水的来去水量是保持平衡的，故一般年份很少发生次生盐碱化。开灌后由于春灌使汛前地下水位上升，经过雨季必然抬得更高，汛后尚未回降到原来的水位，又因秋灌、冬灌而抬高。1953年灌区地下水平均埋深为2.76米，1955年上升到1.89米，次生盐碱化土壤开始发生，但很缓慢。1958年以后剧升到1.3～1.4米，次生盐碱化迅速发展。1962年以后，地下水位逐渐下降，1965年回降到2.54米，次生盐碱地基本上消失。所以灌区土壤的次生盐碱化有发生快、恢复也快的特点。

从次生盐碱化的发生部位来看，大致有下列三个阶段：首先发生在干支渠两侧，开灌后短期内即可由点连成线，并沿着垂直于渠道的方向向外发展，如总干渠两侧在放水后2～3年就发生盐碱化，影响范围一般为400～700米。随后发生在灌溉地段的局部高地和二坡地，出现点片状的盐斑，面积小而分散。随着大型渠道的常年输水，排水沟的排泄不畅，稻田、沉沙池等长期蓄水，造成地下水持续高水位，就会促使盐碱地很快发展，由点线分布串联成片。但在灌区呈大面积成片分布的都是些老盐碱地。

二是次生盐碱化土壤主要表现为耕层积盐：灌区的绝大部分次生盐碱化地区，地下水矿化度均低，一般为1～3克每升，有的还小于1克每升。地下水低矿化度地区土壤积盐状况，主要表现为耕层积盐强烈，而底层土壤无盐碱化现象，这和高矿化水地区土壤积盐有明显区别。

从次生盐碱化土壤剖面观测资料分析，耕层（0～20厘米）次生盐碱化占全部次生盐碱化剖面的75%，根系层（20～60厘米）盐碱化的占22.6%，底层（大于60厘米）盐碱化的不过2.4%。

三是土壤脱盐的主要因素是夏季集中降雨的淋洗：根据1958—1959年在灌区东石碑的棉田对土壤盐分平衡各要素的测定，并做了盐量平衡计算。在这段时间内，降雨淋洗的脱盐量占总排盐量的80.9%，其中的83.4%又是在汛期内脱除的。

在次生盐碱化地区，依靠正常灌溉水的入渗，对土壤盐分的淋洗作用是小的。灌溉之后0～100厘米土层的盐分略有减少，其中较为显著的是20～40厘米，至于表层盐分，在灌水之后反而有所增加，这是由于灌后表土蒸发急剧增加，从而使耕层以下的盐分转移到表土，这也是20～40厘米盐分减少的最显著的原因。

要充分利用雨季降水促使耕层土壤脱盐，还必须控制汛前地下水位。根据实测，在同一种土质条件下，汛前地下水的埋藏愈深，土层脱盐深度愈大，脱盐率愈高。如全剖面为轻质土的小宋佛村，雨前地下水埋深1.88米，脱盐深度仅0.12米；七里营公社雨前地下水埋深2.3米，脱盐深度达到0.58米。在深位夹黏土层中，雨前地下水埋深1.55米，雨量虽大而脱盐深度为0.2米，当地下水位降到1.95米，脱盐深度达到1.5米，即黏土层以上的整个土层脱盐。

井渠结合防止次生盐碱化观测研究 1979年水利部布置了这个研究课题，由新乡地区水利局水利科学研究所和人民胜利渠灌溉管理局共同负责进行。1980年开始筹备，1981年正式开展观测试验。取得的科研成果主要有几个方面：

（1）该研究通过对水量、盐量平衡各要素的观测，取得大量实测资料，平衡计算的精度，基本上能满足要求。

（2）通过对观测资料进行相关分析，得到井灌水量和总灌水量的比值P与地下水升降ΔH（$\Delta H=0.55-1.31P$），渠灌旬折算毛灌水定额m与地下水上升值ΔH（$\Delta H=0.007m-0.06$），降水P与地下水上升值ΔH（$\Delta H=0.0124P-0.17$）以及蒸发E_0、开采强度q与地下水下降值Δh（$\Delta h=0.3745q+0.0043E_0-0.065$）四个数学模型，为进行地下水埋深的调控计算，提供了具体的方法。

（3）土壤和地下水的盐分运动，受降雨、灌水、蒸发和地下水埋深等因素制约。若令蒸发与降雨加灌水量之比为干旱度（K），则得到土壤盐分旬平均升降值P的4个回归方程，在古黄河漫滩区，0～20厘米土层，$P=6.41K-3.59H-11.93$（H为地下水平均埋深）；0～100厘米土层，$P=5.31K-1.46H-14.34$。在古黄河背河洼地区，0～20厘米土层，$P=21.76K-1.47H-37.45$；0～100厘米土层，$P=11.9K-4.81H-14.21$。土壤盐分的变化，会引起地下水质的变化，这种变化关系，在地下水埋深小于潜水蒸发极限值时，它与地下水埋深关系不大，而与地下水位升降关系密切。其相关方程为

$$P=4.61g+13.19\Delta h-53.88$$

式中：g为地下水矿化度增减量；Δh为地下水位升降值。

（4）井渠结合的田间工程布置，以采用井灌与渠灌系统合二为一较好，单井的控制面积，以百亩为宜。井渠系统合一后，对农渠的规划设计，提出了一些新的要求。

（5）井渠结合的经济效益，通过对新乡县七里营乡的调查，在其他条件相同的情况下，农业净增效益，井渠结合区比井灌区每亩多收51.7元，同样一元投资，投到井渠结合区比投到井灌区，可多收入0.94元的净效益。井渠结合对提高农田灌溉保证率，减免雨涝灾害，防止土壤次生盐碱化方面，社会效益更为显著。

（6）研究为调控地下水位、防止土壤次生盐碱化，提供了一套完整的、井渠结合的计算运用方法，并能进行水盐动态的预测预报，基本达到原定的研究目的。运用井渠结合调控地下水位，效果十分明显，当地下水起始埋深为1米时，采用正常的井渠结合灌溉制度进行灌溉，最多只要21个旬（即7个月）就可以把地下水埋深降低到3米，如果采用专门的井灌井排措施，其速度还会加快。

水盐动态监测预报研究 为了探索大型引黄灌区水盐动态的变化规律，从"六五"攻关（1981年）开始，国家在人民胜利渠丁村地区设立水盐动态观测区。"七五"攻关期间，又安排了"人民胜利渠水盐动态监测预报"研究，在丁村观测区的基础上，扩大范围，建立了水盐动态监测预报区（简称测报区）。该研究由中国水利水电科学研究院、武汉水利电力学院、河南省人民胜利渠管理局、新乡市水利科学研究所四个单位共同承担。取得的研究成果主要有以下几个方面。

（1）水盐动态基本规律。在分析人民胜利渠灌区的自然条件、社会经济情况和水利工程现状的基础上，针对大型灌区的特点选定了监测预报区的范围，布设了地下水土壤水盐动态监测点，通过观测试验和调查取得了大量第一手资料；根据人民胜利渠灌区1952年开灌以后，38年长系列地下水和土壤水动态观测资料，特别是"六五""七五"攻关研究以来的观测资料，从引黄灌区水盐动态的历史演变过程，探讨了大型灌区水盐动态的基本规律，阐明了灌区土壤次生盐碱化的发展与地下水埋深具有十分紧密的关系。灌溉引水过量，排水不畅，地下水位失控，灌区土壤次生盐碱化就会发展；控制引黄灌溉、改善排水条件，加强灌溉管理，特别是采用井渠结合灌溉，地下水位降至临界深度以下，盐碱化面积就将减少。排水特别是井渠结合调控地下水位的重要作用，对北方大型灌区防止土壤次生盐碱化的发生与发展具有重要意义。

（2）土壤脱盐和地下水淡化。除对区域水盐动态一般规律进行研究外，还对中重度盐碱化地区如何利用浅层地下咸水及微咸水冲洗、灌溉旱作、种植水稻以及地面覆盖等进行了专门试验。结果表明利用咸水冲洗、灌溉、种植水稻具有促进土壤脱盐和淡化地下水的作用，且有显著的增产效果。地面覆盖具有提高土壤保水能力和抑制土壤返盐的作用。同时，总结了利用咸水的适宜条件，提出实施各项措施的具体建议，对改善灌区水盐动态和保证农作物增产具有重要的实用价值。这些措施和建议在试区进行了推广应用，取得粮棉增产和改善盐碱地等重要的经济及社会效益。

（3）水盐动态预报。在大量实测灌溉、降雨蒸发和井灌等各项因素与地下水埋深变化之间统计规律的基础上，将一个年度各时期划分为四种类型，分别建立了地下水预报集中参数模型。1987—1988年度根据该模型对地下水埋深进行了预报，其结果与实测值对比两者具有良好的一致性。1988—1989年度采用该模型预报地下水动态，取得满意结果。表明该模型可用于生产实际。集中参数（数理统计）模型，形式简单，使用方便，在已编制程序的基础上，只需输入所需的各项参数，即可利用PC-1500计算机进行预报，是一种有效的水盐动态预报方法。

水盐运动测报及其应用研究 该研究是"八五"攻关项目"人民胜利渠灌区农业灌溉持续发展综合研究"中的一个子专题，从1991年开始至1995年结束，参加项目的单位有：中国水利水电科学研究院，河南省人民胜利渠管理局、武汉水利电力大学和新乡市水利科学研究所四个单位。

水盐运动测报简易科学。子专题在"七五"期间研究基础上，"八五"期间重点探求简便易行且操作性强的预报方法，及其在用水管理上实用性强的联合调控优化模型软件的研制。先后探讨了用周期分析方法预报降雨量及蒸发量；用改进的数理统计法预报地下水位及土壤盐分，以及用灰色系统方法预报土壤盐分及地下水质等，这些预报方法不但在灌区水盐动态预报上获得较高的精度及满意的结果，而且在灌区用水管理优化调度应用上比前期的研究工作有较大提高和突破。

为了使科研成果更好地服务于生产实际，并纳入市场经济轨道，发挥应有的社会及经济效益，还探讨了水盐动态预报在灌区渠井联合用水管理中的应用问题，并在降雨蒸发、地下水埋深、地下水质和土壤盐分等各子预报模型的基础上，提出了渠井联合用水管理模型，给出了全灌区渠井用水合理配比的用水管理系统模型及实施软件，提出了地下水调控和渠井用水量联合调度运用方案，为人民胜利渠灌区及其他条件类似的引黄灌区防治旱涝碱沙的用水管理工作提供了科学依据。

井渠结合灌溉研究

在北方灌区，1959—1962年经历过的土壤次生盐碱化发展阶段。为了恢复灌溉，防治盐碱，人民胜利渠是最早实行井渠结合的灌区之一。1982—1983年，对全灌区的井渠结合状况，进行了较为系统的调查，取得了大量的第一手资料。

井渠结合调查及分析　1952年开灌前，人民胜利渠灌区的王官营乡、小冀乡、太山庙乡一带，分布着为数不少的大口浅砖井。这些井是人工开挖的，一般只有六七米深，出水量少，每小时能供应七八吨水，对于抗御干旱起到了一定作用。但在1951年兴建人民胜利渠时，却很少考虑这些井的存废问题。到1952年才初步认识到黄河虽然水量很大，但因含沙量过高，影响引用灌溉，所以保留水井采用地下水。但是那些水井由于出水量太小，没有和渠灌相适应的条件，因而在修成灌溉渠道后，除个别菜园中尚使用这些砖井以外，大部分水井已废弃了。

1956年，河南省试验成功了"56打井法"，已能打成比较深的机井，单水井出水量每小时约30吨，可以供锅驼机抽水，解决人们的生产生活用水。但是由于井体结构不合理，用干砌砖做水井筒，用芦席和麦糠作滤水材料，因而寿命不长，井在渠灌区仍然起不到一定作用。但这反映出渠灌区农民还有发展井灌的要求。

20世纪60年代初期，引黄灌区大部分停灌，当时国家对棉花需求量很大，因此国务院于1964年拨专款为棉区打保棉井。新乡地区棉田主要分布在人民胜利渠引黄灌区，加上当地的水文地质条件属于地下水丰富区，因此保棉井也大部分打在人民胜利渠灌区，这是人民胜利渠灌区发展机井灌溉的一个开端，也为中国北方地区大规模发展机井提供了经验。

为了供应农村用电，各村都架设了电网，这些基本建设，构成了机电井灌溉系统。

井渠结合管理　井渠结合技术是在实践中逐渐发展起来的，随着引黄灌溉面积的扩大，国民经济对水资源需求的不断增大，对井渠结合技术提出更高的要求。从"六五"开始，人民胜利渠灌区对井渠结合技术进行了长期的研究工作，所取得的一系列成果在生产实践中得到验证。

（1）"六五"时期（1981—1985年）。"六五"时期对井渠结合技术的研究，着重于防止土壤次生盐碱化效果观测。通过对1981年、1982年两年观察资料的相关分析，在一次灌水中，当灌水面积系数大于0.6、毛灌水定额在1800～2100立方米每公顷之间时，得到的井灌水量占总灌水量的百分比P，与灌水后地下水位的升降值ΔH有如下的关系：

$$\Delta H = 0.55 - 1.31 P$$

当$P=42\%$时，灌后可不抬高地下水位；当$P=0$（全部渠灌）时，灌后地下水位上升0.55米；当$P=1$（全部井灌）时，灌后地下水位下降0.76米。

研究还取得了不同条件下地下水埋深变化的数学模型。为了广泛应用，拟定了三组调控条件：水文年条件，分别采用三种频率为50%、75%、90%，用新乡市气象站的资料，分别计算出三个年份的降雨量和蒸发量，并确定这三种水文年的各种农作物的灌溉制度；地下水起始埋深条件，选择了1.0米、1.5米、2.0米、

3.0米四个深度；地下水控制标准，确定地下水控制埋深到2.0米、2.5米、3.0米，其中6~9月地下水深又分1.0米、1.5米，共5个。三组调控条件组成了60个方案。

根据计算结果，得到井渠配水比例合轴相关图，为生产提供了可靠依据。以非稳定抽水试验为根据，结合灌区井渠结合状况分析，提供了经济可行的井渠结合田间工程布置方案，为灌区技术改造和规划设计提供了科学依据。

（2）"七五"时期（1986—1990年）。"七五"时期，主要对灌区内水资源优化调度方案进行了研究。以水资源合理利用和节水为主要内容，以求得在运行费最小情况下，达到灌区灌溉效益最大、水环境最佳的控制方案。在"六五"时期调控地下水防止次生盐碱化研究的基础上，丰富和发展了井渠结合灌溉技术。

初步摸清了灌区水资源状况，认为灌区工程系统还未充分利用起来，潜力很大；灌区仍然需要完善田间配套，加强用水管理，增加灌溉效益等问题；同时还应在保证灌区用水的情况下向灌区外提供抗旱补源用水。使灌区的水量平衡状况良好，多年平均来去水量保持平衡，有效地控制了地下水位下降，抑制了土壤次生盐碱化，改善了生态环境。但在地下水开采量大的地区，地下水埋深已达6~7米，个别达10米，而水稻区地下水埋深仅1米左右，因此应在埋深大的地区增加引黄水量，水稻区则应增加地下水开采量。在充分利用雨水的前提下，合理调节井渠用水比例。在地下水埋深控制在2~4米之间的前提下，井渠灌水量在干旱年约需7.58亿立方米，中等干旱年为6.57亿立方米，平均年为4.88亿立方米，湿润年为4.35亿立方米；井渠灌水比例，干旱年约为0.32，中等干旱年为0.34，平均年为0.38；湿润年为0.40。

（3）"八五"时期（1991—1995年）。"八五"时期，为实现井渠灌溉有机结合和优化调度，开展了"人民胜利渠灌区地上水地下水统一调度应用研究"。从1991年起，针对井渠结合自发状态下如何统一管理进行了探索，该项目1995年结束。具体做法是由试点乡水利站成立灌溉公司，各村的农用机井和动力设备入股到灌溉公司，年终利润按股分成。需要灌溉时，由各村向灌溉公司提出申请，灌溉公司根据地下水状况确定用渠灌还是井灌，灌水后按用水量计征水费。该措施只在一个村进行了试点，从统计情况看效果比较好，但由于缺乏必要的资金支持和政策上的措施，因此本次试点面积较小，没有大范围推广。

1992—1993年，针对灌区田间工程沟畦过长、过宽所带来的水量浪费等问题，开展"井渠结合节水灌溉"的研究，取得了井渠结合条件下的节水灌溉工程模式、适宜的田间畦（沟）规格等成果。根据田间灌水试验成果，畦宽2.0~3.3米、长60米的灌水效果较好，最优组合为2.2米×60米。畦埂底宽一般为30厘米，高不宜小于20厘米。灌水沟长度以70米为宜，间距应随作物行距和土质情况而定。对于斗农渠道和机井合理密度布置等工程指标，经计算统计，平均每公顷斗农渠长35.40米，建筑物1.70座，单井控制面积10公顷，确定了井渠适宜灌水时期，使井渠结合技术更具体化和科学化。

泥 沙 处 理 技 术

泥沙处理是灌区建设和运行中遇到的难题之一。设计阶段曾就向水利部专题汇报了"浑水灌溉，清水入卫"的沉沙池工程布局及总干渠挟沙能力的估算结果。1951年3月17日，水利部副部长张含英召集水利专家须恺、刘钟瑞、刘德润、蔡邦霖、粟宗嵩、李湛恩、黄荣翰等参加技术座谈会，认为在黄河下游灌溉没有先例，这是许多问题得不到解答的根本原因。黄河水沙资源不可能不用，引黄济卫工程对泥沙问题要采取积极慎重的态度，对泥沙问题的研究工作在工程完成后及时开展。专家们对设计的意见：一是浑水灌溉既能肥田又能改土，浑水灌溉、清水济卫的设想是有道理的，浑水灌溉的渠道要设法加大挟沙能力；二是为防止土壤次生盐碱化，排、灌工程都要配套，使灌溉尾水及需要排出的地下水，由排水沟退水入卫河，能够减少总干渠的济卫水量，相应减少泥沙；三是使用根据中亚细亚灌溉渠系推导的札马林公式计算总干渠挟沙能力（8千克每立方米）偏小，说明它还不能用到像引黄这样含沙量的河流上；四是进水闸设计要考虑防沙措施。4月，引黄灌溉济卫工程处在温县平皋村建立泥沙观测站。黄河有一股水从温县南部滩区串入蟒河，其水力要素与总干渠极其相似，是一个理想的天然模型试验河段。经过半年多的观测，证明渠道比降 1/4000、流量 20~40 立方米每秒、渠水含沙量 15~30 千克每立方米的情况下，渠道冲淤是平衡的。总干渠通水后，成立了泥沙研究组，对渠首及总干渠一号、二号、三号枢纽进行观测研究。1953 年 9 月，在老田庵总干渠上设立稳性渠道测验站，取得数百个相关数据。1954 年，灌区泥沙研究人员和设备移交给黄委泥沙研究所，在新乡县宋庄成立泥沙研究队继续泥沙研究工作，进行西一灌区、沉沙池的冲淤断面观测，做渠首导流系统、丁字板、拖泥船等试验。1979 年，由水利部出资、黄委引黄局和人民胜利渠管理局开展引黄泥沙观测和试验。经过长期研究，推导引黄渠道挟沙能力计算公式，总结黄河泥沙"量大、粒细、质肥"的特点，提出"少引、巧配、多用"解决泥沙问题的对策，总结出从渠首引水防沙、沉沙池调控运用、入渠泥沙处理到输沙至田一系列控制和处理泥沙的技术。

引水技术 引黄灌溉泥沙处理一方面是要采取措施少引泥沙；另一方面则要将进入灌区的泥沙尽量送到田间。渠首闸是"凹岸建闸，锐角引水"，引水渠轴线与黄河主流成一锐角，进入引水渠的水流流线曲率小，惯性作用也小。1952 年，入渠水的平均含沙量占同期黄河水含沙量的 78%，1953 年占 79%。为防止黄河水流底部粗沙进入口门，在闸前 120 米处的引水渠中建一高出闸底 0.93 米的抛石拦沙潜堰，因长期没入泥沙之中，基本不能发挥作用。1956 年 4 月，在水利部专家的指导下，引水渠与黄河交汇处安装波达波夫导流系统，使引水渠水的含沙量是黄河北股水流含沙量的 97%~110%，减少到引水渠含沙量只有黄河水含沙量的 68.4%。10 月，黄河大溜南徙，导流系统失去作用，引水灌溉避开黄河水含沙量较大的汛期和上游水库排沙期，是减少引入灌区泥沙数量的最有效方法。1963 年以后，灌区内逐步完善井灌系统，为避开黄河水含沙量峰期引水创造条件，采用春季多引水，除放淤改土等特殊需要外，黄河水含沙量大时不引水而使用井灌，使渠首的多年平均引水含沙量是相应年份内的黄河水的平均含沙量的 55%。

沉沙池使用技术 1987年以前，沉沙池是灌区解决泥沙问题的主要手段，黄河水进入沉沙池后，水流变缓，粗沙沉淀池底。出沉沙池的水，泥沙含量大大减少，粒径细、沉降速度降低。早期使用的沉沙池是湖泊形，后改为条形沉沙池。条形沉沙池具有渗漏小、落淤匀、还耕快等优点。沉沙池运行控制指标：一是灌区引水含沙量较小时，以渠道不淤积为条件，可不经沉沙池处理直接进行灌溉，其上限为7千克每立方米。二是当引水含沙量较大时，需要经过沉沙池处理。经处理后，沉沙池出口水的含沙量控制在7千克每立方米以下，泥沙颗粒粒径控制在0.03毫米以下，与高产农田的土壤颗粒相近。三是从经济和拦粗排细的技术要求出发，沉沙池的最佳拦沙率为40%~50%。在前期运行中，沉沙池的实际拦沙率远远高于最佳拦沙率，这时则采用清水、浑水掺和灌溉，即总干渠枢纽调配适当水量经沉沙池处理，其余水量直接送向下游，至沉沙池出水渠道，与经过处理后的清水掺和使用。清水、浑水掺和灌溉要根据具体放水情况，按有关公式计算确定，以总干渠、干渠不淤或少淤为条件。沉沙池运行的中后期，由于沉沙池淤积已达到一定高度，要在出口用叠梁式闸板调节沉沙池出水口的水位，使沉沙池的拦沙率接近最佳值，出池水的含沙量和泥沙颗粒符合限制条件。20世纪80年代初，为配合黄河大堤淤背，曾修筑2个宽50米、长度分别是200米和400米的专用沉沙池，轮换沉沙，将池内淤沙用4PL-250型泥浆泵抽送至黄河大堤的淤背区，既加固黄河堤防，又处理灌渠的泥沙。修建专用沉沙池，将浑水中粒径0.05毫米以上的泥沙沉淀于其中，并引进灰砂制砖技术，变泥沙为建材，也不失为引黄灌区泥沙处理的办法之一。

输沙至田间 进入灌溉渠道的水所含泥沙淤积部分不同，其利与害的程度也不相同。以沙壤土为主的黄河冲积平原，把黄河水所含"粒细、质肥"的泥沙送入田间，有改良土壤的效果。因此，泥沙均匀地淤于田间是有利无害的。如果淤积到排水沟河和各级输水渠道，则纯害无益，其危害程度以淤积到排水沟河最大，淤积于骨干输水渠道次之。而田间农毛渠中淤积的泥沙，由于渠道断面小，清淤容易，放水前后清理一次田间渠道成为正常的农事活动，清出来的泥沙或撒入田间，或

小冀乡张青村输沙至田间试验（1984年1月）

由农民拉回家中垫圈积肥，群众并不感到是负担。所以，斗农渠淤积一些泥沙是允许的。粗沙留在沉沙池，防止和减少干渠、支渠淤积，杜绝向排水系统退水输沙，是灌区水沙调配的准则。为不淤积骨干河道，需要合理配水，使渠道输水流量大于不淤最小流量。引水流量不足时，应当集中用水，以使骨干河道中的水流有足够的挟沙能力，不使渠道淤积。

浑水灌溉　1987年后，灌区可用于沉沙的洼地已淤高，沉沙池内的土地也都成了高产农田，失去沉沙作用；浑水灌溉，渠道出现大量淤积，不得不投入大量人力挖淤，以改善渠道的输水条件。灌区管理局科研中心（简称科研中心）着手对浑水灌溉进行研究，从改善工程条件和用水管理来避免或减少渠道淤积，确保使用浑水能正常灌溉。

所谓浑水灌溉，就是渠首引进含泥沙的浑水，不经或稍经处理，就直接送入田间灌溉。科研中心经过对比研究，提出浑水灌溉的几个边界条件：一是渠首引水要避开沙峰。当黄河非汛期含沙量超过35千克每立方米，汛期达到75千克每

翟坡乡杨任旺村浑水灌溉试验（1989年7月）

立方米时停止引水。二是控制引水泥沙粒径。要输沙到田，不使土壤沙化，进入田间的泥沙粒径要和田间土壤的粒径一致。浑水灌溉允许农渠有一定的淤积，进入田间的泥沙粒径不会大于田间土壤的平均粒径。为避免支渠以上渠道淤积要集中处理粒径在0.05毫米以上的泥沙，处理办法是设专用沉沙池，处理泥沙数量占引沙总量的20%。三是渠道挟沙能力。支渠以上骨干渠道在渠水含沙量大时允许淤积，含沙量小时冲刷，年内保持冲淤平衡。支渠渠水的最大含沙量控制在19千克每立方米以内，允许渠道淤积引沙量的5%。斗渠、农渠渠水的最大含沙量控制在12千克每立方米以内，允许淤积引沙总量的20%。科研中心提出了渠道的设计挟沙能力。四是渠道断面形态。渠道纵断如地形允许，采用较大的比降，以提高水流的挟沙能力；如地形坡度较小，可采用衬砌渠床，使渠中水流有合适的流速。科研中心提出浑水灌溉渠道宽深比和纵比降。按照浑水灌溉的边界条件，进行渠道断面的重新设计，对土渠渠床进行全断面衬砌，使渠道输水的挟沙能力提高，以保证总干渠、干渠不淤，支渠稍淤或冲淤平衡，大部分泥沙输送到田间。人民胜利渠渠道设计挟沙能力与浑水灌溉各级渠道宽深比和纵比降见下表。

人民胜利渠渠道设计挟沙能力表

单位：千克/米³

项目	集中处理泥沙前的引水渠、总干渠	集中处理泥沙后的总干渠、干渠	支渠	斗农渠
最大含沙量	31	25	19	12
挟沙能力	23	19	14	9

人民胜利渠浑水灌溉各级渠道宽深比和纵比降表

项目	引水渠及沉沙池上游总干渠	沉沙池下游总干渠、干渠	支渠	斗渠
设计流量/（米³/秒）	60~100	15~60	2~5	0.5~2
设计挟沙能力/（千克/米³）	23	19	14	9
宽深比	8~13	7~10	5~7	2~3
纵比降	1/2500~1/3500	1/3500~1/4000	1/3000~1/4000	1/3000~1/3500

节水技术改造研究

人民胜利渠灌区的节水技术改造，由于工程量大、投资多，短期内难以全面实施。因此，针对灌区的特点，1983年开始以进行支渠以下田间渠系的技术改造为重点，并采用由少到多、逐步扩大的原则。2000年以后，全国大型灌区节水技术改造相继开展，为了使灌区节水改造规划在整体性、科学性、先进性与实用性方面更趋合理和完善，灌区组织开展了人民胜利渠灌区节水改造技术研究，并在节水改造实施期间，针对节水改造的具体情况，开展一系列的实用技术研究。

田间渠系节水技术改造

1983年，人民胜利渠灌区田间渠系节水技术改造被列为国家科技攻关项目，并开始在新乡县翟坡乡试点，至1991年，先后在7个乡进行了支渠以下渠系改造，在节水、减淤、增产增收方面取得明显的经济和社会效益。

人民胜利渠灌区的节水技术改造，自1983年进行试点起，到1991年共完成支渠以下渠系技术改造面积0.51万公顷。其主要工作有规划设计、工程施工和加强管理等内容。

灌区节水技术改造的规划设计，采取以渠系改造、田间配套、发挥效益为主的方针。在统一规划设计、统一组织施工、统一管理运用的基础上，对灌、排、路、林、井、电做了统筹安排。对原来在小农经济基础上不合理的渠系布局，通过调整和裁弯取直，使农渠间距为200~400米，长度为1000~2000米，每条农渠控制面积分别为20公顷、33公顷、47公顷三种类型；斗渠控制面积分别为133、267公顷两种类型。斗渠、农渠一律采用混凝土衬砌U形渠槽。结合灌溉渠系，采用灌排相间、灌排相邻两种形式布设排水渠，力求在技术改造区内的所有农田达到旱能灌、涝能排的要求。为了提高农田灌溉保证率，有效地控制地下水位，要求每6.67~10公顷耕地，打机井1眼。井位布设在农渠一侧、毛渠口附近，以便渠井并用。本着利于生产、便于交通、少占耕地的原则，结合渠系布置田间道路。在支渠、斗渠、农渠三级渠路两侧各植树一行，并采取经济林、用材林相结合，乔木与灌木相搭配的栽植方法。另根据机井布设情况，高压线布设在斗渠一侧，低压线布设在农渠一侧。

灌区节水技术改造的工程施工，在不影响正常灌溉的情况下进行，为了使渠道放水灌溉和施工两不误，在时间安排上，工程施工在停水期间进行；在施工组织方面，采用建筑专业队与群众自己干相结合的原则。农忙时由专业队修建筑物，农闲时由群众搞土方；在施工方法上，采取分期分批的方法，力求在短期内搞一条、成一条、发挥一条效益，避免普遍开花、拖长工期。建筑物尽量采用装配式构件，

翟坡乡任小营村末级渠系改造（1990年5月）

以缩短施工时间和保证工程质量。同时，在施工中尽量采用先进的工艺技术，如在渠道衬砌中，通过在混凝土中掺粉煤灰和减水剂，改善混凝土的和易性，节省水泥；为了使斗农门能经济耐用、批量生产，通过研究设计了定型图纸，成立预制厂，做到了渠系建筑物生产系列化、预制化、装配化；另外，根据技术改造的需要，还研制了轻、巧、薄、强的龟壳板、微弯板等新型桥梁形式。

灌区节水技术改造工程的运用管理，采取严格的措施，充分发挥改造后工程的作用。人民胜利渠灌区在进行节水技术改造的同时，开展了节水管理的研究和运用。首先，在水量控制、计量方面，除完善闸门控制体系外，通过引进、研制，在斗渠上安装了柱形量水槽和无坎式水跃计两种量水设备。在总干渠渠首闸及一号枢纽上，安装了多计算机分布式远方监控系统，使远在50千米以外的中心控制站，能对渠首和一号枢纽上各孔闸门的水位、闸位、流量实行远方监控，达到遥测、遥控、遥信、遥调的目的。其次，对田庄支渠实行优化配水，在水灌面积相同的情况下，引水时间缩短了5天，毛灌水定额减少了15%。为了加强技术改造区的

柱形量水设备（1990年10月）

水管理工作，乡、村两级都建立了水利服务站和服务组，负责乡、村范围内的渠道工程维修、水量分配、灌水质量检查等工作。各乡村都制定了水利公约，实行奖罚制度，使灌区有一个良好的用水秩序。

节水改造专题研究　2000年，全国大型灌区节水技术改造相继开展，为了使灌区节水改造规划在整体性、科学性、先进性与实用性方面更趋合理和完善，由河南省人民胜利渠管理局、水利部农田灌溉研究所和河南省水利勘测设计院的十余名科技人员组成"人民胜利渠灌区节水改造技术研究"课题组，针对灌区工程规划设计中存在的问题，从水土资源的合理开发利用、井渠结合的形式与布局、田间工程配套模式及灌排技术、泥沙处理方式和灌区水污染防治对策及建议五个方面开展了一系列的研究工作，历时两年，找出了问题存在的主要原因，提出了解决问题的措施。所提出的水土资源合理开发利用方案，在对灌区水土资源状况及开发利用潜力分析的基础上，对灌区的合理开发规模及相应的灌溉用水和节水技术模式进行了分析确定，为节水改造总体规划提供了科学依据；提出的井渠结

化学固结土衬砌渠道（1990年8月）

合形式与布局，田间工程配套模式及灌排技术，从改善生态环境、提高经济效益及节约用水的角度出发，阐明了井渠结合灌区在灌、排、路、林、井综合治理下的工程规划原则、配套模式、灌水技术等，为引黄井渠结合灌区工程布局规范化、水量调度科学化、灌溉技术先进化奠定了基础；在泥沙处理方面，结合灌区的具体情况和不同的工程条件，分析了各种处理措施的适用性和可行性，提出适合灌区泥沙处理的工程措施和管理措施，为灌区泥沙处理指明了方向。部分研究内容在国内外尚属首次开展，所有成果被灌区管理部门及设计部门采纳，并在工程规划设计中采用。

实用技术 为了提高灌区节水改造实施期间在技术上的科学性和实用性，1999年开始，针对节水改造的具体情况，开展了一系列的实用技术研究。

（1）粉煤灰混凝土在节水改造工程中的应用研究。2000年，该项目在第一期工程中进行了应用推广。经对比分析，掺粉煤灰混凝土比纯水泥混凝土每立方米可节省造价8.6%。

（2）混凝土防冻胀研究。2001年，对混凝土防冻胀进行了研究，提出人民胜利渠灌区自然和工程条件下，防治混凝土冻融破坏和渗透水压力破坏的主要技术措施。

（3）总干渠节水衬砌基础土方回填方案研究。2002年，针对节水技术改造实施中存在的问题，开展了基础土方回填技术研究。根据不同土质和不同的回填方式，通过试验提出了相应的技术措施，为保证工程质量提供了可靠的依据。

（4）渠道混凝土衬砌工程破坏成因和防治技术研究。2003年，根据灌区渠

翟坡乡梁任旺村进行龟壳板桥应力试验（1989年10月）

道衬砌出现的一些问题，从自然因素、工程条件等方面着手，开展了渠道衬砌工程损坏成因和防治技术研究，通过室内分析计算并结合部分骨干渠道的特点，设计了不同的防治技术，为延长工程寿命和今后的工程设计奠定了基础。

（5）固结土在灌区节水改造工程中的应用研究。2006年，根据灌区工程建设实际，结合一些新技术在生产中的应用情况，试验研究了适合人民胜利渠灌区工程改造的固结土配合比方案及其施工工艺，在保证其抗渗能力及水稳定性都能满足要求的前提下，最大限度地降低工程改造的成本。

（6）骨干渠道渗漏对两岸地下水的影响研究。2008年，为了摸清灌区渠系水量的渗漏情况，开展了骨干渠道渗漏对两岸地下水的影响研究。通过一年时间对渠道放水量、两岸地下水的观测，计算出了骨干渠边正常放水情况下所渗漏的水量及影响范围。

（7）混凝土冬季施工措施研究。2009年针对节水改造工程冬季施工质量难以保证等问题，开展了混凝土冬季施工措施研究，通过对不同覆盖方式混凝土温度观测和混凝土在拌制、运输过程中采取加热水、棉毡覆盖等试验,提出了混凝土冬季施工的配套措施。

(8) 黄河淤积物固结技术在堤防加固工程中的应用推广。2011年3月,在灌区抗旱应急工程中,黄河淤积物固结技术在田庄和新乡管理处堤防加固工程中进行了推广应用,推广总长度(单面)8.2千米。项目的实施,使其施工工艺得到了逐步完善,解决了过去三七灰土堤防加固中取土难的问题,既保护了耕地,又充分利用了渠中的淤沙,取得废物利用、节省资金的成效。

水稻旱种技术推广

水稻是喜水作物,耗水量较大,河南水稻种植面积约63.33万公顷,传统淹灌亩均耗水量在850立方米以上,浪费水量十分惊人。因此,大力推广水稻旱种高产栽培和节水灌溉技术,对节约用水、保障粮食生产安全有极其重要的作用。

人民胜利渠灌区从种植水稻开始,一直采取传统的泡田插秧模式,特别是水稻插秧期,稻田泡田需要大量的水,与此期间的旱田灌溉发生矛盾,造成争水、抢水现象不断发生,严重影响灌区的灌溉秩序。为了改变这一状况,20世纪90年代开始推广水稻湿润灌溉技术,2005年以后,在豫北地区对水稻旱种也进行了尝试,但对节水灌溉研究得还不够。2010—2011年,水稻旱种技术在人民胜利渠灌区进行初试,面积很小,且分布在水稻传统种植区内,除种植为旱种外,种植以后实质上还是淹灌,节水效果不显著。2013—2014年,人民胜利渠灌区又在旱地进行了小范围的栽培研究,取得很好的节水增产效果。

推广区选取　水稻旱种高产栽培节水灌溉技术推广项目于2015年经水利厅批复后,人民胜利渠管理局积极组织技术力量实施。经过实地查勘,水稻旱种示范推广区选择在东一干上游,实施总面积为47.33公顷,主要集中在获嘉县冯庄镇冯庄、崔槐树两村,推广区紧靠东一干渠,水源条件较好。水稻旱种品种为屉优267,2015年6月15日开始播种,11月3日收获。期间按实施方案批复对田间渠道、闸门以及打井配套等工程进行了施工,购置了仪器设备,保障了旱稻生长期间的用水安全。旱稻播种以后,从杂草防除、合理施肥、科学灌水、病虫害防治直至11月3日收割等重要的生长、生产环节都进行检测把控,保证了旱稻的正常生长,为旱稻栽培节水技术的推广取得了宝贵资料。

旱种管理 2015年6月12日麦收完成后进行秸秆还田,并开始平整土地,耙地时施底肥50千克每亩,15日播种,稻种选用屉优267,10.5千克每亩,机械直播,条播行距23~30厘米。播种后至出苗前,用除草剂对土壤进行封闭防止草荒。田块翻耕前施复合肥50千克每亩,出苗后结合灌水每亩施尿素5千克,幼苗长至20厘米高时,每亩再施尿素15千克,其余时间可酌情施少量的微肥。在灌水方面,水稻播种后先灌一水,分蘖和灌浆期间保持水分充足,其余时间按控制灌溉

翟坡乡寺王试验基地水稻旱种生育期观测(2015年9月)

标准灌水。病虫害防治方面,结合具体情况,对黏虫、地下害虫以及稻瘟病进行防治。

生育期观测 6月29日,从幼苗期开始,在同一地块分三个区域,每5天对株高、株数进行观测,幼苗期每米长平均株数91株,到9月14日,旱稻在高度上停止生长,株高稳定在85厘米左右,株数在97株左右,说明旱稻分蘖率很低;旱稻与水稻灌水方式不同,旱稻在播种后开始灌第一水,灌至水层5厘米即可。待幼苗出齐后结合追肥再灌一水,注意不能淹顶,否则幼苗死亡率高。以后根据土壤水分情况,按控制灌溉标准灌水(0~40厘米土层含水率降至饱和含水率70%时开始灌溉)。

冯庄乡冯庄村水稻旱种技术推广(2020年7月)

成果推广 2015年水稻收割前，各选3处进行考种，每处1平方米，从考种结果看，两者穗长差别不大，单位面积总穗数、千粒重、理论产量略高于传统水稻种植。从单收单打情况看，旱种水稻选择了3块地，传统水稻选择了2块地，实际产量平均旱种水稻632.20千克，传统水稻610千克；旱种水稻比传统水稻每亩投资费用低258元。旱种水稻亩产632.20千克，毛收入1706.90元；传统水稻亩产610千克，毛收入1769元，旱种水稻比传统水稻毛收入少62.10元。收支相抵旱种水稻比传统水稻每亩收入高195.90元。

该推广项目的实施，受益群众近1万人，受益农户2800户。单从节水方面考虑，亩均节水达40%，具有省工、节约成本等优点，同时根据2013—2014年的试验，水稻旱种也能增产稻谷2%左右。成果的实施，不仅使灌区夏灌用水紧张局面得到缓解，而且使稻区地下水环境得到改善，将节省的水用于扩大灌溉面积，从而使灌区整体生态环境向良性发展。

科 研 合 作 与 成 果

自开灌以后，人民胜利渠灌区先后与水利部、中国农业科学研究院、中国水利水电科学研究院、水利部农田灌溉研究所、黄委水利科学研究所、黄委引黄灌溉试验站、武汉水利电力学院、华北农业科学研究所、河南省水利科学研究所、河南省水利厅科教处、新乡地区（市）水利局、延津县水利局等多家高校、科研院所及水利部门开展科研试验与研究，取得一大批有学术理论的科研创新成果。改革开放以后，人民胜利渠灌区完成科研项目40余项，其中获国家科技进步奖1项、省部级科技进步奖7项、地厅级科技进步奖12项，获国家发明和实用新型专利10项，正式出版技术专著6部。人民胜利渠灌区始终坚持以科技进步推动灌区的可持续发展，为当地工农业生产和保障粮食安全作出了贡献。人民胜利渠灌区科研项目与合作单位统计见下表。

人民胜利渠灌区科研项目与合作单位统计表

序号	年份	项目名称	项目来源	合作单位	鉴定及获奖情况	参加人员
1	1952	人民胜利渠灌区盐碱地调查研究		河南省引黄灌溉济卫工程处，水利部，华北农业科学研究所		
2	1953	灌区用水配水计划编制		邀请苏联专家契卡索夫		
3	1956	重盐碱地进行排水冲洗试验		引黄灌溉济卫管理局，河南省水利科学研究所，河南省水利厅，新乡专员公署水利局		
4	1958	灌区次生盐碱化发生发展规律和防次措施效果观测试验		河南省引黄灌溉济卫管理局，中国水利水电科学研究院		
5	1962	盐碱地改良试验研究		河南省引黄灌溉济卫管理局人民胜利渠分局，中国农业科学研究院土壤肥料研究所，农田灌溉研究所		
6	1956—1960	灌区水量平衡计算研究		河南省引黄灌溉济卫管理局人民胜利渠分局，中国水利水电科学研究院		
7	1980—1985	引黄灌溉泥沙处理技术研究	国家"六五"攻关	黄委水利科学研究所，新乡地区引黄人民胜利渠灌溉管理局，新乡地区水利科学研究所，黄委引黄灌溉试验站	水利部科学技术进步二等奖，国家科学技术进步三等奖	张永昌 杨文海 段学琪 兰华林 蒋家振 李中生 马胜利
8	1980—1985	人民胜利渠灌区井渠结合防止土壤次生盐碱化效果的观测研究	国家"六五"攻关	新乡地区引黄人民胜利渠灌溉管理局，水利部农田灌溉研究所，水利部水电科学研究院，黄委引黄灌溉试验站，河南省水利科学研究所，新乡地区水利科学研究所	河南省科学技术进步二等奖	袁光耀 夏平祥 刁绍全 聂宪江 师 哲 裴源生 单丙中
9	1986—1990	人民胜利渠灌区综合技术改造研究	国家"七五"攻关	河南省水利科学研究所，河南省水利厅科教处，水利部农田灌溉研究所，水利部水电科学研究院，河南省人民胜利渠管理局，新乡市水利局，新乡县水利局，延津县水利局	河南省科学技术进步二等奖	方成荣 唐 望 吴卫梁 江 平 袁光耀 黄宝全 胡明发 杜德辉 张继鸿 韩纪明 聂宪江 李正风 周子奎 刘书顺 李中生 琚龙昌 张绍芝 戚绍玉 于国玉 萧永建 张建锡 易心章 梁振宇等

续表

序号	年份	项目名称	项目来源	合作单位	鉴定及获奖情况	参加人员
10	1986—1990	人民胜利渠灌区水盐监测预报的研究	国家"七五"攻关项目	中国水利水电科学研究院，武汉水利电力学院，河南省人民胜利渠管理局，新乡市水利科学研究所	水利部科学技术进步四等奖 国际先进水平	黄荣翰 巫一清 李承惠 张蔚榛 张瑜芳 杨金忠 蔡树英 袁光耀 夏平祥 刘好智 袁礼君 蒋建国
11	1989—1991	人民胜利渠灌区浑水灌溉边界条件及管理措施研究	河南省水利厅	河南省人民胜利渠管理局	河南省水利科技进步二等奖	马喜东 马克智 马小兵 袁光耀 李中生 琚龙昌
12	1991—1995	人民胜利渠灌区农业灌溉持续发展综合研究	国家"八五"攻关	河南省水利科学研究所，水利部农田灌溉研究所，中国水利水电科学研究院，河南省人民胜利渠管理局，河南农业大学等14个单位	河南省科学技术进步二等奖	方成荣 袁光耀 戚绍玉 李友田 于融 田时梅 马小兵 马喜东 琚龙昌 李承惠 巫一清 张瑜芳 杨金钟 夏平祥 范玉祥 孟桃平 雷存伟 吴越 尚德功 易心章 常润民 杨秋贵 宋金山 景万林 周月红等
13	1989—1991	涌流式灌水技术研究	河南省水利厅	河南省人民胜利渠管理局	河南省水利科技进步二等奖	马喜东 马克智 袁光耀 王彦君 马小兵 夏平祥
14	1992—1993	河南省节水灌溉技术研究	世界银行贷款项目	河南省水利厅，河南省水利科学研究所，河南省人民胜利渠管理局	河南省科技进步三等奖	龙范迪 张治川 杨保忠 琚龙昌 胡国巅 潘国强等
15	2000—2002	人民胜利渠灌区节水改造专题研究	水利部	河南省人民胜利渠管理局，水利部农田灌溉研究所	河南省科学技术进步二等奖	李修印 温季 王立正 朱传令 聂宪江 潭兴华 李中生 李英能 杨林桐 吴中心 周新国 郭树龙 程顺中 郭冬冬
16	2000	粉煤灰混凝土在节水改造中的应用研究	灌区节水改造工程项目	河南省人民胜利渠管理局		朱传令 罗华梁 程顺中 李中生
17	2001	混凝土防冻胀研究	灌区节水改造工程项目	河南省人民胜利渠管理局		王立正 朱留杰 吴中心 李中生
18	2002	基础土方回填技术研究	灌区节水改造工程项目	河南省人民胜利渠管理局		王立正 罗华梁 程顺中 李中生

续表

序号	年份	项目名称	项目来源	合作单位	鉴定及获奖情况	参加人员
19	2003	渠道衬砌破坏成因及防治技术研究	灌区节水改造工程项目	河南省人民胜利渠管理局		罗华梁 朱留杰 夏平祥 李中生
20	2000—2003	农田灌溉高效用水管理机制研究	水利部	水利部农田灌溉研究所 河南省人民胜利渠管理局	新乡市科学技术进步二等奖	黄宝全 王卫民 王立正 左奎孟 岳 国 李中生 马喜东 常国兴 尚三林 朱留杰 吴中心 罗华梁 璩社群 马小兵 衡瑞林 琚龙昌
21	2002	人民胜利渠灌区节水规划技术研究	自选	河南省人民胜利渠管理局	新乡市科学技术进步二等奖	王卫民 王立正 李中生 罗华梁 常国兴 朱留杰 程顺中
22	2004	人民胜利渠灌区地下水预报及应用研究	自选	河南省人民胜利渠管理局	河南省科技情报成果三等奖	王立正 王卫民 吴中心 罗华梁 常国兴 袁光耀 李中生
23	2002	灌区引水水质及地下水水质监测研究	新乡市科技局	河南省人民胜利渠管理局		李中生 吴中心 程顺中 杨英鸽
24	2004	人民胜利渠灌区地下水水情及超采区地下水保护方案研究	新乡市科技局	河南省人民胜利渠管理局		吴中心 李中生 夏平祥 程顺中 袁 宾 杨英鸽
25	2005	新乡市引黄灌区农业灌溉闸门启闭控制设备的研制与应用	新乡市科技局	河南省人民胜利渠管理局		李中生 夏平祥 吴中心 常国兴 程顺中 刘国富 王福增 袁 宾 杨英鸽
26	2006	农业灌溉高效用水基层服务体系建设与管理研究	新乡市科技局	河南省人民胜利渠管理局		李中生 琚龙昌 夏平祥 杨英鸽 程顺中 袁 宾
27	2008	固结土在灌区节水改造工程中的应用研究	灌区节水改造工程	河南省人民胜利渠管理局		罗华梁 朱留杰 夏平祥 李中生 王忠斌 马宁宁
28	2009	纤维混凝土试验研究	灌区节水改造工程	河南省人民胜利渠管理局		李中生 夏平祥 马宁宁
29	2009	骨干渠道渗漏对两岸地下水影响研究	灌区节水改造工程	河南省人民胜利渠管理局		李中生 夏平祥 琚龙昌 刘国富

续表

序号	年份	项目名称	项目来源	合作单位	鉴定及获奖情况	参加人员
30	2009	浑水流量计在灌区末级渠系节水工程中的应用研究	河南省水利厅	河南省人民胜利渠管理局		李中生 李继纲 王忠斌 杜习会
31	2009—2010	混凝土冬季施工技术措施研究	节水改造工程	河南省人民胜利渠管理局		罗华梁 朱留杰 李中生 马宁宁 杜习会
32	2011	黄河泥沙固结技术在渠道堤防加固工程中的应用推广	自选	河南省人民胜利渠管理局		罗华梁 余祥海 朱留杰 李中生 张锡林 王忠斌 潘绍春 殷欢庆 宋 晨
33	2007—2021	灌溉水利用系数测算	河南省水利厅	河南省人民胜利渠管理局		李中生 李呈辉 杜习会
34	2011—2013	粮食核心区农业节水关键技术研究与应用	河南省科技厅	河南省水利科学研究院,河南省人民胜利渠管理局,水利部农田灌溉研究所,郑州大学	河南省科学技术进步二等奖	路振广 将学行 李中生 周新国 马细霞
35	2015	水稻旱种高产栽培节水灌溉技术推广	河南省水利厅	河南省人民胜利渠管理局		李中生 袁 宾 李呈辉 王忠斌
36	2016	YX-TBRG翻斗式雨量计技术推广	河南省水利厅	河南省人民胜利渠管理局		李中生 李呈辉 袁 宾
37	2017	井渠结合灌区用水模式对区域生态环境影响研究	水利部	河南省人民胜利渠管理局,水利部农田灌溉研究所		齐学斌 李 平 李中生 杜习会
38	2019	基于物联网的灌区智慧管理云平台关键技术研究	河南省水利厅	河南省人民胜利渠管理局,水利部交通运输部国家能源局南京水利科学研究院	河南省水利科技进步二等奖	马福恒 李世军 罗华梁 王 凯 李立新 俞扬峰 王贻森 李涵曼 陈利利 李政勰 李炳辰 吕志栋 王 瑞 王振雨 杨振宇
39	2019	豫北地区苦水区冬小麦农田灌溉关键技术研究与应用	河南省水利厅	河南省人民胜利渠管理局,水利部农田灌溉研究所		李中生 周新国 李呈辉
40	2020	旱涝并发区主要作物灌排技术模式及调控产品研发与应用	水利部	河南省人民胜利渠管理局,水利部农田灌溉研究所	河南省水利创新成果一等奖	王 东 李呈辉

交流与宣传

人民胜利渠是黄河下游第一个大型自流灌溉引水工程，揭开了黄河下游开发利用黄河水沙资源、造福沿岸人民的序幕。自建成通水后，在国际、国内产生极大影响。特别是1952年10月毛泽东主席视察人民胜利渠后，国内各大主流媒体竞相报道，国内外领导和专家学者纷纷前来参观指导、学习考察、工作调研。仅1954年，水利部就组织山东省、山西省、陕西省等19个省（自治区、直辖市）水利部门和灌区59个单位代表到人民胜利渠东三干三支参观座谈；全国与农业和水利有关的大专院校、灌区参观学习计划用水先进经验的有50多起2200多人。

交 流

国际交流 1953年10月，苏联专家契卡索夫赴人民胜利渠帮助编制东三灌区三支渠用水计划。实行计划用水配水，开始走向科学管理，并建立忠义引黄灌溉试验场，开展科学灌溉研究。1954年6月，水利部专家和苏联专家拉普图列夫到河南检查泥沙研究和引黄灌区泥沙测验工作，提出泥沙测验工作要统一管理。

1980年9月，清华大学外国留学生在人民胜利渠灌区（科研中心）学习。1984年11月，日本水利专家参观人民胜利渠泥沙处理工程。1985年5月，英国水利专家考察人民胜利渠。1988年3月，尼泊尔议长纳瓦·拉杰·苏贝蒂一行20

人，参观考察人民胜利渠。1989年4月，美国水利专家、国际咨询总裁许怀云来人民胜利渠灌区进行实地考察，并在人民胜利渠管理局举行了座谈会。1994年1月，泰国亚洲理工学院专家组来人民胜利渠灌区参观。1995年11月，埃塞俄比亚总理梅莱斯·泽纳维带团，在河南省副省长俞家骅陪同下到人民胜利渠灌区参观考察。1997年8月，纳米比亚副总理汉德雷克·维特布伊一行14人来人民胜利渠灌区参观考察，俞家骅陪同；9月，塞内加尔农业发展总公司总经理凯达一行参观人民胜利渠灌区。1998年4月，非洲31个国家驻华使节代表团考察人民胜利渠，外交部部长助理吉佩定、河南省副省长张以祥陪同。2000年5月，国际水稻研究

澳大利亚水利部代表在人民胜利渠渠首参观（2018年5月23日）

所工作人员来人民胜利渠考察；7月，联合国粮农组织项目经理阿伦·坎迪亚、国际灌排委员会主席巴特·舒尔茨、英国沃林福德水利研究所工程师约翰·斯库莱在中国灌排发展中心副主任李远华陪同下到人民胜利渠考察。2001年6月，日本《朝日新闻》社代表来人民胜利渠灌区考察；9月21日，朝鲜农业部灌溉局一行5人来灌区考察，河南省人民胜利渠管理局副局长杨林同等陪同。2002年9月，以小林英一郎为团长的日本农业（土木综合）水利交流团来人民胜利渠灌区考察，

中国灌排发展中心副主任顾宇平陪同。2010年4月,新加坡供水署派员到人民胜利渠灌区考察;5月23日,澳大利亚考察团参观人民胜利渠渠首闸、二号枢纽、灌溉试验站,并商谈建立友好灌区等事宜。2011年9月,新加坡农业部副部长和黄委领导到人民胜利渠渠首、二号枢纽等考察。

国内交流　1954年12月,水利部组织山东、山西、陕西、新疆、青海、甘肃、江苏、广西、天津、北京等19个省(自治区、直辖市)水利机关的领导和四川省都江堰、黑龙江省查哈阳、盘山农场(灌区)、山西省汾河、江苏省珥陵等灌区共59个单位的代表来人民胜利渠东三干三支进行参观座谈。当年全国与农业和水利有关的大专院校、灌区到东三干三支参观计划用水先进经验的有50余起2200多人。借此,人民胜利渠计划用水的先进经验由点到面在全国的其他灌区逐步推广。 1958年5月,农业部组织山东省、陕西省、河南省3省灌区观摩团到人民胜利渠渠首观摩评比。1982年4月,人民胜利渠灌区引黄开灌30周年纪念会召开,

中国科学院院士考察人民胜利渠(2009年4月23日)

黄委主任王化云、清华大学副校长、中国科学院水电部水利水电科学研究院院长张光斗到会作重要讲话。水利电力部农村水利电力司副司长吴隆文参加大会并宣读水利电力部贺电。参加会议的还有水利电力部农村水利电力司顾问抵殿标、中国水利学会秘书长娄溥礼、水利电力部科技局高级工程师陈炯新等领导、专家、学者。中国水利学会、水利科学研究院、中国水利学会农田水利专业委员会、海河水利委员会、清华大学、武汉水利电力学院及兄弟灌区和有关部门等90余个单位及个人给会议发来贺电、贺信或派员参加，到会代表184名。河南广播电台、河南日报社、河南电视台等新闻单位进行宣传。1988年5月，水利部部长杨振怀莅临人民胜利渠渠首视察，高度评价人民胜利渠在工农业生产中的重要作用，指出要进一步搞好灌区建设，充分发挥工程效益，支援农业建设。1989年4月，武汉水利水电学院教授张蔚榛到人民胜利渠管理局作学术报告；水利部原副部长刘向三视察人民胜利渠，着重了解引黄入淀工程情况；7月，黄委水利科学研究院12人来人民胜利渠管理局考察祝楼沉沙池；菏泽市副市长等8人来人民胜利渠灌区参观考察；8月，内蒙古水利参观团来人民胜利渠管理局渠首闸、"七五"重点科技攻关项目试验区参观；10月，中国科学院地理研究所一行4人来人民胜利渠灌区参观考察；11月，水利部政策研究室主任王平一行3人来人民胜利渠管理局考察。1990年3月，开封市水利局参观团到人民胜利渠灌区考察；6月，北京农业大学组织10多名专家，对国家"七五"重点科研项目《人民胜利渠灌区水盐动态监测预报研究》专题进行验收鉴定；12月，中科院教授任洪遵一行8人来灌区考察。1992年4月，人民胜利渠灌区开灌40周年纪念会召开，73个单位173名代表参加会议，《河南日报》《新乡日报》和新乡电视台等新闻媒体采访宣传。1997年4月，全国政协副主席钱正英来人民胜利渠灌区考察，对灌区工作进行指导。1998年7月，中国科学院院士、中国工程院院士、新华社记者、中央电视台记者一行15人来人民胜利渠管理局考察，河南省水利厅副厅长冯长海陪同，人民胜利渠管理局党委书记、局长李修印介绍了灌区情况。1999年3月，世界水稻研究所首席研究员威廉（美国）一行来人民胜利渠灌区考察。10月，水利部农村水利电力司副司长冯广志、中国水利水电科学研究院研究员苏人琼来人民胜利渠管理局指导工作,对人民胜利渠的技术改造和今后的发展提出了建设性意见。

2000年10月,由中国灌区协会主办、人民胜利渠管理局承办的中国灌区协会井渠结合技术研讨会在新乡市召开,全国20多个灌区近70位代表参加会议,期间还参观考察了人民胜利渠灌区井渠结合、渠首闸等;中国灌溉排水发展中心主任张绍强考察人民胜利渠灌区节水续建配套项目1999年度工程。2001年2月,山西省水利学校来人民胜利渠灌区参观、实习;12月,新疆维吾尔自治区昌吉回族自治州水管总站一行8人来人民胜利渠灌区参观考察;中国科学院水资源管理项目调查组来灌区考察。2005年12月,广东省水利厅一行25人来人民胜利渠灌区考察。2007年4月,新疆阿克苏地区水利局来人民胜利渠管理局考察;10月,新疆阿克苏地区水利局参观、考察人民胜利渠灌区的供水灌溉体系,双方就灌区的管理和发展等问题进行了交流。2009年1月,河南省副省长刘满仓在河南省水利厅、河南省农业厅、河南黄河河务局等单位领导的陪同下到人民胜利渠管理局视察引黄浇麦情况;2月,黄委主任李国英来人民胜利渠渠首视察,了解灌区旱情,指导灌区抗旱工作;3月,宁夏回族自治区水利厅考察团一行11人到人民胜利渠灌区考察井渠结合、灌区节水技术改造工程进展及水管体制改革等情况。2010年4月,陆浑水库管理局一行20余人到人民胜利渠渠首参观考察;5月,中国作家协会采风团来渠首调研;河南省水利厅水投公司全体职工来渠首调研。2015年10月,河南省政府参事一行5人,到渠首进行水资源利用调研。2018年5月,河南省副省长武国定到人民胜利渠渠首调研,河南省政府副秘书长朱良才、黄委副主任苏茂林、河南省水利厅党组书记刘正才、河南黄河河务局局长司毅铭、黄河水利委员会防汛抗旱办公室主任魏军、焦作市副市长武磊一同调研;8月,河南是副省长武国定到人民胜利渠入卫河处调研指导工作;8月,河南省委省直工委第六调研组姚保松组长一行到人民胜利渠管理局调研。2019年3月,水利部党组书记、部长鄂竟平到人民胜利渠调研,他指出"要把人民胜利渠管护好、改造好,继续造福沿岸百姓,助力灌区农业发展";5月,青海省水利厅水利管理局38人到人民胜利渠管理局开展学习交流活动；6月，河南省人大常委会党组书记、副主任赵素萍带领驻豫全国人大代表调研组一行50余人到渠首调研。2020年3月，河南省省长尹弘视察人民胜利渠渠首工程，并指出引黄工程不仅要建好，更要管好、调度好，严格水质监测，避免水体富营养化，节约集约高效用水，发挥生态等综合功能，回补涵养地下水，促进城市可持续发展；5月，河南省政协常委、农业和农村委员会主任李柳身带领"黄河水资源利用"调研组到人民胜利渠渠首调研，河南省水利厅党组副书记、副厅长（正厅级）王国栋、水文水资源处处长郭贵明陪同；6月，水利部调研组到人民胜利渠灌区调研标准化、规范化建设情况，通过现场察看工程现状、灌溉情况、询问岗位工作人员、对灌区受益范围内行政村和农户进行走访等方式，听取了人民胜利渠管理局工作情况汇报，观看了灌区标准化规范化管理宣传片，查阅了相关资料，对人民胜利渠管理局的标准化、规范化管理工作给予了充分肯定和高度评价；8月，水利部监督司副处长张俊胜到人民胜利渠管理局开展水利行业强监管工作调研；9月，四川省都江堰外江管理处到人民胜利渠考察学习灌区标准化、规范化管理工作；10月，新乡市农业农村局党员干部一行100余人到人民胜利渠渠首参观考察，南阳引丹灌区管理局常务副局长薛海滨一行8人到人民胜利渠学习考察灌区信息化建设工作，省水利厅老干部处一行11人到人民胜利渠渠首开展考察调研工作；11月，河北省石津灌区事务中心副主任杨子魁一行17人到人民胜利渠学习交流灌区管理工作。

宣　　传

自人民胜利渠开灌以后，毛泽东主席、江泽民总书记等党和国家领导人先后到人民胜利渠视察工作，新华社、中央电视台、中国水利报社、河南日报社等各大媒体都对人民胜利渠进行宣传报道，充分肯定人民胜利渠的社会地位和卓越贡献。人民胜利渠管理局成立志愿服务队，利用每年的"世界水日""中国水周"活动，集中开展水法规、水文化知识宣传进校园、保护水资源、防溺水等活动，提高全社会的水患意识、节水意识以及维护河流健康的意识。在灌区灌溉期间，组织各单位深入灌区一线，宣传水法律法规和节水灌溉知识，引导灌区群众节约用水、科学灌溉。同时，通过国家水利风景区、河南省水情教育基地、水工程与水文化有机融合案例等向社会大众进行广泛宣传。华北水利水电大学、河南水利与环境职业学院等把人民胜利渠作为教学实习基地；灌区内中小学校也把人民胜利渠作为普及水知识、了解水文化的校外课堂，多次组织学生到人民胜利渠参观学习。

国家水利风景区　2014年9月，武陟嘉应观黄河水利风景区被水利部评定为"国家水利风景区"。景区位于焦作市武陟县，依托嘉应观、人民胜利渠灌区、武嘉灌区、御坝、妙乐寺塔（供奉有佛祖舍利）、青龙宫、千佛阁等，属于自然河湖型水利风景区。景区以国家非物质文化遗产董永和七仙女传说为主题的孝文化和魏晋竹林七贤之山涛、向秀为代表的休闲文化，以及四大怀药、武陟油茶为代表的饮食文化融入景区，是黄河文化积淀最丰富的地区和治河文化保存最完善的景区之一。

人民胜利渠渠首全景图

景区内最重要的水利景观是人民胜利渠，由新中国首任水利部部长傅作义、首任黄委主任王化云会同清华大学教授张光斗、地质专家冯景兰、苏联驻中国首席水利专家布可夫等亲自选址、设计方案，并亲临现场指挥施工。工程于1951年3月动工，1952年4月建成通水。人民胜利渠结束了"黄河百害，唯富一套"的历史，成为新中国人民治黄历史上的一座丰碑、黄河下游引黄灌溉的一面旗帜，也成为武陟嘉应观黄河水利风景区内一道靓丽的"小黄河"景观。

河南省水情教育基地　2017年12月，河南省水利厅批准人民胜利渠暨嘉应观为首批河南省水情教育基地。人民胜利渠暨嘉应观是以水利科普教育、治水兴水历史教育、红色文化教育为内容的综合水情教育基地。基地依托新中国引黄第一渠"人民胜利渠"而建，由科普教育——人民胜利渠展览馆、红色教育——毛主席视察黄河休息室、治水兴水历史教育——万里黄河第一观嘉应观等珍贵文物组成。基地严格按照"保护为主、抢救第一、合理利用、加强管理"的十六字方针，深入挖掘历史文化，打造黄河文化品牌，塑造黄河文化之乡的品质定位，做好人

河南省水情教育基地（2020年9月7日）

民胜利渠渠首各展点的修缮保护和文物保护。同时挖掘历史人物事迹，进行规划设计，加大宣传推介力度，把人民胜利渠暨嘉应观水情教育基地打造成为爱国主义教育基地。

水工程与水文化有机融合案例　2019年8月，人民胜利渠入选水利部第二届水工程与水文化有机融合案例，同年10月被中国灌区协会评为"最具时代精神的魅力灌区"，成为河南水利对外宣传的窗口和名片。

毛主席视察黄河休息室广场（2020年8月18日）

人民胜利渠渠首重点打造"两馆一闸两广场"，彰显红色文化。对灌区渠道、建筑物及其管理场所持续实施硬化、净化、绿化、文化等"四化"工程。在总干渠、干渠上，工程简介、温馨提示、安全警示标识及社会主义核心价值观、新时代水利精神、水利政策等宣传标语随处可见，在总干渠上还建成了语音播报系统，处处彰显独特的水文化氛围。

人民胜利渠通过打造具有自身特色的文化品牌，努力提升对外形象。一是设计完成人民胜利渠视觉识别系统，并广泛应用，增强干部职工水文化自信意识，增进社会公众对人民胜利渠品牌认知度；二是建成灌区信息化暨防汛抗旱指挥调度系统，开发人民胜利渠办公自动化系统，智慧灌区雏形初具；三是注重引黄灌溉科学试验和技术推广工作，获得国家科技进步奖1项、河南省部级科技进步奖7项、地厅级科技进步奖12项，获国家发明和实用新型专利10项，出版技术专著6部；四是编印《引黄灌溉济卫管理工作介绍》《人民胜利渠引黄灌溉三十年》《人民胜利渠引黄灌溉四十年》《人民胜利渠引黄灌溉50年》等书。同时，成立水利志愿服务队，宣传水法、水文化知识，提高全社会的水患意识、节水意识、维护河流健康生命的意识，引导灌区群众节约用水、科学灌溉。

视觉识别系统　　2015年7月22日，河南省人民胜利渠管理局正式启动为期1个月的面向社会公开征集徽标活动。所有从事艺术设计、形象战略、品牌发展的具有徽标设计经验的专业设计机构、文化艺术单位、传媒公司、广告公司、工作室等以及相关设计人员均可参加。通过面向社会公开征集，经河南省内知名专家评审推荐，由河南省人民胜利渠管理局研究决定，最后确定人民胜利渠视觉识别系统。此套系统于2015年12月17日完成设计并应用，在办公楼一楼门厅处设置有徽标为背景的迎宾墙，同时，徽标被广泛应用于茶杯、稿纸、笔记本、档案盒等办公用品上。

人民胜利渠徽标应用

标识整体采用书法"人"字为基本元素，汉字"人"代表人民胜利渠，又似奔流的干渠，体现了水利行业属性；"人"两侧图案为字母"V"，"V"代表胜利；黄色和绿色的组合犹如两只交互的手，寓意合作交流；黄色又寓意是黄河水，体现中华人民共和国引黄灌溉第一渠、"小黄河"主题；绿色代表农业和发展，渠从中间蜿蜒而过为大地带来勃勃生机；书法笔触代表了人民胜利渠悠久的历史人文，彰显管理局蓬勃发展、开拓创新的时代精神。另外，图中的红色代表了人民胜利渠是中华人民共和国成立之初在党的领导下兴建的第一个引黄灌溉工程，反映了人民胜利渠是诞生于火红的年代，成长在红旗下。

文献资料　1950年7月黄委写出《引黄灌溉济卫工程计划书》呈水利部转报政务院，并刊登于《新黄河》第9期。《引黄灌溉济卫工程计划书》分"提要、缘由、资料、工程规划、工程设计、工料估计、工费估计、施工程序、工程效益、附录"十部分内容，对工程做出了详尽的计划。

1952年，董在华创作《引黄灌溉济卫歌》，词曲优美流畅，在灌区广为传唱，历经70年岁月，仍余音绕梁。歌词如下：黄河为害自古至今，随着人民解放翻了身，勘测规划设计施工，开发黄河水利为人民。我们要引用黄水灌溉田地，增加生产保收成，我们要引用黄水接济卫河，畅通南北利航行；更削减洪水免生泛滥，保证下游无溃决发生！向着经济建设大道前进，创造那新黄河的光明。

1952年创作的《引黄灌溉济卫歌》

1959年《引黄灌溉济卫管理工作介绍》由河南省引黄灌溉济卫管理局编印，主要介绍了引黄灌溉济卫工程的建设过程。全书总结了自开灌以来人民胜利渠在灌溉增产、发展航运和水力发电等方面取得的巨大成就。收集了工程建设、灌溉管理、试验研究、泥沙处理、盐碱地改良等方面的重要资料。附录中收集了1958

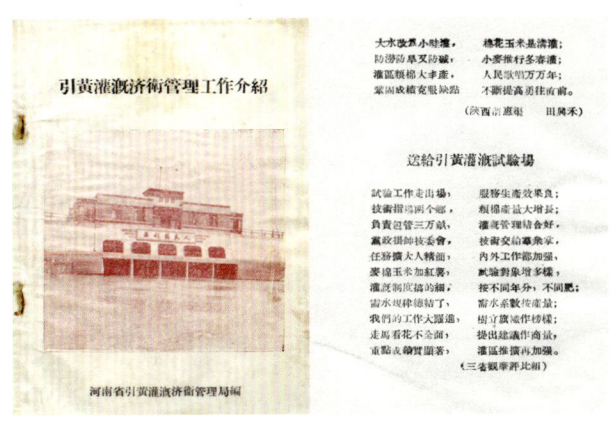

1959年编印的《引黄灌溉济卫管理工作介绍》

年农业部组织山东省、陕西省、河南省3省灌区观摩团进行观摩评比的情况。

1986年3月，《人民胜利渠引黄灌溉三十年》由水利电力出版社出版。全书介绍人民胜利渠建设30多年间，在灌区规划、设计、施工和运行管理过程中累积的丰富技术经验和科学试验资料以及与泥沙和土壤盐碱化作斗争的经验和教训。书中引用了大量的试验资料及研究成果，为农田水利工作提供了生动具体的教材。

1992年4月，《人民胜利渠引黄灌溉四十年》刊印。此书重点总结了1982—1992年人民胜利渠走过的历程，记述在长期的实践中形成的"灌排并举、渠井结合、沉沙改土，科学用水"灌溉模式，显示了引黄工程的优越性。

引黄灌溉三十年、四十年、五十年

1997年，黄河水利出版社出版的《灌区水盐监测预报理论与实践》，由河南省人民胜利渠管理局、国家重点科技项目黄淮海平原综合治理人民胜利渠灌区区域水盐运动监测预报课题组编著，著作利用人民胜利渠自1952年开灌起所积累的长期水盐运动观测资料，以及国家"六五""七五""八五"科技攻关项目所研究的水盐运动规律、水盐运动预报模型、实时预报等科研成果，对水盐监测预报从实践到理论进行系统总结和提高，对提高灌区水盐动态的预报精度及灌区用水管理优化调度应用上提供科学依据，同时也为黄河中下游引黄灌区水盐监测预报提供参考借鉴。

2002年，黄河水利出版社出版的《人民胜利渠灌区节水改造技术研究》针对灌区工程规划设计中存在的问题，从水土资源的合理开发利用、井渠结合的形式与布局、田间工程配套模式与灌排技术、泥沙处理方式和灌区水污染防治对策及建议五个方面进行研究，分析问题存在的原因并提出了解决问题的措施，使灌区节水改造规划在整体性、科学性、先进性与实用性方面更趋合理和完善，同时为从事灌区规划、管理、研究的科技及管理人员提供参考借鉴。

2002年3月，《人民胜利渠引黄灌溉50年》由黄河水利出版社出版。此书全面总结了人民胜利渠50年发展历程、沿革与人物。

2017年7月，河南省人民胜利渠管理局制作了名为《建设水情教育平台，传播引黄水利文化》的视频资料，时长14分钟。从人民胜利渠渠首闸、毛主席视察黄河休息室、万里黄河第一观"嘉应观"、人民胜利渠展览馆四个文化场馆设施，展示河南省人民胜利渠水情教育基地是以水利科普教育、治水兴水历史教育、红色文化教育为内容的综合水情教育基地。

2020年6月7日，制作《长风破浪会有时 直挂云帆济沧海——人民胜利渠灌区标准规范化管理掠影》视频，介绍了人民胜利渠管理局注重克服水利工程普遍存在的"重建轻管"问题，投入大量的人力、物力、财力，持续加大灌区水利工程管理维护力度。

媒体报道　1952年3月27日《人民日报》第2版登载的《引黄灌溉济卫工程试行放水效果良好》。4月12日，《平原日报》登载社论。4月17日《人民日报》第2版刊文：引题《引黄灌溉济卫第一期工程胜利完成》，主题《"人民胜利渠"已经正式放水》。

1976年11月3日，《河南日报》刊登文章《让黄河造福与人民》。

2002年4月16日，《河南日报》第3版刊文，标题《人民胜利渠开灌50年效益巨大》，小题《累计引水174亿立方米，生产效益103亿元》。4月17日，《新乡日报》第1版刊文：引题《引来黄河水，造福豫北人》，主题《人民胜利渠走过辉煌五十年》。4月17日《新乡广播电视报》第17期刊登文章：引题《兴利避害，再铸辉煌》，主题《人民胜利渠开灌50年座谈会隆重召开》，小题《全国政协副主席钱正英题词、水利部致贺信》。4月18日,《中国水利报》第1版刊文,标题《人民胜利渠开灌50年效益巨大》。

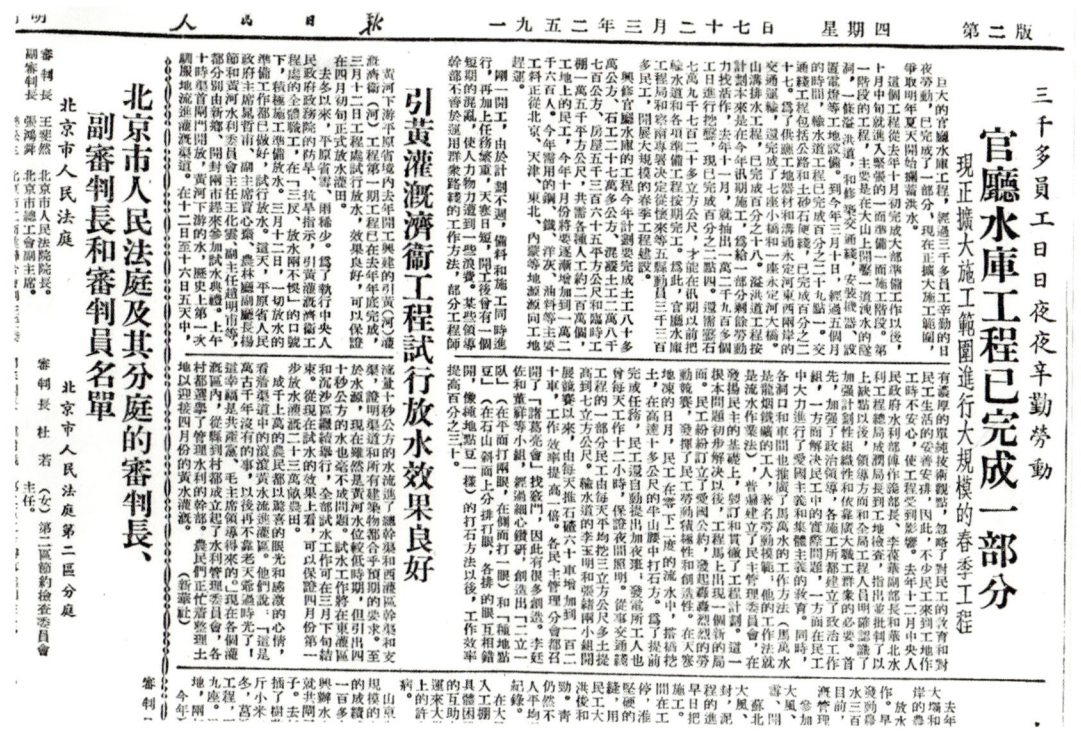

1952年3月27日《人民日报》报道人民胜利渠试放水情况

2009年1月8日,《平原晚报》发表文章河南省人民胜利渠管理局侧记《引得清泉润民心》;3月10日,《新乡日报》进行图片新闻宣传;3月17日,《新乡日报》发表文章《毛泽东主席视察人民胜利渠》;5月7日,《新乡日报》发表文章《人民胜利渠奏响人民胜利曲》。

2012年10月26日,《中国水利报》第7版全版专题刊登《黄河下游引黄灌溉的"胜利"旗帜》,10月30日,《河南日报》刊登《治黄历史上的一座丰碑》,写在人民胜利渠开灌60周年之际。11月1日,《河南日报》登载《人民胜利渠"胜利"开灌60年》。

2017年6月2日《焦作日报》第9版在"党报心 怀川情"栏目,登载《毛主席:"小黄河"上看安澜》。

2012年10月30日在《河南日报》发文纪念人民胜利渠开灌60周年

2018年10月，河南省人民胜利渠管理局组织10余家媒体30多人的新闻媒体采访团到人民胜利渠灌区开展黄河流域灌区纪念改革开放40周年"因河而美——美丽灌区"采访报道活动，10月27日《黄河报@生态周刊》刊发《黄河润中原，物阜粮丰产》《人民胜利渠：从胜利走向胜利》宣传报道改革开放40周年人民胜利渠灌区取得的成就。

2019年6月18日《大河报》刊载《永恒的记忆·党的奋斗足迹在河南·人民胜利渠：引黄灌区的一面旗帜》。

新媒体宣传 1991年，反映人民胜利渠引黄灌溉40年光辉成就的电视片《艰苦的历程，瑰丽的篇章》在河南电视台国庆专题节目中播出。

2007年4月19日，中央电视台纪录片《张光斗》摄制组到渠首分局拍摄外景。同年11月10日，中央电视台纪录片《命脉》摄制组到渠首分局拍摄外景。

2009年7月14日，中国黄河文化经济发展研究会、北京飞天影视中心《走

2018年10月27日《黄河报》宣传报道人民胜利渠灌区取得的成就

进黄河》摄制组在人民胜利渠拍摄;8月3日,中国影视中心、水利部、林业部、国家环境保护总局组成的《重读黄河》摄制组在人民胜利渠拍摄;9月18日,中央电视台新闻部到人民胜利渠拍摄《走遍中国》,在《新闻联播》中播出。

2018年10月21日,河南广播电视台,广电一号线微信公众号发布文章《黄河水　润中原》,介绍人民胜利渠。

2018年11月15日,中国水利网站发表文章《人民胜利渠:从胜利走向胜利》。

2019年9月25日,新乡市委市政府公众号发布文章《毛主席亲手摇开水闸!新乡这条渠缘何被冠以"人民胜利"之名?》。

为迎接中华人民共和国成立70周年,2019年6月,河南电视台、新乡电视台、《大河报》"建国七十周年纪录片拍摄组"到人民胜利渠取景采风,拍摄组深入田间地头、农民家中、基层站点,从人民胜利渠灌区几十年来的发展历程、科研成就、供水管理、工程效益等方面,宣传展示人民胜利渠开灌近70年来的风雨历程和卓越成就。

2018年10月21日河南广播电视台广电一号线微信公众号发布文章《黄河水 润中原》

2019年9月25日新乡市委市政府公众号发布文章《毛主席亲手摇开水闸！新乡这条渠缘何被冠以"人民胜利"之名？》

2019年11月18日，党建网微平台报道文章《毛泽东的黄河故事》。

2020年，治黄兴水文化代表——嘉应观和新中国第一个大型引黄自流灌溉工程——人民胜利渠代表河南亮相央视《国家宝藏》栏目推出的《"黄河之水天上来"国宝音乐会》。

2020年5月7日，腾讯网报道人民胜利渠文章，《"引黄灌溉济卫"：新中国首个大型灌溉工程》。

2020年9月17日，中国军网报道《人民胜利渠：走向新时代的胜利之路》。

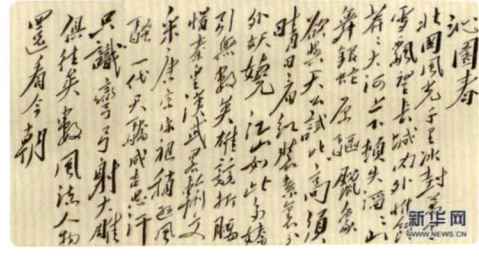

2019年11月18日党建网微平台报道文章《毛泽东的黄河故事》

【中国梦·黄河情】人民胜利渠：走向新时代的胜利之路

2020-09-17 11:35　　解放军报客户端·张晓君

初秋时节，"中国梦 黄河情——黄河流域生态保护和高质量发展"网络主题活动走进河南省人民胜利渠。闻其名，笔者已被深深吸引！这是一条怎样的水渠？何以被冠以"人民胜利"之名？

人民胜利渠渠首闸

新中国刚刚成立时，许多西方国家的水利专家在印度集会时曾断言"中国黄河无法治理，黄河流域下游及周边地区若干年后将会变成荒漠"。

就是在这样的历史背景和国际舆论下，1951年3月，经周恩来总理亲批，人民胜利渠工程正式开工建设。新中国水利专家张光斗院士亲自参与了渠首闸的设计，1952年3月第一期工程胜利竣工，4月12日举行了放水典礼。从正式开工建设到开闸放水，仅仅用了一年时间，中国人民便交出了漂亮的答卷。因而，建设者们将其定名"人民胜利渠"，寓意"人民的胜利"。人民胜利渠的成功宣告了新中国黄河治理初战告捷，在国内和国际上均产生了极其深远的影响。

河水奔涌润泽豫北

人民胜利渠建成后，拉开了黄河下游临黄地区大规模开发利用黄河水沙资源、发展引黄灌溉的序幕。据统计，改革开放40年来，人民胜利渠共引水225亿立方米，社会经济效益达247亿元。目前，灌区内每公顷土地年均粮食和棉花产量达到14250千克、1125千克，分别为开灌前的10.7倍和5倍，使豫北平原一跃成为全国闻名的商品粮生产基地。黄河水还催生了"原阳大米""延津小麦"等全国知名农业品牌，使灌区群众把香甜的饭碗牢牢端在了自己手里。黄河水送入"苦水区"后，人民

2020年9月17日中国军网报道

荣　　誉

人民胜利渠依托深厚的水文化、引黄文化，以党建引领文化发展，积极践行"节水优先、空间均衡、系统治理、两手发力"十六字治水思路，以"忠诚、干净、担当，科学、求实、创新"新时代水利精神为基调，努力进取，开拓创新，不断提高人民胜利渠品牌知名度，多项工作在水利行业走在前列。1990—2020年河南省人民胜利渠管理局重要荣誉称号见下表。

1990—2020年河南省人民胜利渠管理局重要荣誉称号

序号	荣誉称号	颁发单位	颁发时间
1	全国先进灌区、排灌泵站	水利部	1990年11月
2	部一级管理单位	水利部	1991年10月
3	先进灌区	水利部	1999年2月
4	部一级管理单位	水利部	2000年3月

续表

序号	荣誉称号	颁发单位	颁发时间
5	省级卫生先进单位	河南省爱国卫生运动委员会	2002年1月
6	全省水利系统文明单位	河南省水利厅	2002年6月
7	全国大型灌区精神文明建设先进单位	水利部农村水利司 水利部人事劳动教育司 水利部精神文明建设指导委员会办公室	2003年11月
8	省级卫生先进单位	河南省爱国卫生运动委员会	2007年1月
9	全省水利系统文明单位	河南省水利厅	2009年12月
10	全国水利财务工作先进集体奖牌	水利部	2010年8月
11	河南省文明单位	中共河南省委、河南省人民政府	2010年11月
12	河南省水利系统五一劳动奖状	河南省水利工会工作委员会	2014年4月
13	国家水利风景区	水利部	2014年9月
14	省级卫生先进单位	河南省爱国卫生运动委员会	2015年1月
15	河南省文明单位	中共河南省委、河南省人民政府	2016年2月
16	全省水利系统文明单位	河南省水利厅	2016年9月
17	河南省水情教育基地	河南省水利厅	2017年12月
18	水利安全生产标准化一级单位	水利部	2018年3月
19	第二届水工程与水文化有机融合案例	水利部精神文明建设指导委员会办公室	2019年8月
20	具有时代精神的魅力灌区	中国灌区协会	2019年10月
21	河南省大中型灌区标准化规范化一级管理单位	河南省水利厅	2019年12月
22	河南省文明单位	中共河南省委、河南省人民政府	2020年4月
23	河南省水利系统五一劳动奖状	河南省水利工会委员会	2020年6月

机 构 与 人 物

人民胜利渠灌区实行专业管理和群众民主管理相结合的管理体制。专业管理机构经历了黄委领导时期、新乡专署领导时期、新乡专署（地区）水利局领导时期、河南省水利厅领导时期，其间专管机构名称、隶属关系、职能、内设机构多次变更。民主管理组织自1952年灌区通水至20世纪八九十年代，都在持续稳定地发挥作用，1998年税费改革后基层有了灌区用水户协会，到2020年灌区用水户协会达到21家。

机　构

人民胜利渠灌区专业管理机构名称经历8次变更，至1986年5月，河南省水利厅成立"河南省人民胜利渠管理局"，属水利厅二级机构，延续至今。民主管理组织有：灌区代表大会和干（段）、支斗渠等的渠系管理委员会以及灌区用水户协会。灌区县水行政主管部门向乡镇派出水利站（所），指导乡村灌溉管理工作。水利站（所）同时受乡镇政府领导，组织辖区内大队（村）进行农田灌溉、渠道清淤、工程建设与维护、水费计收等工作，在灌区管理中发挥重要作用。

专业管理机构　人民胜利渠专业管理机构主要任务是：有计划地安排灌排渠系的管理和岁修养护、改建扩建，保持灌区工程（渠道、建筑物）及各种机械设备的完好状态；组织灌区群众管好水、用好水，推广先进灌水技术，提高灌溉水的利用率；组织对灌区泥沙、地下水、盐碱度等的观测和试验研究，并根据观测试验成果，采用适当措施改善灌区内土壤结构和肥力，防止土壤盐碱化和沙化；征收水费、植树绿化、开展多种经营，增加灌区收入；做好新技术推广和技术培训；总结推广群众经验和先进灌溉技术，以保持在水资源日趋紧缺形势下的可持续发展。

（1）引黄灌溉济卫工程处。1950年3月，黄河水利委员会引黄灌溉济卫工程处在新乡专区武陟县庙宫成立，内设办公室、工务科、规划设计科等科室，另设测量队，共有职工95人，韩培诚任处长，耿鸿枢任副处长。主要负责渠道、涵洞、桥梁等建筑物的规划、测量、设计、施工与所需材料购运等。具体任务是在京汉铁路黄河铁桥上游北岸建闸，引黄河水50立方米每秒，灌溉新乡县、获嘉县、汲县、武陟县、原阳县、延津县、新乡市等7个县（市）的农田4.8万公顷，同时为卫河补给水量，使新乡至天津900千米航道畅通，并能利用渠系跌差发电。

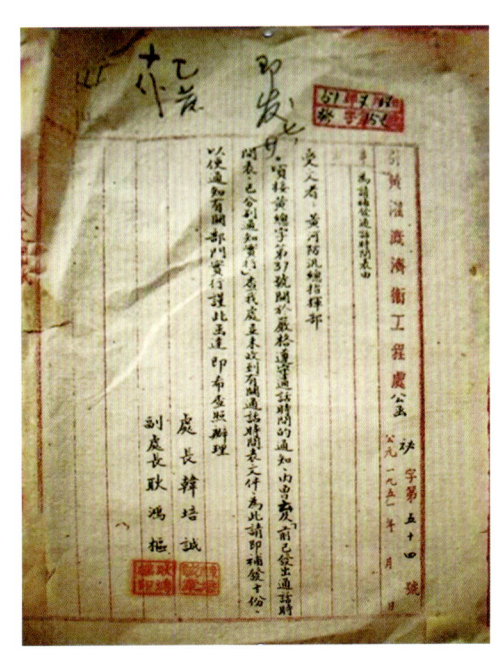

1951年引黄灌溉济卫工程处公函

（2）引黄灌溉济卫管理局。1952年3月引黄灌溉济卫第一期工程完工后，成立黄河水利委员会引黄灌溉济卫工程放水指挥部，下设东、西灌区分指挥部。

1953年1月，在放水指挥部的基础上，黄委呈请水利部批准，成立引黄灌溉济卫管理局，负责全灌区的灌溉济卫管理工作，直属黄委领导，行政上受新乡地委、专署领导，是国家水行政部门的专业管理机构。3月，引黄灌溉济卫管理局内设秘书、财务、工灌3个科；下设东一分局、东三分局、西一分局3个分局及渠首、何营、王井、田庄4个管理段和忠义引黄灌溉试验场、苗圃等直属单位。各分局内设秘书、工灌、财务3个股，共有职工283人，灌区实际灌溉面积4.83万公顷。这一阶段主要以渠系为主设立分局，分局下的管理人员按工作组形式驻在有关区乡。西一分局负责管理西灌区和白马灌区，东一分局负责管理东一、新磁及小冀灌区，东三

1953年5月4日引黄灌溉济卫管理局渠首段全体同志摄影留念

分局负责管理东二和东三灌区。总干渠及其所属的建筑物分别由4个段管理。渠首管理段设在渠首,何营管理段设在一号跌水,王井管理段设在二号跌水,田庄管理段设在三号跌水,忠义引黄灌溉试验场设在忠义。

(3)河南省引黄灌溉济卫管理局。1953年8月,黄河水利委员会将引黄灌溉济卫管理局移交给河南省人民政府,成立河南省引黄灌溉济卫管理局,归新乡地委、专署全面领导。

1954—1958年,为解决管理上存在的矛盾,经上级批准,撤销西一分局、东一分局、东三分局3个分局和总干渠渠首、何营、王井、田庄4个管理段,在保证渠

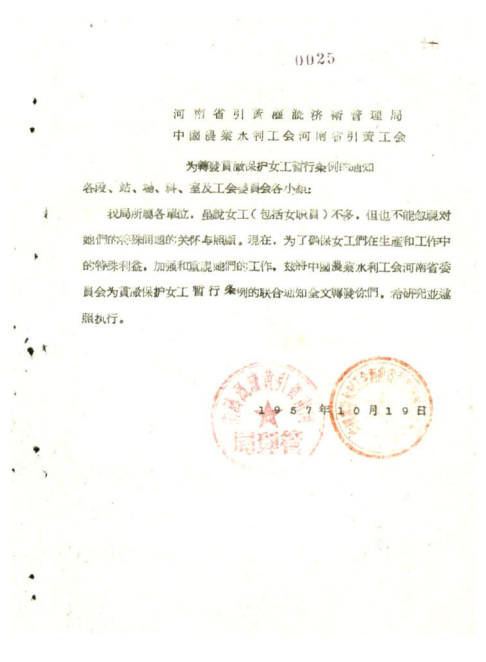

1957年10月19日河南省引黄灌溉济卫管理局通知文件

系完整的原则下，适当结合行政区划，成立渠首、何营、忠义、程遇、高庄、小冀、新乡、任庄、樊庄及汲县10个管理段。试验单位除忠义引黄灌溉试验场外又增设小河和丁村2个盐碱地改良试验组，管理局内建立土壤化验室。职工总人数为346人，其中管理局130人，各段合计216人。1954—1958年河南省引黄灌溉济卫管理局各管理段所辖范围见下表。

1954—1958年河南省引黄灌溉济卫管理局各管理段所辖范围表

单位	管理渠系范围	行政区划
渠首管理段	渠首闸，总干渠渠首到三号桥的渠道及渠首果园	武陟县
何营管理段	何营斗渠，白马斗渠，新磁支渠一～四斗渠，一号跌水，总干渠三～五号桥及泥沙区	武陟县七区
忠义管理段	西干渠一支渠、二支渠、干加斗渠、东一干渠干加斗渠，二号跌水，总干渠六～十六号桥	获嘉县四区
程遇管理段	西干渠三支渠、四支渠、干加斗渠，1956年后又增加西干渠五支渠、六支渠	新乡县三区 获嘉县五区
高庄管理段	新磁支渠五斗渠以下，东一干渠二支渠	原阳县六区
小冀管理段	东一干渠一支渠、小冀支渠，总干渠十七～二十三号桥	新乡县四区
新乡管理段	东二干渠干加斗渠。1956年后又增加东二干渠的一支渠、二支渠，总干渠二十四号桥～四号跌水	新乡县五区
任庄管理段	东三干渠一支渠、二支渠。1955年后增加东三干渠干加斗渠	新乡县六区
樊庄管理段	东三干渠三支渠，1955年后增加东三干渠六支渠	延津县五区
汲县管理段	东三干渠四支渠、五支渠	汲县四区、五区

（4）河南省引黄灌溉济卫管理局人民胜利渠分局。1958年，新乡专区、安阳专区合并为新乡专区。1958—1963年，相继修建了共产主义渠、武嘉灌区、原延封灌区、红旗灌区等引黄灌区。为适应形势发展，1958年5月，河南省引黄灌溉济卫管理局进行机构调整，撤销下设的10个管理段，成立河南省引黄灌溉济卫管理局人民胜利渠分局，分局内设人秘、财务、工灌3个科，下设东一、任庄2个管理段。河南省引黄灌溉济卫管理局下设人民胜利渠分局、温孟分局、原延封分局、卫东分局、武嘉分局、红旗分局6个分局和园林场、小冀段、何营电站、

河南省引黄灌溉济卫管理局共产主义渠分局园艺科全体职工合影

田庄电站、忠义引黄灌溉试验场、共产主义渠渠首段。内设灌溉、工程、办公、财务、水电、保卫、人事7个科室和工会。

1958年7月，本着精减机构、权力下放精神，分局、段只管总干渠和干渠，以下各级渠道由县、社管理，各县分别按渠系和区域成立了灌溉管理所。

1959年4月，撤销共产主义渠渠首段，成立河南省引黄灌溉济卫管理局共产主义渠分局，下设秘书科、工灌科、财务科、园艺科。

1959年7月，河南省引黄灌溉济卫管理局撤销，人民胜利渠分局隶属新乡专区水利局。1960年3月，中共新乡地委农村工作部批复专署水利局《关于武嘉分局与人民胜利渠分局合并的请示》，合并后，人民胜利渠分局设武嘉管理所，管理所人员按7人配备。1961年3月，小茶堡电灌站移交渠首园林场管理。4月，田庄水电站、东三干一、二、三号固定抽水站及三部流动抽水站由人民胜利渠分局统管。6月，人民胜利渠分局设置新乡、任庄、小冀、彦当、高庄管理段。

1962年3月，人民胜利渠分局内设办公室、人保科、灌溉科、财务科、工程治碱科，下设小冀、彦当、任庄、新乡、汲县5个管理段。6月，新乡专员公署水

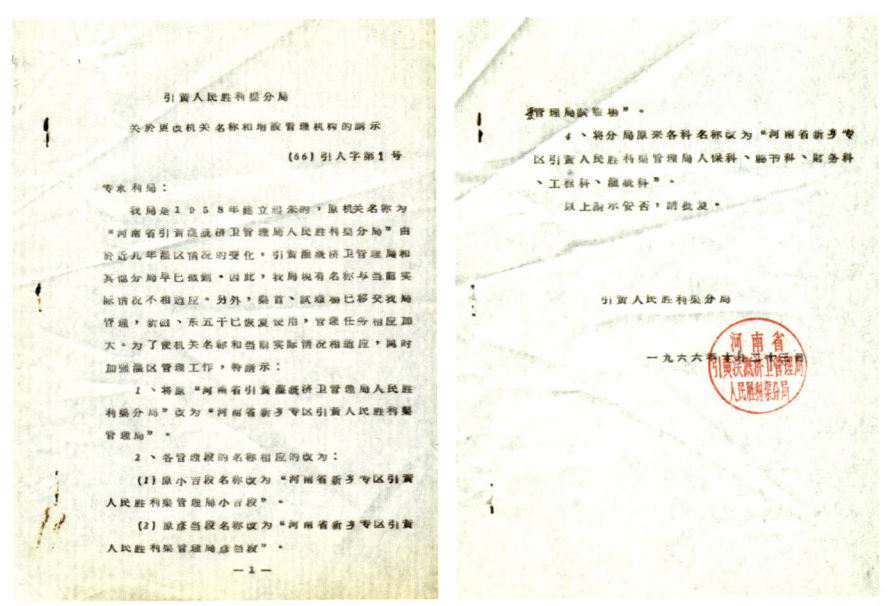

1966年10月23日河南省引黄灌溉济卫管理局人民胜利渠分局文件

利局秦厂园林场成立。1964年3月，卫河共产主义渠管理处将共产主义渠渠首闸前开荒地移交秦厂园林场。同日，人民胜利渠渠首闸、共产主义渠渠首闸移交秦厂园林场代管。

1966年8月，新乡专员公署水利局印发《关于明确人民胜利渠及共产主义渠渠道、闸等管理范围的通知》。人民胜利渠渠首自浆砌片石以下100米的渠道与闸上两岸树木及管理房10余间交人民胜利渠分局管理，一号枢纽及何营段全部移交人民胜利渠分局管理。

（5）河南省新乡地区引黄人民胜利渠管理局。1967年，新乡专区改名为新乡地区。1968年1月，人民胜利渠分局更名为河南省新乡地区引黄人民胜利渠管理局。10月，新乡地区革命委员会抽调原地直机关农林水战线280名干部职工、园林场93名干部职工，组成新乡地区引黄渠首"五七"干校革命委员会（简称"五七"干校）。

1963—1968年，随着灌溉面积逐渐恢复，人民胜利渠分局也恢复专管机构体制，收回下放的权力，分局下设小冀、新乡、高庄、彦当、何营等5个管理段，重建各项管理制度，管理人员增至146人。1963—1968年人民胜利渠各管理段所辖范围见下表。

1963—1968 年人民胜利渠各管理段所辖范围表

单位	管理范围
新乡管理段	东二干渠、东三干渠、东四干渠
小冀管理段	东一干渠一支渠、田庄斗渠、总干渠新乡县提灌站
高庄管理段	东一干渠二支渠、新磁支渠、祝楼支渠
彦当管理段	西一干渠、西三干渠
何营管理段	白马支渠、倒灌斗渠、总干渠武陟县提灌站

（6）河南省新乡地区引黄人民胜利渠服务站。1969年1月，河南省新乡地区引黄人民胜利渠管理局更名为河南省新乡地区引黄人民胜利渠服务站，仍属新乡地区水利局。下设新乡、武陟、获嘉3个分站，管理人员只留80人，支渠下放到公社管理，工作受到很大的影响。原新乡专区水利局何营水力发电站下放和何营管理段合并为武陟分站，原河南省新乡专员公署水利局忠义灌溉试验场和彦当管理段合并为获嘉分站，原新乡管理段、小冀管理段合并为新乡分站。1971年7月，共产主义渠渠首闸、张菜园闸移交新乡修防处。

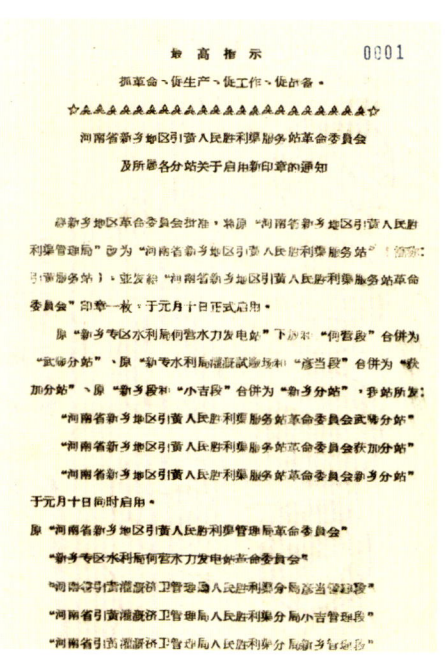
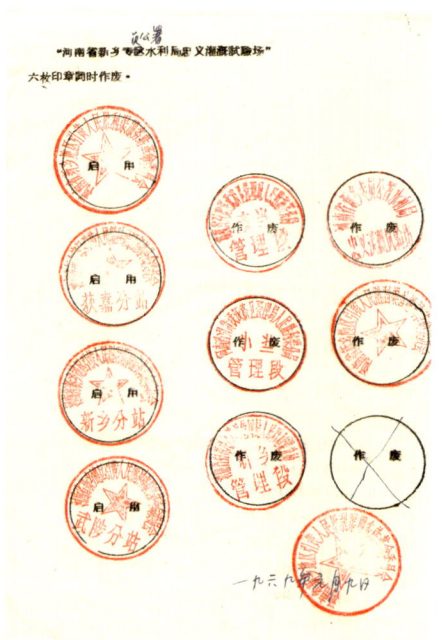

1969年1月河南省新乡地区引黄人民胜利渠服务站革命委员会文件

（7）河南省新乡地区引黄人民胜利渠灌溉管理局。1972年7月，河南省新乡地区引黄人民胜利渠服务站撤销，成立河南省新乡地区引黄人民胜利渠灌溉管理局，仍属新乡地区水利局。下设新乡、田庄、彦当、何营4个管理段。新乡管理段负责东二、东三两个灌区，田庄管理段负责东一、新磁两灌区，彦当管理段负责西一灌区，何营管理段负责渠首闸、沉沙区、白马支渠等。8月，撤销"五七"干校，成立新乡地区水利局渠首园林场。

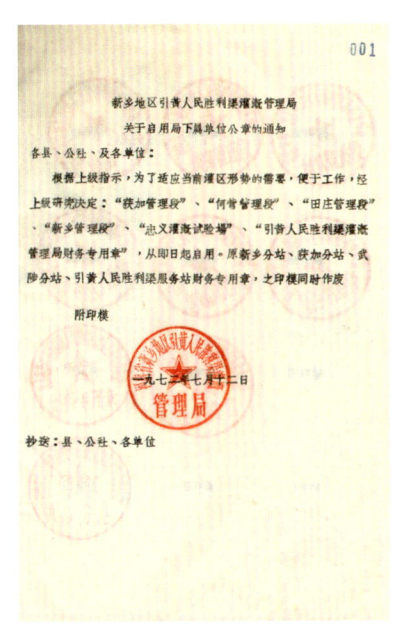

1972年7月河南省新乡地区引黄人民胜利渠灌溉管理局文件

1978年1月，河南省新乡地区引黄武嘉灌溉管理局成立。1979年3月，撤销河南省新乡地区引黄武嘉灌溉管理局，新乡地区引黄人民胜利渠灌溉管理局增设武嘉分局和东三分局，东三分局负责东三灌区，何营水电站恢复运行归何营管理段负责。

1980年1月，新乡地区引黄人民胜利渠灌溉管理局武嘉分局驻地迁至武陟县兴华路105号，位于武陟县城东部东仲许村南，武新公路北侧；9月10日，新乡地区引黄人民胜利渠灌溉管理局武嘉分局改为新乡地区引黄武嘉灌溉管理局。

1981年6月13日，人民胜利渠灌溉管理局增设新磁管理段，负责沉沙池和新磁灌区，增设渠首管理段负责渠首闸。

1984年3月，经河南省水利厅同意，河南省新乡地区引黄人民胜利渠灌溉管理局驻地从新乡县小冀乡迁入新乡市。8月，管理局设置办公室、人事科、灌溉科、工程科、财务科，并设置新乡、田庄、获嘉、新磁、何营、渠首6个管理段及试验场。东三干管理局设置人秘科、工灌科、财务科，下设汲县、延津、朗公庙3个管理段。12月，人民胜利渠灌溉管理局设保卫科，建立新乡地区引黄武嘉灌区综合经营公司。该阶段引黄人民胜利渠灌溉管理局有专业管理人员423人，其中行政干部39人、技术干部37人、正式职工140人、临时工207人。1985年1月，人民胜利渠灌

河南省人民胜利渠管理局机关（2010年9月）

溉管理局成立综合经营公司。

1986年2月，新乡地区撤销，新乡市辖新乡县、汲县、获嘉县、辉县、原阳县、延津县、封丘县、长垣县8个县，形成完整的市带县体制。3月，人民胜利渠灌溉管理局驻地由小冀镇搬迁到新乡市牌坊街76号。3月19日，新乡地区水利局与河南省水利厅签订《企事业单位移交书》，新乡地区引黄人民胜利渠灌溉管理局（包括新乡地区引黄人民胜利渠东三干管理局）、新乡地区引黄武嘉灌溉管理局、新乡地区渠首园林场整体移交给河南省水利厅。

（8）河南省人民胜利渠管理局。1986年5月28日，根据中共河南省委关于"原新乡地区水利局所属人民胜利渠管理局、武嘉灌溉管理局、人民胜利渠渠首园林场，由河南省水利厅管理"的决定，河南省水利厅成立"河南省人民胜利渠管理局"，属水利厅二级机构。下设河南省人民胜利渠管理局武嘉分局、河南省人民胜利渠管理局东三干分局、河南省人民胜利渠管理局渠首分局。河南省人民胜利渠管理局主要负责灌区范围内8个县、区的农业灌溉用水，在水源可能的情况下，尽量向新乡市工矿企业和城市人民生活提供水源，搞好渠道堤防和涵闸、桥梁等建筑物的管理维修等任务。

1987年3月16日，河南省编制委员会批复同意，河南省人民胜利渠管理局为处级，事业编制243名。下属3个分局：河南省人民胜利渠管理局东三干分局，为副处级，事业编制50名；渠首园林场，与渠首闸合并成立河南省人民胜利渠管理局渠首分局，为副处级，事业编制人员125名；河南省人民胜利渠管理局武嘉分局，为副处级，事业编制人员90名。

1987年6月30日，河南省水利厅批复同意，河南省人民胜利渠管理局设置办公室、政治工作办公室（含劳动人事、保卫）、计划财务科、灌溉管理科、工程科（对外为勘测设计室）、引黄科学研究试验中心、综合经营科7个正科级单位；工程队、新乡管理段、获嘉管理段、田庄管理段、何营管理段、新磁管理段6个副科级单位。武嘉分局设置办公室（含劳动人事、保卫）、计划财务科（含综合经营）、工程科、灌溉科、宝村管理段、谢旗营管理段、徐营管理段、十里铺管理段8个副科级单位；东三干分局设置办公室（含劳动人事、保卫）、计划财务科（含综

河南省人民胜利渠管理局节水灌溉试验站（2011年3月）

合经营）、工程灌溉科、朗公庙管理段、汲县管理段、延津管理段6个副科级单位；渠首分局设置办公室（含劳动人事、保卫）、计划财务科、经营管理科、工程灌溉科4个副科级单位。8月，河南省人民胜利渠管理局引黄科学研究试验中心成立，原试验场归科研中心管理。

1990年3月6日，河南省人民胜利渠管理局决定成立监察室，各分局可设监察员1人，由负责纪检工作的人员兼任。1991年8月22日，河南省人民胜利渠管理局成立老干部科。1993年7月22日，撤销武嘉分局工程科、灌溉科，成立武嘉分局工灌科、综合经营科。

1995年12月28日，河南省机构编制委员会批准，保留河南省人民胜利渠管理局。规格相当于处级；事业编制人员508名（含武嘉分局事业编制人员90名；东三分局事业编制人员50名；渠首分局事业编制人员125名），其中局领导职数5名。三个分局规格均相当于副处级，领导职数各2名；经费实行自收自支。

河南省人民胜利渠管理局获嘉管理处（2016年9月8日）

1997年5月4日，河南省水利厅根据河南省机构编制委员会办公室批准文件，确定河南省人民胜利渠管理局主要任务：负责人民胜利渠系的工程管理和水量调配。规格相当于处级。确定机构设置和人员编制为：河南省人民胜利渠管理局设置党委办公室、办公室、人事劳动科、计划财务科、水政灌溉科、工程科（挂勘察设计室牌子）、综合经营科、保卫科、离退休职工管理科9个内设机构，设置新乡管理处、何营管理处、获嘉管理处、新磁管理处、田庄管理处、工程队、引黄科学研究试验中心7个二级机构，规格相当于科级。河南省人民胜利渠管理局下设武嘉分局、东三干分局、渠首分局，规格相当于副处级。武嘉分局设置办公室、计划财务科、工程灌溉科、综合经营科4个内设机构，设置宝村管理段、谢旗营管理段、徐营管理段、十里铺管理段4个二级机构，规格相当于科级。东三干分局设置办公室、计划财务科、工程灌溉科3个内设机构，设置朗公庙管理段、延津管理段、李元屯管理段3个二级机构，规格相当于科级。渠首分局设置办公室、计划财务科、工程灌溉科、经营管理科4个内设机构，规格相当于科级。河南省人民胜利渠管理局事业编制人员508名（含武嘉分局事业编制人员90名；东三干分局事业编制人员50名；渠首分局事业编制人员125名），经费实行自收自支。河南省人民胜利渠管理局处级领导职数5名，科级领导职数37名（含总工程师、工会副主席、监察员各1名），其中正科级不超过19名；武嘉分局副处级领导职数2名，科级领导职数19名（含副局长2名），其中正科级不超过10名；东三

河南省人民胜利渠管理局渠首分局（2011年5月）

干分局副处级领导职数2名,科级领导职数12名(含副局长2名),其中正科级不超过8名;渠首分局副处级领导职数2名,科级领导职数13名(含副局长2名),其中正科级领导职数不超过6名。

1998年3月13日,设置总会计师职位,增加正科级职数1名。2001年9月17日,成立河南省人民胜利渠管理局水政监察支队。原水政灌溉科更名为灌溉科。

2008年12月10日,河南省实施水利工程管理体制改革,河南省机构编制委员会批复同意,河南省人民胜利渠管理局(含武嘉分局、渠首分局、东三分局)主要负责人民胜利渠灌区、武嘉灌区渠系水量调配和灌区排涝任务。机构规格相当于处级,事业编制人员274名(含武嘉分局49名、渠首分局25名、东三分局45名),其中领导职数5名,经费实行全额预算管理。自收自支事业编制人员147名(含武嘉分局26名、渠首分局36名、东三分局15名)。武嘉分局、渠首分局、东三分局机构规格均相当于副处级,领导职数各2名。

河南省人民胜利渠管理局田庄管理处(2016年12月8日)

同年12月15日，河南省机构编制委员会、河南省水利厅批复确定河南省人民胜利渠管理局的职责任务、机构设置和人员编制为：主要负责人民胜利渠灌区、武嘉灌区渠系水量调配和灌区排涝任务。河南省人民胜利渠管理局机构规格相当于处级，根据职责任务，设置党委办公室、行政办公室、财务资产管理科、人事劳动科、技术工程管理科、灌溉管理科、水政监察支队、离退休职工管理科8个内设机构；设置新乡管理处、何营管理处、获嘉管理处、新磁管理处、田庄管理处、节水灌溉试验站6个二级机构，规格相当于正科级；河南省人民胜利渠管理局下设武嘉分局、渠首分局、东三分局，机构规格相当于副处级。武嘉分局设置办公室、财务资产管理科、工程灌溉科3个内设机构；设置宝村管理处、谢旗营管理处、徐营管理处、十里铺管理处4个二级机构，规格相当于正科级。渠首分局设置办公室、财务资产管理科、工程灌溉科3个内设机构，规格相当于正科级。东三分局设置办公室、财务资产管理科、工程灌溉科3个内设机构；设置朗公庙管理处、延津管理处、李元屯管理处3个二级机构，规格相当于正科级。河南省人民胜利渠管理局处级领导职数5名，科级领导职数38名（含总工程师、总经济师、总会计师、工会副主席、纪检监察员各1名），其中正科级职数不超过19名；武嘉分局副处级领导职数2名，科级领导职数15名（含副局长2名），其中正科级职数不超过9名；渠首分局副处级领导职数2名，科级领导职数8名（含副局长2名），其中正科级职数不超过5名；东三分局副处级领导职数2名，科级领导职数12名（含副局长2名），其中正科级职数不超过8名。

2012年8月8日，河南省机构编制委员会办公室、河南省水利厅下发文件，在河南省水利厅所属事业单位清理规范中，保留河南省人民胜利渠管理局，机构规格相当于正处级，事业编制人员421名，其中财政全额拨款编制人员274名（含武嘉分局49名、渠首分局25名、东三分局45名），其中处级领导职数5名；经费自理编制人员147名（含武嘉分局26名、渠首分局36名、东三分局15名）。河南省人民胜利渠管理局武嘉分局、渠首分局、东三分局机构规格相当于副处级，领导职数各2名。

2013年12月25日,河南省机构编制委员会办公室发文,河南省人民胜利渠管理局确定为从事公益服务的公益一类事业单位。

2016年4月13日,河南省水利厅批复同意,撤销河南省人民胜利渠管理局东三分局李元屯管理处,增设河南省人民胜利渠管理局经营管理科(正科级)。

2019年8月31日,撤销河南省人民胜利渠管理局渠首分局财务资产管理科,其管理职能合并至渠首分局办公室(正科级)。设置河南省人民胜利渠管理局总干渠管理处(正科级),其主要职能为总干渠运行管理与维修养护。

河南省人民胜利渠管理局新磁管理处(2019年12月26日)

民主管理组织　人民胜利渠灌区的民主管理组织有:灌区代表大会和干(段)、支斗渠等的渠系管理委员会。灌区代表大会设有专门管理机构和遍布灌区各乡、村的基层管理组织,形成专管与群管相结合的民主管理体制。1998年税费改革后在基层有灌区用水户协会。

(1)灌区代表大会。人民胜利渠灌区代表大会是灌区的最高权力机构,讨论决定有关灌区的重大事宜。灌区代表大会由地区和灌区专管机构的领导和灌区范围内有关地（市）、县、公社（乡）、队（村）的代表和管理工作中的模范人物组成。灌区管理委员会是灌区代表大会的常设机构。闭会期间由其产生的灌区管理委员会行使代表大会权力，灌区管理委员会办公室设在专管机构负责日常工作。

灌区代表大会的职责是：①根据上级指示，审查灌区管理部门的工作计划和报告，对灌区内的管理制度、用水制度、水费征收、较大工程的改建等重大问题做出决定。②反映群众对灌区工作如灌溉用水、工程维修配套和改建扩建、水费征收和其他工作的意见和要求，审查管理部门的工作报告和计划。③交流与推广灌区各项工作的先进经验。④推选并产生新一届灌区管理委员会。

灌区代表大会作为灌区组织管理中的民主管理组织，受到水利部和上级有关管理部门的重视和大力支持，水利部、农业部、中国科学院、中国民用航空中南地区管理局、河南省水利厅及新乡、洛阳及安阳专署等单位领导莅会指导，召开灌区代表大会时，包括灌区内的武陟县、原阳县、获嘉县、新乡县、延津县、汲县等县的县长、公社（乡）的水利、农民，以及郊区、卫河航运办和引黄灌溉济卫管理局等代表参加。

灌区管理委员会灌区代表大会从1952年召开第一次会议，至1988年共召开13次，每次会议名称随专业管理机构名称变更而不尽相同。其根据各管理部门的工作计划、制度建设和工程扩建配套等情况，基本上2~3年召开一次。

（2）人民胜利渠灌区管理委员会。人民胜利渠灌区管理委员会由灌区代表大会选举产生，是灌区代表大会的常设机构，在灌区代表大会闭会期间代行大会权力。人民胜利渠灌区管理委员会下设办公室，负责大会日常工作，办公室设在专管机构。

1952—1985年，人民胜利渠灌区管理委员会成员由专区（地区）行署领导和专管机构的领导任正副主任委员，从1986年2月新乡地区行署撤销后，其成员由河南省水利厅、新乡市、安阳市、焦作市和专管机构领导任正副主任委员，有关县（市、区）、公社（乡、镇）的代表任委员。

人民胜利渠灌区管理委员会的职责是：①宣传贯彻执行灌区代表大会的各项

决议及制定的规章制度。②编制执行用水计划，做好配水和量水工作。③根据农时和农村中心工作的安排，恰当地组织群众对渠道、建筑物和田间工程的整修养护，管好灌排渠道。④组织发动群众护好渠，浇好地，推广各种管理和用水的各项经验和技术。⑤落实灌溉面积，结清水账，征收水费。⑥负责组织、召集下届灌区代表大会，并向大会报告本届人民胜利渠灌区管理委员会的工作。

人民胜利渠灌区管理委员会或扩大灌区管委会，每年要召开1～2次。一般在重要灌水前开会研究配水计划，制定实施措施；年前开会，进行本年度工作总结，下年度工作安排。

1952—1957年召开的5次灌区代表大会，决议内容涉及协调卫河航运与农业灌溉用水，推进引黄灌溉与农业耕种技术相结合，摸索改良盐碱地的办法，推行计划用水和分水公约，试行和推广贯彻了征收水费政策，要求贯彻分级管理制度和"民办公助"及合理负担政策等方面，为做好计划用水和渠道及建筑物养护工作创造了基础。5次灌区代表大会不断总结经验，逐步建立健全人民胜利渠灌区管理委员会与乡的水利组织机构，为以后灌区民主管理组织形式打下了良好的基础。之后的代表大会对计划用水、用水管理制度、水费计收、渠道维修、土地平整、防止土地盐碱化、济卫航运、加强试验研究、提高水的利用率、田间灌水技术、节水灌溉等问题进行讨论研究，提出决议，按照各个时期不同的治水方针，制定和完善灌区的管理制度。

（3）渠系管理委员会。人民胜利渠灌区管理委员会以下按渠系设有干渠管理委员会、支渠管理委员会、斗渠管理委员会。各级渠系管理委员会可根据工作需要，不定期召开会议，一般在每次灌水前开会研究配水计划，制定实施措施。

各级渠系管理委员会的职责是：①宣传贯彻执行灌区代表大会的各项决议及规章制度。②编制执行用水计划，做好配水和量水工作。③安排各级农时和农村中心工作，组织群众对渠道、建筑物和田间工程的整修养护，管好灌排渠道。④组织发动群众护好渠、浇好地，推广管理和用水的各项经验和技术。⑤落实灌溉面积，结清水账，征收水费。

干渠管理委员会由所在县主管副县长、分局（管理处、段）的领导，任正、副主任委员，管理处（段）、受益社（乡）、镇的代表任委员。

各支渠设有支渠管理员（由管理局派出），斗渠设斗长（斗长由斗渠管委会选举产生，灌区管理委员会批准），农渠设农长［由受益大队（村）指定专人负责］，相互配合工作。

斗渠管理委员会既是基层管理单位，又是基本配水单位。斗渠管理委员会工作非常具体，灌区的各项管理制度和计划主要通过它贯彻执行，灌区的基本数据及各种经验主要通过它取得。

人民胜利渠灌区基层管理组织可分为按行政区划设立的公社（乡、镇）、大队（村）管理组织、渠系管理组织和农民用水户协会等形式。到1980年前后，公社普遍建立了水利站。大队（村）设水利组或水利专管员，浇地时有浇地队，浇地队设有队长。专管机构派出驻乡管理员，监督、指导、协调乡村灌溉管理工作，支渠管理员，斗、农渠和机井设置的斗长、农长、井长等相互配合。

公社下属的水利专业队（或称管理专业队，护渠专业队），是基层管理组织的一种形式，直属公社领导，负责支渠的用水管理和工程养护，人员工资由水费留成开支或利用生产基地种植蔬菜、水利建设搞混凝土预制件生产等开展多种经营创收，作为水利建设资金，来弥补经费的不足部分。

斗农长的职责是：①宣传、贯彻、执行灌区代表大会的决议和制度。②落实各大队（村）的灌溉面积、作物种植比例，做好配水准备。③指导、协助各大队（村）做好田间工程的修建和岁修养护，按沟畦规格修整土地。④在斗农渠和建筑物的整修、养护、配套及渠道清淤等工作中，组织调配劳力，做到各队（村组）所承担的任务与其受益情况大体平衡。⑤协助各大队（村）建立健全护渠队、浇地队等组织，并根据各大队（村）受益情况划定护渠责任段。⑥灌水前作好用水计划。确定轮灌次序，用水时间、浇地面积以及用水量。灌水期间做好配水及量水。灌水后，落实实灌面积、用水量及浇地效率并报管理部门。⑦征收水费。

（4）灌区用水户协会。随着农村经济体制改革的推进，特别是1998年实行税费改革后,乡(镇)水利站所对支渠、斗渠管理委员会的领导、指导职能大大弱化,支渠、斗渠管理委员会名存实亡,造成"有人用水、无人缴费,有人灌溉、无人管理"的混乱局面,末级渠系管理出现真空期。

为适应形势的变化,人民胜利渠管理局决定对灌区支渠以下工程管理体制进行改革。1998年3月,人民胜利渠管理局组织机关及其下属单位主要负责人17人到泾惠、宝鸡峡、都江堰等大型灌区进行考察学习,了解国内大型灌区改革动态,学习改革经验。1999年3月,人民胜利渠灌区召开灌区管理委员会扩大会议,管理局领导介绍末级渠系管理体制改革的思路和模式,并提出支渠以下(含不跨乡支渠)工程管理体制改革和推行农民用水户协会的意见,经会议研究通过,印发《关于灌区支渠以下工程管理体制改革和推行用水户协会问题的通知》。

西高农民用水户协会(2011年3月)

按照"先搞试点,逐步扩大"的改革思路,从灌溉用水条件较好的乡镇入手,在上游灌区新磁灌区西高灌溉所辖区成立西高农民用水户协会,1999年5月17日在新磁灌区西高灌溉所召开大会。大会通过了《协会章程》《水费计收和灌溉管理办法》草案,产生协会执行委员会主任、副主任、委员。协会办公地点在新磁管理处西高灌溉所。这是河南省人民胜利渠灌区的第一个农民用水户协会。

西高农民用水户协会最高权力机构为协会代表大会。协会常设管理机构为执行委员会，执行委员会委员共计48名。执委会常务委员会（5人组成）负责协会的日常工作。协会下设20个用水组（用水组由3~5人组成，原则上以行政村为单位）。协会遵照《西高农民用水户协会章程》运作，根据协会《水费征收和灌溉管理办法》进行灌区用水管理、田间工程管护、水费收缴。西高农民用水户协会辖区位于新磁干渠二分干下游，有分干渠1条，斗、农渠76条，涉及2县3乡20个行政村7600户，实灌面积1900公顷。

在西高用水户协会的带动下，灌区内其他分局和管理处也根据各自的不同情况，相继开始着手农民用水户协会组建工作，或为成立协会创造条件，积极做好相关准备工作。

2005年11月水利部、国家发展和改革委员会、民政部联合发布《关于加强农民用水户协会建设的意见》，人民胜利渠灌区决定在灌区内全面推行用水户协会，得到地方政府大力支持和灌区农民群众的积极响应。2006年又成立用水户协会6个，另外还成立了乡（镇）供水公司等类似用水户协会的组织。1999—2006年底，共成立21个用水户协会，其中注册14个。协会管辖范围内人口34.33万人，农户6.91万户，控制灌溉面积1.86万公顷。1999—2006年灌区农民用水户协会统计见下表。

1999—2006年灌区农民用水户协会统计表

单位	用水户协会/个	已注册用水户协会/个	参与农户数量/户	管理灌溉面积/公顷
新磁管理处	2	2	11100	2727
获嘉管理处	7	4	17100	4687
何营管理处	1	0	3100	400
东三分局	6	6	21700	7400
新乡管理处	2	0	7800	826
田庄管理处	3	2	8300	2600
合计	21	14	69100	18640

灌区用水户协会兼顾行政区划及渠道灌溉单元组建，每个用水户协会一般管辖支渠1~2条，斗、农渠30~80条，灌溉面积500~2000公顷，区内人口1万~3万人，用水户2500~8000户。协会工作人员为：会长1人，副会长1~2人，技术人员1人，会计1人。协会下设7~20个用水组，用水小组一般配备2~3人协调管理，另外根据实际情况雇用临时护渠人员。

农民用水户协会在民政部门注册登记，具有法人资格，独立核算，自负盈亏，依照协会章程和协会管理条例运作。

农民用水户协会成立后，改变了有人用水、无人管理、无人缴费的局面，在加强工程管理、优化配水、科学计量、强化服务意识、收取水费方面发挥了积极作用。但经过几年的运行也暴露出协会组织尚不完善、运行费用有限、末级渠系先天投入不足、缺乏有效的投入机制、管理成本增加、水费收缴缺乏有效制约手段等问题。由于以上多种原因，用水户协会经费困难，难以为继，大部分用水户协会随之解散。

人　　物

人物主要记录在人民胜利渠任职的党政正职，按照生不立传的原则，故世人物立传，在世人物作简介；人物名表中的管理局行政班子成员自1950年开始记录，其余均自1986年划归河南省水利厅后，由水利厅任命的人员。

人物传记　马诚谦（1904—1987年），男，山东省鱼台县人，中共党员。1939年参加工作，1952年1月任引黄灌溉济卫工程试水指挥部副指挥，3月任引黄灌溉放水指挥部指挥长；1953年1月任引黄灌溉济卫管理局局长、书记；1960年2月，任中共新乡专署水利局第二任支部委员会副书记；6月24日，任中共新乡地委、专署防汛指挥部办公室副主任；1961年5月任中共新乡专署水利局首届委员会书记；1961年12月任新乡专署水利局副局长；1964年3月30日至4月16日，新乡市建立国家黄淮海平原旱涝碱治中心（又称豫北水利土壤改良试验站），

牛立峰（右二）在人民胜利渠指导施工

马诚谦任站长；1973年5月任新乡地区水利局局长；1978年4月任新乡地委水利局局长；1979年4月任中共新乡地革委水利局委员会书记；1980年1月，任中共新乡地区水利局委员会书记、新乡地区水利局局长。

1985年7月离休，享受地专级待遇。一生致力水利事业，被水利部授予"献身水利事业30年"荣誉勋章。马诚谦逝世后，遵照他生前遗愿，家人将他的骨灰安葬在人民胜利渠渠首闸附近。

牛立峰（1921—1987年），男，山西省长治县任家庄人，1938年6月参加山西省牺牲救国同盟会，走上革命道路，同年7月加入中国共产党。1955年5月，调任河南省引黄济卫灌溉管理局局长。领导完成人民胜利渠各项扩建工程，为灌区正规化打下坚实的基础。在人民日报上发表了《引黄灌溉区的今天和明天》。

1976年先后担任河南省农业机械局局长、河南省农业局局长。1978年党的十一届三中全会以后，担任中共新乡地委书记、新乡地委第一书记。1980年10月，因视力日益恶化，主动向省委提出，不再担任地委第一书记职务，任中共新乡地委顾问组组长。

1987年3月，与刘好智主编的《人民胜利渠引黄灌溉三十年》一书由水利电力出版社正式出版。先后获国家"六五"科研项目——黄淮海平原综合治理与开发课题攻关奖、省绿化委员会颁发的绿化中州奖、河南省水利厅颁发的人民胜利渠灌区技术改造工程奖。去世以后，按照他的遗愿，骨灰安葬在人民胜利渠一号枢纽工程附近。

赵金盈（1917—1967年），男，河南省汲县东拴马公社水峪村（现卫辉市狮豹头乡水峪村）人，1943年5月加入中国共产党。1958年5月至1959年7月任河南省引黄灌溉济卫管理局人民胜利渠分局副局长、中共河南省引黄灌溉济卫管理局人民胜利渠分局支部书记；1959年7月至1962年7月任河南省引黄灌溉济卫管理局人民胜利渠分局局长、中共河南省引黄灌溉济卫管理局人民胜利渠分局总支委员会书记；1962年7月至1967年12月任新乡专署水利局副局长、中共新乡专署水利局第二任委员会副书记。1967年12月病故。

苏志高（1921—1992年），男，山西省高平县拥万乡平头村人。1942年10月参加工作，1945年1月加入中国共产党。1951年10月参加治淮工程以后，一直从事水利工作，参加了白沙水库、薄山水库和泥河洼等治淮工程建设，1962年6月任河南省引黄灌溉济卫管理局人民胜利渠分局局长，为了抗旱，在寒冬亲自扛着竹竿从渠首打冰到二号跌水，保证了群众引水浇麦。1970年为发展山区水利，组建新乡地区引沁灌溉管理局。1973年5月任新乡地区水利局局长。1982年，在抗洪抢险的斗争中，被评选为河南省抗洪抢险劳动模范。获水利部"献身水利事业30年"荣誉勋章。1985年2月离休。

屈存兴（1925—2011年），男，河南省博爱县苏家作乡寨卜昌村人，1947年7月加入中国共产党。1971年12月至1972年7月，任河南省新乡地区引黄人民胜利渠服务站革命委员会主任；1972年7月至1979年1月任河南省新乡地区引黄人民胜利渠灌溉管理局革命委员会主任、党支部书记；1979年1月至1983

年1月，任修武县委书记；1983年1月至1985年5月任新乡地区财委副主任、研究中心副主任、党组成员。1985年5月离休，享受地专级待遇。

彭以忠（1922—1986年），男，山东省鄄城县田楼村人。1947年3月参加革命工作，1949年3月加入中国共产党。1965年10月至1966年12月任河南省引黄灌溉济卫管理局人民胜利渠分局副局长；1974年1月至1979年2月任河南省新乡地区引黄人民胜利渠灌溉管理局革命委员会副主任；1979年2月任河南省新乡地区引黄人民胜利渠灌溉管理局局长、中国共产党新乡地区引黄人民胜利渠灌溉管理局总支委员会书记，1984年5月离任。

李廷然（1933—2019年），男，河南省修武县东李庄村人，中共党员。1951年10月参加工作，1952—1956年先后在延津县、获嘉县工作；1956年4月至1960年9月先后在原阳县百货公司、商业局任股长、科长；1960年9月至1965年7月在原阳县委组织部任干事；1965年7月至1969年7月在新乡地区水利局人保科任副科长；1969年7月至1984年5月在新河农场任中队长、场长、党委副书记；1984年5月至1987年4月任中国共产党新乡地区引黄人民胜利渠灌溉管理局总支委员会书记。1993年7月退休。

马荣茂（1935—2005年），男，河南省新乡县朗公庙公社马堤村人。1951年11月参加工作，1955年12月加入中国共产党。1987年4月至1995年3月任中共河南省人民胜利渠管理局委员会书记。工作期间，他深入管理段、灌区乡村，搞调查、做研究，积极探索灌区改革创新，人民胜利渠灌区年供水量达7亿立方米，创灌区正常灌溉下的最好记录，灌区被水利部授予"部一级管理单位""全国先进灌区、排灌泵站"等荣誉称号。1995年3月退休。

人物简介　吴卫梁，男，生于1934年7月2日，江苏省无锡市人。1958年8月考入武汉水利学院，在农田水利系土壤改良专业学习，本科学历。1980年11月加入中国共产党，1984年任河南省豫北水利工程管理局局长、党委书记；1986年11月任河南省人民胜利渠管理局局长、党委副书记。1994年7月退休。

李修印，男，生于1943年12月，河南省封丘县人。1966年7月参加工作，

1966年毕业于武汉水利电力学院河川枢纽及水电站建筑专业；1970年9月加入中国共产党；1975年毕业于华东水利学院工程力学专业，正高级高级工程师，本科学历。1994年6月任河南省人民胜利渠管理局局长兼党委副书记；1996年5月任党委书记；1999年12月兼任河南省人民胜利渠管理局灌区节水改造工程建设管理局局长。2004年3月退休。

王卫民，男，生于1958年12月，河南省尉氏县人。1976年10月参加工作，黄河水利职业技术学院陆地水文专业毕业，大专学历，高级工程师。1986年10月加入中国共产党，2004年2月在河南省人民胜利渠管理局工作，任局长、党委书记，同年5月，兼任河南省人民胜利渠管理局灌区节水改造工程建设管理局局长；2010年6月任河南省人民胜利渠管理局局长、党委副书记；2012年5月在河南省石漫滩水库管理局工作，任党委书记、副局长。

李世军，男，生于1964年7月，河南省禹州市人，1984年7月参加工作，河海大学管理工程专业毕业，本科学历，高级工程师。1991年5月加入中国共产党，2012年5月至2019年11月任河南省人民胜利渠管理局局长、副书记；2019年11月任河南省农田水利水土保持技术推广站站长。

卢凤民，男，生于1968年7月，河南省孟州市人，1991年6月郑州大学法律系经济法专业毕业，本科学历，法学学士学位，高级政工师。1991年7月在河南省人民胜利渠管理局参加工作，1996年12月加入中国共产党。1998年8月至2003年5月任局监察员（副科）；2003年5月至2007年7月任局监察员（正科）；2007年7月至2016年2月任局纪律检查委员会书记；2016年2月至2019年11月任局党委书记；2019年11月任局长、党委副书记。

左奎孟，男，生于1959年3月，河南省延津县人，武汉理工大学土木工程专业毕业，本科学历，正高级工程师。1980年12月在新乡地区引黄人民胜利渠灌溉管理局参加工作。1985年5月加入中国共产党，1984年10月任新乡地区引黄人民胜利渠灌溉管理局灌溉科副科长；1987年8月任河南省人民胜利渠管理局新乡管理段副段长、新乡管理处主任、党支部书记；2001年1月任管理局东三干分局局长、党支部副书记；2004年2月任管理局副局长；2010年6月任管理局党委书记；2012年5月任河南省燕山水库管理局书记，2019年3月退休。

杨传彬，男，生于1962年2月，河南省商城县人，郑州工学院水工专业毕业，本科学历，工学学士学位，正高级工程师。1983年7月参加工作。1993年3月加入中国共产党，2012年5月至2016年2月任河南省人民胜利渠管理局党委书记、副局长，同时兼任河南省人民胜利渠管理局灌区节水改造工程建设管理局局长；2016年2月至2019年11月任河南省水文水资源局纪委书记；2019年11月任河南省水文水资源局党委副书记、纪委书记。

王东，男，生于1975年9月，山西省山阴县人，郑州防空兵学院作战指挥专业毕业，硕士研究生学历，军事学硕士学位，高级工程师。1993年9月参加工作。1995年4月加入中国共产党，2019年12月调任河南省人民胜利渠管理局党委书记、副局长。

人物名表

1950—2020年管理机构行政领导成员名表

机构名称	姓名	性别	职务	任职时间	备注
引黄灌溉济卫工程处	韩培诚	男	处长	1950年3月—1952年10月	
	肖华	男	代处长	1952年10月—1953年2月	
	李子芳	男	代处长	1953年2月—1953年3月	
	耿鸿枢	男	副处长	1950年3月—1952年10月	
	肖华	男	副处长	1951年7月—1952年10月	
	王子元	男	副处长	1953年2月—1953年3月	
引黄灌溉济卫管理局	马诚谦	男	局长	1953年1月—1953年8月	
	李兴唐	男	局长	1953年3月—1953年7月	
	张亚夫	男	副局长	1953年1月—1953年8月	

续表

机构名称	姓名	性别	职务	任职时间	备注
河南省引黄灌溉济卫管理局	牛立峰	男	第一局长	1955年5月—1958年5月	
	马诚谦	男	局　长	1953年8月—1958年5月	
	张亚夫	男	副局长	1953年8月—1955年5月	
	张志英	男	副局长	1956年12月—1958年5月	
河南省引黄灌溉济卫管理局人民胜利渠分局	赵金盈	男	局　长	1959年7月—1962年7月	
	苏志高	男	局　长	1962年6月—1968年1月	
	赵金盈	男	副局长	1958年5月—1959年7月	
	冯清玺	男	副局长	1958年5月—1966年12月	
	和振德	男	副局长	1959年4月—1960年1月	
	何仁修	男	副局长	1960年4月—1963年11月	
	李林俊	男	副局长	1960年4月—1963年11月	
	申富春	男	副局长	1964年4月—1965年1月	
	彭以忠	男	副局长	1965年10月—1966年12月	
	石文忠	男	副局长	1965年12月—1966年12月	
河南省新乡地区引黄人民胜利渠管理局	石文忠	男	革命委员会副主任	1968年1月—1968年10月	主持工作
	顾沅祥	男	革命委员会副主任	1968年1月—1969年1月	
	吕光伟	男	革命委员会副主任	1968年9月—1969年1月	
	曹洪胜	男	革命委员会副主任	1968年1月—1968年10月	
河南省新乡地区引黄人民胜利渠服务站	屈存兴	男	革命委员会主任	1971年12月—1972年7月	
	顾源祥	男	革命委员会副主任	1969年1月—1971年10月	
	吕光伟	男	革命委员会副主任	1969年1月—1972年7月	
	沈　佑	男	革命委员会副主任	1972年3月—1972年7月	

续表

机构名称	姓名	性别	职务	任职时间	备注
河南省新乡地区引黄人民胜利渠灌溉管理局	屈存兴	男	革命委员会主任	1972年7月—1979年1月	
	吕光伟	男	革命委员会副主任	1972年7月—1979年2月	
	沈 佑	男	革命委员会副主任	1972年7月—1979年2月	
	李 晨	男	革命委员会副主任	1974年1月—1979年2月	
	彭以忠	男	革命委员会副主任	1974年1月—1979年2月	
	高永庆	男	革命委员会副主任	1977年7月—1979年2月	
	彭以忠	男	局 长	1979年2月—1984年5月	
	冯清玺	男	副局长	1979年4月—1984年4月	
	沈 佑	男	副局长	1979年2月—1984年5月	
	高永庆	男	副局长	1979年2月—1979年9月	
	吕光伟	男	副局长	1979年2月—1979年8月	
	焦文山	男	副局长	1979年4月—1980年9月	
	闫士臣	男	副局长	1979年4月—1984年5月	
	杜发利	男	副局长	1979年10月—1987年4月	
	殷高清	男	副局长	1982年8月—1984年5月	
	王春辉	男	副局长	1982年8月—1984年5月	
	杨林同	男	副局长	1984年5月—1987年4月	
	宋中俊	男	副局长	1984年5月—1987年4月	
	殷高清	男	副局级调研员	1984年5月—1986年5月	
	冯清玺	男	总工程师	1984年4月—1985年5月	
	周珍柱	男	总工程师	1985年11月—1986年5月	
	冯清玺	男	副总工程师	1979年4月—1984年4月	
	周珍柱	男	副总工程师	1984年4月—1985年11月	
	宋文歧	男	副总工程师	1985年11月—1987年4月	

续表

机构名称	姓名	性别	职务	任职时间	备注
河南省人民胜利渠管理局	吴卫梁	男	局　长	1986年11月—1994年6月	
	李修印	男	局　长	1994年6月—2004年2月	
	王卫民	男	局　长	2004年2月—2012年5月	
	李世军	男	局　长	2012年5月—2019年11月	
	卢凤民	男	局　长	2019年11月—	
	张建锡	男	副局长	1987年4月—1990年4月	
	吕光伟	男	副局长	1987年4月—1995年4月	
	易心章	男	副局长	1987年4月—1997年5月	
	邢保太	男	副局长	1989年2月—1996年3月	
	杨林同	男	副局长	1995年4月—2003年7月	
	岳　国	男	副局长	1995年4月—2016年12月	
	朱传令	男	副局长	1997年8月—2001年1月	
	王立正	男	副局长	2001年1月—2005年6月	
	左奎孟	男	副局长	2004年2月—2010年6月	
	罗华梁	男	副局长	2007年7月—	
	杨传彬	男	副局长	2012年5月—2016年2月	
	琚龙昌	男	副局长	2016年2月—	
	王　东	男	副局长	2019年12月—	
	李廷然	男	正处级调研员	1987年4月—1993年12月	
	王立正	男	正处级调研员	2005年6月—2010年6月	
	殷高清	男	副局级调研员	1986年5月—1991年7月	
	杜发利	男	副调研员	1987年4月—1992年2月	
	王春辉	男	副调研员	1992年6月—1993年12月	
	易心章	男	副调研员	1997年5月—2000年2月	

续表

机构名称	姓名	性别	职务	任职时间	备注
河南省人民胜利渠管理局	吕光伟	男	副调研员	1997年5月—1998年6月	
	秦学语	男	副调研员	1997年5月—2000年6月	
	马常光	男	副调研员	2001年1月—2009年10月	
	刁训安	男	副调研员	2004年2月—2007年12月	
	陈生忠	男	副调研员	2004年2月—2007年3月	
	张可保	男	副调研员	2007年7月—2009年12月	
	周珍柱	男	总工程师	1986年5月—1990年12月	
	吕光伟	男	总工程师	1995年4月—1997年5月	
	王立正	男	总工程师	1997年10月—2001年12月	
	罗华梁	男	总工程师	2001年12月—2007年7月	
	朱留杰	男	总工程师	2008年12月—2013年6月	
	白庆只	男	总工程师	2013年6月—2016年5月	
	吴卫星	男	总工程师	2016年5月—	
	张存省	男	总会计师	2004年12月—2008年12月	
	程国平	男	总会计师	2008年12月—2016年5月	
	周 凯	女	总会计师	2016年5月—	
	吴卫星	男	总经济师	2008年12月—2016年5月	
	白庆只	男	总经济师	2016年5月—	
	宋文岐	男	副总工程师	1987年4月—1992年12月	
	王立正	男	副总工程师	1995年11月—1997年10月	

1987—2020年人民胜利渠管理局党组织领导成员名表

党组织名称	姓名	性别	职务	任职时间	备注
中共河南省人民胜利渠管理局委员会	马荣茂	男	书记	1987年4月—1995年3月	
	李修印	男	书记	1996年5月—2004年2月	
	王卫民	男	书记	2004年2月—2010年6月	
	左奎孟	男	书记	2010年6月—2012年5月	
	杨传彬	男	书记	2012年5月—2016年2月	

续表

党组织名称	姓名	性别	职务	任职时间	备注
中共河南省人民胜利渠管理局委员会	卢凤民	男	书记	2016年2月—2019年11月	
	王 东	男	书记	2019年12月—	
	吴卫梁	男	副书记	1987年4月—1994年4月	
	欧阳熙	男	副书记	1987年5月—1989年4月	
	李修印	男	副书记	1994年6月—1996年5月	
	王立正	男	副书记	2004年2月—2005年6月	
	王卫民	男	副书记	2010年10月—2012年5月	
	李世军	男	副书记	2012年5月—2019年11月	
	卢凤民	男	副书记	2019年11月—	
	杜发财	男	委员	1987年5月—1993年8月	
	张健锡	男	委员	1987年5月—1990年4月	
	易心章	男	委员	1987年5月—2000年2月	
	周珍柱	男	委员	1987年5月—1990年12月	
	秦学语	男	委员	1990年4月—2000年6月	
	邢宝太	男	委员	1989年5月—1996年3月	
	杨林同	男	委员	1995年5月—2003年7月	
	岳 国	男	委员	1995年5月—2016年1月	
	冯德旺	男	委员	1995年5月—2007年8月	
	朱传令	男	委员	1997年9月—2001年1月	
	王立正	男	委员	2001年3月—2007年8月	
	左奎孟	男	委员	2004年3月—2010年6月	
	常国兴	男	委员	2007年8月—2016年2月	
	罗华梁	男	委员	2007年8月—	
	卢凤民	男	委员	2007年8月—2016年2月	
	张存省	男	委员	2011年2月—2016年2月	
	余祥海	男	委员	2011年2月—2016年2月	
	琚龙昌	男	委员	2016年4月—	
	高然军	男	委员	2016年2月—2020年7月	
	何长海	男	委员	2020年12—	

高级以上专业技术人员名表

序号	姓名	性别	政治面貌	出生时间	通过时间	职称
1	李中生	男	中共党员	1963年12月	2005年11月	正高级工程师
2	罗华梁	男	中共党员	1963年6月	2010年11月	正高级工程师
3	朱留杰	男	中共党员	1966年3月	2012年11月	正高级工程师
4	张锡林	男	中共党员	1968年1月	2013年11月	正高级工程师
5	常国兴	男	中共党员	1969年2月	2013年11月	正高级工程师
6	马喜东	男	中共党员	1961年10月	2014年11月	正高级工程师
7	李素梅	女	中共党员	1967年3月	2014年11月	正高级工程师
8	尚三林	男	中共党员	1967年4月	2014年11月	正高级工程师
9	崔恩贵	男	中共党员	1967年8月	2015年12月	正高级工程师
10	琚龙昌	男	中共党员	1965年11月	2017年12月	正高级工程师
11	彭发运	男	中共党员	1963年1月	2018年12月	正高级工程师
12	吴卫星	男	中共党员	1961年11月	2019年12月	正高级工程师
13	陈利利	女	中共党员	1976年7月	2019年12月	正高级工程师
14	王福增	男	中共党员	1965年5月	2020年12月	正高级工程师
15	袁 宾	男	中共党员	1962年10月	2020年12月	正高级工程师
16	刘国富	男	中共党员	1963年11月	1998年12月	高级工程师
17	杨满堂	男	中共党员	1963年10月	2000年11月	高级会计师
18	卢凤民	男	中共党员	1968年6月	2001年12月	高级政工师
19	余祥海	男	中共党员	1965年3月	2001年12月	高级政工师
20	张存省	男	中共党员	1965年11月	2003年11月	高级会计师
21	马小兵	男	中共党员	1967年5月	2005年11月	高级工程师
22	程国平	男	中共党员	1963年5月	2005年11月	高级会计师
23	程顺中	男	中共党员	1969年7月	2005年11月	高级工程师
24	陈白云	女	中共党员	1964年10月	2009年1月	高级政工师
25	翟西丽	女	群众	1965年3月	2009年1月	高级政工师
26	杨英鸽	女	中共党员	1975年12月	2011年11月	高级工程师
27	周在美	女	中共党员	1968年3月	2011年11月	高级工程师
28	逯林方	男	中共党员	1973年6月	2011年11月	高级工程师

续表

序号	姓名	性别	政治面貌	出生时间	通过时间	职称
29	赵彦枝	女	中共党员	1979年11月	2011年12月	高级会计师
30	宁玉清	女	中共党员	1966年12月	2012年11月	高级工程师
31	李继纲	男	中共党员	1973年7月	2012年11月	高级工程师
32	周万银	男	中共党员	1964年9月	2012年11月	高级工程师
33	李宗芳	女	中共党员	1980年11月	2013年9月	高级会计师
34	王明东	男	中共党员	1967年8月	2013年11月	高级工程师
35	李洪生	男	中共党员	1966年11月	2013年11月	高级工程师
36	何长海	男	中共党员	1976年9月	2013年11月	高级工程师
37	璩社群	男	中共党员	1963年12月	2013年11月	高级工程师
38	王 瑞	女	中共党员	1973年10月	2014年11月	高级工程师
39	白庆只	男	中共党员	1964年10月	2015年12月	高级工程师
40	闫倩倩	女	中共党员	1981年10月	2015年12月	高级工程师
41	郭正林	男	中共党员	1965年2月	2016年12月	高级工程师
42	李贤君	女	中共党员	1982年11月	2017年12月	高级会计师
43	宋国民	男	中共党员	1969年3月	2017年12月	高级工程师
44	岳 涛	男	中共党员	1965年7月	2017年12月	高级工程师
45	麻天将	男	中共党员	1980年6月	2017年12月	高级工程师
46	王丽丽	女	中共党员	1982年9月	2018年12月	高级会计师
47	王贻森	男	中共党员	1982年12月	2018年12月	高级工程师
48	王菊霞	女	中共党员	1972年5月	2018年12月	高级工程师
49	王 楠	女	中共党员	1981年12月	2019年12月	高级工程师
50	王明印	男	中共党员	1970年8月	2019年12月	高级经济师
51	杨振宇	男	中共党员	1982年11月	2019年12月	高级工程师
52	殷欢庆	男	中共党员	1982年2月	2019年12月	高级工程师
53	潘韶春	男	中共党员	1976年5月	2019年12月	高级经济师
54	王 东	男	中共党员	1975年9月	2020年12月	高级工程师
55	文 维	男	中共党员	1965年2月	2020年12月	高级工程师
56	冯凌云	女	中共党员	1980年7月	2020年12月	高级会计师

续表

序号	姓名	性别	政治面貌	出生时间	通过时间	职称
57	吕志栋	男	中共党员	1984年3月	2020年12月	高级工程师
58	李思文	女	中共党员	1987年7月	2020年12月	高级会计师
59	李修印	男	中共党员	1943年12月	2000年10月	正高级工程师
60	姜秀芳	女	中共党员	1962年4月	2012年11月	正高级工程师
61	尚德功	男	中共党员	1958年5月	2013年11月	正高级工程师
62	吕光伟	男	中共党员	1938年6月	1987年12月	高级工程师
63	周珍柱	男	中共党员	1928年10月	1987年12月	高级工程师
64	袁光耀	男	群众	1935年3月	1987年12月	高级工程师
65	易心章	男	中共党员	1940年2月	1992年6月	高级工程师
66	刘书顺	男	群众	1936年3月	1993年2月	高级工程师
67	杨林同	男	中共党员	1943年6月	1993年2月	高级工程师
68	何汝华	女	群众	1945年12月	1994年12月	高级经济师
69	夏平祥	男	群众	1951年10月	1995年12月	高级工程师
70	牛守勇	男	中共党员	1960年1月	2010年11月	高级工程师
71	邢松盛	男	中共党员	1959年10月	2014年11月	高级工程师

1982—2020年省部级以上荣誉获得者名表

序号	姓名	性别	获奖名称	获奖时间
1	金德山	男	河南省抗洪模范	1982年10月
2	刘景舜	男	河南省劳动模范	1982年12月
3	袁光耀	男	国务院政府特殊津贴	1993年10月
4	刘 涛	男	全国水利系统模范工人	1996年10月
5	秦学语	男	水利事业25年贡献奖	1998年7月
6	李修印	男	全国水利系统先进工作者	2002年1月
7	李世军	男	河南省五一劳动奖章	2006年4月
7	李世军	男	河南省先进工作者	2019年4月
8	朱留杰	男	全省南水北调工作先进个人	2015年5月

续表

序号	姓名	性别	获奖名称	获奖时间
9	董光宇	男	河南省技术能手	2016年3月
			河南省五一劳动奖章	2016年4月
10	李贤君	女	河南省五一劳动奖章	2016年4月
			河南省会计领军人才	2019年4月
11	魏新成	男	河南省技术能手	2016年12月

名 人 与 水

善治国者必先治水。在人民胜利渠不大的区域范围内,魏武帝曹操在这里开白沟通粮道,取得北伐军事胜利的同时,改写了流经华北平原的河流水系,为后世卫河航运繁荣打下基础;隋炀帝杨广在白沟基础上开成1000千米的大运河北支永济渠,不仅实现兵发高句丽十万兵甲常在路途的军事需要,也为后世南北水上交通大动脉搭好框架,因而赢得"共禹论功"的殊荣,成为世界文化遗产;雍正帝爱新觉罗·胤禛不仅亲临河防堵口筑坝,还在黄河频繁决口的武陟敕建嘉应观。俱往矣,当毛泽东主席亲手摇开人民胜利渠渠首第二孔闸门时,便结束了"黄河百害,唯富一套"的历史,从此开启人民治黄的新篇章。

古 代 名 人 与 水

曹操开白沟运渠 建安九年(公元204年),曹操北征袁尚,为了运粮,开始大举兴建运河,以通水运。当时黄河流向东北在今河北沧州入海,下游与海河相通,丰水时水流湍急,不便航行;枯水时水流散漫淤浅。为了便利黄河以北地区的交通,曹操在淇水入黄河的淇口用大枋木做堰,《水经注·淇水》记载:"汉建安九年,魏武王于水口下大枋木以成堰,遏淇水东入白沟以通漕运",建成后成为曹魏军运的重要水路。

杨广开凿永济渠　　为加强北方边防，隋炀帝杨广把涿郡（北京南郊）作为军事重镇，《隋书·炀帝本纪》记载，隋大业四年（公元608年），"诏发河北诸郡男女百余万开永济渠，引沁水，南达于河，北通涿郡"。永济渠的渠道利用了曹操所开的白沟、平虏渠等。永济渠上游纳沁水、淇水和清水，在魏州（今河北省大名县、魏县）合滹沱等水。渠口与黄河通，在今武陟县南。永济渠开凿后，与东西向的通济渠、南北向的淮扬运河和江南运河形成以洛阳为中心，横贯中国腹心地区的东西南北水运干线网络。由江南运河、淮扬运河、通济渠、永济渠可从杭州达涿郡。

隋大业七年（公元611年），隋炀帝从江都乘龙舟往涿郡，走山阳渎（淮扬运河）、通济渠（汴渠）渡黄河入永济渠，共走了55天。第二年正月自涿郡出发至辽东。粮草、兵甲都由永济渠转运，运兵卒113万人，运饷丁夫还多一倍。船舶首尾相接达千余里。这是一次空前规模的军运。隋大业九年（公元613年）、十年又两次征伐辽东，每次军运都是同样规模的军队和军需品。连年东征高句丽，隋均大败。开运河和征辽战争耗费了大量的财力、物力，加速了隋朝的灭亡。

唐宋永济渠是沟通北方与南方的重要水道。唐贞观十八年（公元644年）用兵辽东，后周显德六年（公元959年）北征契丹，士兵和粮草走的都是永济渠。

陈鹏年身殉武陟治河　　康熙末年，河南境内多处河决，沿黄各地告急。康熙六十年（1721年），陈鹏年以武英殿修书总裁官自请随河道总督赵世显办理河工，随勘山东、河南运河。当时河决武陟马营口，自长垣直注张秋，影响到大运河漕运。朝廷命河督赵世显堵口。河南巡抚杨宗义与河道总督赵世显相互推诿，备料不及。在左副都御史牛钮建议下，康熙帝罢免赵世显，以陈鹏年代理河道总督。他在广武山官庄挑挖引河140余丈，以分减水势。牛钮在钉船帮修挑水坝，武陟决口得以堵复。次年二月，武陟马营口又决。牛钮提议于沁河堤至詹家店18里无堤处接筑遥堤，使河水趋于一道。杨宗义反对。康熙帝委陈鹏年视情况而定，陈鹏年决定先行堵口。后秦厂、马家营处在十一月因冰凌积水，河堤告急。陈鹏年认为马营口地势低洼，虽有引河，流不能畅。惟有分疏上下，杀其悍怒。于是在沁、黄交汇对岸王家沟开引河，使水东南行，后堤工成。他又会同牛钮与杨宗义一起亲临决口一线将秦厂大坝加高筑厚，以捍急流水势。本定于六月初五合龙，因大雨水涨，所留水口六月初三日塌陷27丈。后在陈鹏年主持下，秦厂大坝合龙。

陈鹏年两年奔走治河工地，他竭尽精力，常立风雨中。最后一次合坝时，竟痛哭流涕，指天发誓：不成功即以身殉。康熙六十一年（1722年）十二月，陈鹏年实授河道总督，然已力竭病剧，至雍正元年（1723年）正月竟累死在武陟治河工地上。他的灵柩开始放置在南北坝尾，官民数万人绕棺而祭，雍正帝给予他极高评价。1962年，《人民日报》曾刊载陈鹏年书目诗卷，郭沫若赞他：正气传吹鬼，青天德在人。一时天下望，万古吊中珍。

爱新觉罗·胤禛敕建嘉应观 武陟是黄河走出大山、进入平原的衔接地，水势由急变缓，大量泥沙沉积，是黄河水害的频发地区。加之沁河入口在18里长的地段来回摆动，堤防不能固定，是黄沁两河决口成灾的险工地段。

雍正帝曾陪同康熙帝视察黄河，到过武陟沁河口，深知那里河道迁徙无常、易决难堵。牛钮是康熙皇帝派到武陟的治河钦差，传说与雍正有皇族亲情。他体察民情，主张堵口，得到雍正皇帝的尊重。武陟的地理位置和在治理黄河上的关键作用，加上巩固皇权的政治需要，雍正登基后即诏命河道总督齐苏勒在武陟修建"淮黄诸河龙王庙"，赐匾"嘉应观"，定名"敕建嘉应观"。河务和地方上习惯称嘉应观为"庙宫"，或称作"庙宫嘉应观"。

嘉应观不同于修建一般的龙王庙，规格高，工期紧，仿皇宫建造必须严格按"官式"建筑营造法则施工，齐苏勒奏请原工部尚书，时任山东（太行山以东）道河道总督岈山为庙宫总监，调京城御匠为大匠作（工头）。从江南调运优质木料，从山西车拉马驮，运砖运瓦。木工和砖石雕刻多是京城巨匠，泥瓦工多用修武县西王庄赵家班底。工匠们各显其能，按图制作，结构不合格者罚。御碑亭最为精巧华丽。匠作大言题辞说，后世胜我者添椽3根，不胜我者去椽3根。他用了108根椽，几次修葺后，只剩84根。禹王阁三面高墙，由谢旗营王氏三兄弟各砌一墙，在墙角处不留错茬，互不衔接，形成天下一绝"齐缝墙"。至今近300年，经风雨地震，不倾不斜不裂，宛如新造。嘉应观所有河神龙王雕像，依靠各人朝代不同，官位高低，从体貌到冠冕衣饰一如真人，不同于其他龙王庙中的神化夸张的艺术手法。这在全国也是独一无二的，后世直至光绪皇帝，将治河功臣入庙，沿用的也是这种办法。

雍正皇帝下令河道衙门建在嘉应观东侧，地方道台在嘉应观的西侧建立衙门办公，嘉应观宫、庙、衙署合一，成了大清河防的指挥中心。与建衙同时，雍正皇帝明诏，在嘉应观西侧建陈公祠，祭祀殉职的河道总督陈鹏年。

嘉应观宫、庙、衙署在雍正四年（1726年）全部完工。冬春时节，黄河上下澄清数千里，成了千年难见的"祥瑞"。雍正皇帝大为高兴，颁发《盛世河清，普天同庆谕》，撰写祭祀河神的《告河神文》，派左都御史爱新觉罗·常泰代表自己，到嘉街宣读圣谕，焚烧告河神文，唱读祭文。雍正五年（1727年）三月初一，嘉应观钟鼓齐鸣，长号唢呐，抬鼓铙镲，高跷旱船，热闹非凡。河南巡抚田文镜也请师爷写了文章，在嘉应观立了碑。这些祭祀河神的大典分别于雍正五年（1727年）闰三月初一、十二月十四日，雍正六年（1728年）十二月初九日，雍正十一年（1733年）举办了4次。皇帝为嘉应观撰写了4篇《告河神文》。

当 代 名 人 与 水

毛泽东视察人民胜利渠　2009年3月19日《新乡日报特刊》记载：1952年10月，毛泽东主席视察黄河。10月31日，在从开封前往郑州前，毛泽东主席嘱咐黄委主任王化云和河南省委、省政府负责人："要把黄河的事情办好！"

上午8时，毛泽东乘专列抵达黄河南岸的广武车站，下车后与陪同人员一起，登上黄河南岸的邙山桃花峪邙山小顶山。在山顶，毛泽东面北而坐，眺望黄河水势。之后，对陪同人员说：走，我们到对岸（新乡）去看看"小黄河"。

上午10时，毛泽东专列通过黄河铁桥到北岸，换乘平板小火车到黄河铁桥上看黄河。返回北岸后，从铁路支线到达人民胜利渠渠首视察引黄灌溉济卫工程。中共平原省委书记潘复生、平原省人民政府主席晁哲甫、平原省军区司令员刘致远、黄委副主任赵明甫、引黄灌溉济卫工程处处长韩培诚、人民胜利渠渠首管理段段长乔登云等人在那里等候。

毛泽东听取人民胜利渠工程的简要介绍后，看了人民胜利渠渠首闸、总干渠和灌区。在人民胜利渠渠首闸的启闭平台上，毛泽东亲手和随行人员一起摇开了南边第二孔闸门，当听到能引40个流量浇36万亩地时，满意地说："像这样的水闸一个县能有一个就好了！"

毛泽东注视浑浊的渠水担心地问："水里这么多沙怎么办？"乔登云说："渠道过大堤后有沉沙池，浑水从总干渠送到沉沙池沉淀后，总干渠、干渠再输送到支渠、斗渠、农渠、毛渠，然后再送到农田。"毛泽东欣然点了点头。听完赵明甫、韩培诚介绍人民胜利渠的情况，毛主席说："渠道灌溉是阵地战，水井浇地是游击战，渠井灌溉要结合起来。""水利是农业的命脉。这个闸修得好，人民胜利渠这个名字取得好！"又问赵明甫："引黄以后会不会引起盐碱化问题？你们准备怎样解决盐碱化问题？"

赵明甫回答："根据苏联的经验，在渠道两旁植上树，一棵树能吸收很多地下水，这样控制住地下水就不至于引起盐碱化。"

毛泽东说："好，你种树，多种树。"

12时，毛泽东视察了一号跌水和人民胜利渠入卫河处。看到引来的黄河水滔滔济卫，高兴地说："今天看了小黄河，很高兴，这样天津用水困难也好解决了。"

中共中央文献研究室编《毛泽东年谱》1949—1976第一卷记载：1952年10月31日上午，毛泽东乘专列到黄河北岸新乡境内的大型引黄灌溉济卫工程——人民胜利渠。在渠首，听取有关人员汇报人民胜利渠建设和引黄灌溉的情况，了解干渠、支渠情况以及灌溉后的防碱、治碱等问题。针对有了渠灌忽视井灌的情况说：有了渠也不能忽视井，要合理安排渠灌与井灌。井灌是游击战，渠灌是阵地战。随后，乘汽车沿着渠道查看人民胜利渠的整个干渠。中午，来到新乡市郊人民胜利渠进入卫河处。在看到黄河水引入枯竭的卫河的情景时说：今天看了小黄河（指人民胜利渠），在人民手里，害河可以变益河。

江泽民考察人民胜利渠　1999年6月25日《人民日报》第一版记载：6月20日上午，江泽民来到人民胜利渠首闸考察。1952年建成的人民胜利渠，是黄河下游兴建的第一座大型引黄灌溉工程，揭开了新中国开始利用黄河水利资源的序幕。人民胜利渠灌溉范围涉及新乡地区6个县（市），总干渠长52.71千米，灌溉与抗旱补源面积142.2万亩。1952年10月，毛主席到渠首闸视察时，摇着启闭机手柄，高兴地说，一个县有一个就好了。听着河南省水利厅总工司马寿龙的介绍，江泽民频频点头，并亲手试摇了启闭机手柄。

近年来，黄河水资源出现供需失衡，工农业生产、城市生活、生态环境用水之间的矛盾日益尖锐。90年代以来，黄河下游频繁断流，严重影响有关地区的生产和生活。马忠臣介绍说，河南是农业大省，同时也是一个水资源十分短缺的省份，省内人均水资源相当于全国平均水平的1/6，而全国人均水资源只有世界平均水平的1/7。

江泽民听后说，人无远虑，必有近忧。要采取切实有效的措施，保证黄河流域及沿黄地区经济社会不断发展对水资源的要求。关键是要坚持开源、节流和保护三者并重。节约用水，要当作一项紧迫的任务抓好。要大力发展节水农业，推动实现农业耕作制度和方式的变革。这是关系我国21世纪农业科技革命的重大问题，一定要抓紧推进。

傅作义与引黄灌溉济卫　傅作义是中华人民共和国成立后第一任水利部部长。

1949年8月31日，黄委主任王化云向华北人民政府呈报《治理黄河初步意见》（简称《意见》），《意见》中提出修建"引黄灌田及济卫工程"。11月，在解放区水利联席会议上，傅作义在《各解放区水利联席会议的总结报告》中将"引黄灌溉济卫工程"列为1950年的重大工程之一。

1950年3月，黄河水利委会引黄灌溉济卫工程处在新乡专区武陟县庙宫成立，

傅作义考察引黄工程建设进展

进行引黄灌溉济卫工程的勘察测量和规划设计工作。7月，水利部部长傅作义、副部长张含英、清华大学水利系教授张光斗、水利部顾问苏联专家布可夫·沃洛宁等，在黄委会副主任赵明甫陪同下，查勘了黄河干流潼关至孟津河段，对潼关水利枢纽、三门峡水利枢纽、八里胡同水利枢纽、王家滩水利枢纽、小浪底水利枢纽坝址进行了比较研究，还了解黄河防汛情况，对引黄济卫灌溉工程渠首闸进行了勘定。于月底完成引黄济卫灌溉工程设计计划。10月，政务院批准了《引黄灌溉济卫工程计划书》。

1951年1月，傅作义、张含英及布可夫·沃洛宁到新乡庙宫指导引黄灌溉济卫渠首闸的施工准备工作。随即，引黄灌溉济卫工程指挥部成立。1951—1952年引黄灌溉济卫工程建设施工期间，傅作义多次带领苏联及国内水利建设专家亲临现场视察指导工程建设，并居住在当时的工程建设指挥部（嘉应观）。1952年，引黄灌溉济卫第一期工程竣工试水。

王化云与引黄灌溉济卫

王化云是人民治黄管理机构的第一位领导人，毕生奉献于治理黄河事业。

1946年6月，王化云出任冀鲁豫区黄委主任，负责黄河修防，并参加国共两党关于郑州黄河花园口堵口、复堤的谈判。1949年，黄河全流域解放，黄河治理工作由分散走上统一。他奔走在开封、济南、西安、兰州之间，帮助各地建立健全治黄机构和延聘治河人才。

1949年8月31日，黄委主任王化云、副主任赵明甫向华北人民政府呈报《治理黄河初步意见》（简称《意见》），以"变害河为利河"为治理黄河的目的，以"防灾和兴利并重，上、中、下三游统筹，本支流兼顾"为治理黄河方针。黄委调研已有引黄工程情况，在《意见》中提出"除引黄济卫便利航运还有可考虑的以外，专就灌溉新乡一带农田来讲便有举办的必要"。此外，"有一部分工程已经做成，如不赶快做，再过几年，那么已经有的工程将要慢慢损坏了，所以举办这个工程是迫切的。"为此，在《意见》中提出修建"引黄灌田及济卫工程"：主要是为了灌溉新乡县、获嘉县、汲县和延津县4县农田约计2.67万公顷；其次，引黄济卫增加卫河水量，便利新乡、天津间的航运。《意见》得到华北人民政府主席董必武的同意。

1950年，王化云被任命为流域机构黄河水利委员会主任。为变害河为利河，利用好黄河水资源，他毅然提出在黄河下游兴

黄委主任 王化云

建引黄灌溉济卫工程。水利部部长傅作义在《各解放区水利联席会议的总结报告》中将引黄灌溉济卫工程列为1950年的重大工程之一。

1950—1954年，先后组织众多科技人员，对黄河流域的山川水系、河水泥沙、水文地质、气候土壤、矿物资源和社会经济进行多学科综合考察。在总结历代治黄经验和实地勘查的基础上，他先后提出"除害兴利、综合利用""蓄水拦沙"、"上拦下排、两岸分滞"等治黄方针。1952年秋，他陪同毛泽东视察黄河，毛泽东嘱托他和河南省委、省政府领导"要把黄河的事情办好"。为进一步解决黄河防洪问题和综合利用黄河水沙资源，1970年之后，他积极主张修建小浪底水库，并力主在干流上修建七八座大型水库，实行全河调水调沙，在下游巩固堤防、整顿河道、治理河口、建成防洪工程体系。1979年1月，他出任水利部副部长兼黄委主任。1987年完成《我的治河实践》一书。1992年去世。

区 域 文 化

人民胜利渠所在区域有着悠久的历史和丰富的水文化。独特的地理位置和丰富的水利条件，使得这里水草丰茂，人口稠密。共工率领族人为生存而治水，留下共工治水不言败的传说；这里有大禹治水留下的船城，还有百泉、卫源庙、嘉应观等人文景观。这里的人们敢为人先，在善淤善决善徙的黄河上开渠引水，建成人民胜利渠，留下彪炳史册的红色印记。随着人民胜利渠不断将水工程建设与水文化建设有机融合，人民胜利渠从最初的争气渠、生命渠、灌溉渠，发展为人文渠、生态渠、幸福渠。人民胜利渠这条"小黄河"，传承着生生不息的治黄精神和红色文化，成为讲好黄河故事、彰显引黄成就的窗口和名片。

文 化 阵 地

人民胜利渠在建设之初，就注重把文化元素融入水利工程规划设计之中，经过多年的维护和改建扩建，河南省人民胜利渠管理局依托渠首闸、毛主席视察黄河休息室、人民胜利渠展览馆、人民胜利渠建设指挥部等多处特色建筑，建设水利风景区和水情教育基地，形成独具特色的水文化教育平台。人民胜利渠彰显了水利工程的文化内涵，积淀了独特深厚的文化底蕴，演绎着波澜壮阔的治黄画卷。

人民胜利渠渠首闸　人民胜利渠渠首闸，矗立于黄河北岸武陟县秦厂大坝顶端。这里是黄河悬河的开端，也是当时黄河的第一个挑流坝。渠首闸选址在秦厂大坝，是因为这里河岸固定、经常靠溜。

人民胜利渠渠首闸1950年规划设计，中国水利专家、院士张光斗亲自参与渠首闸设计。渠首闸1951年3月破土动工，设计引水流量60立方米每秒，后经改造加大流量85立方米每秒。1952年3月第一期工程胜利竣工，4月10日举行了放水典礼。1952年10月31日，毛泽东走上渠首闸，亲手摇开闸门。1999年6月20日，江泽民视察人民胜利渠，听取了汇报情况。

毛主席视察黄河休息室　毛主席视察黄河休息室始建于1950年，最初为引黄灌溉济卫渠首指挥所，是专门为苏联水利专家和中国水利专家修建人民胜利渠准备的办公室。1952年4月人民胜利渠放水后，这里成为渠首管理段办公室。1952年10月31日毛泽东视察人民胜利渠时，在这里用茶、休息、听取汇报。此后被定为毛主席视察黄河休息室加以保护。

毛主席视察黄河休息室（2020年8月18日）

休息室主要组成部分为：大厅、毛泽东视察人民胜利渠休息室、毛泽东听取工作汇报陈展室、江泽民题字陈展室、苏联专家布可夫卧室及办公室。休息室呈U形结构，众多的百叶窗和室内的木地板呈现欧式建筑风格，顶部的屋脊神兽有浓浓的中国风，中西合璧、古朴典雅。

大厅内正中为毛主席汉白玉坐像，这尊雕像是2006年当地群众为纪念毛泽东主席兴修水利造福百姓自发筹资而建。

休息室右侧有毛泽东视察人民胜利渠休息室，里面陈列有毛泽东休息时的棕床、被子；毛泽东听取工作汇报陈展室陈列有当年毛泽东听取工作汇报时用过的桌椅、茶具，以及从渠首闸移置到这里的毛泽东亲手摇过的人民胜利渠第一代手动启闭机。

休息室左侧有苏联专家布可夫卧室及办公室，陈列苏联专家布可夫当年办公和休息时用过的物品。渠首及灌区工程的选址及设计施工工作曾得到苏联专家的

毛主席雕像

支持。在江泽民题字陈展室，陈列江泽民视察时的题字、用过的笔墨纸砚以及江泽民摇过的人民胜利渠第二代手电两用启闭机。

2018年、2019年焦作市、武陟县分别对毛主席视察黄河休息室进行维修，安装消防设施，使文物得到应有的保护。

人民胜利渠开灌三十周年纪念碑 人民胜利渠开灌三十周年纪念碑由原新乡地区行政公署1982年4月所立。汉白玉基座、琉璃瓦覆顶，大理石上镌刻着新乡地委行署拟定的隶书碑文。纪念碑正面碑文记录着人民胜利渠开灌三十周年基本情况；背面是灌区工程布置图，是手工测绘、凿刻而成的。碑文上下为浮雕的黄河浪花、麦穗和棉花，寓意人民胜利渠引黄灌溉带来了粮棉丰收。整个纪念碑掩映在高大挺拔的雪松之间，显得庄重大方。

（a）前面

（b）后面

人民胜利渠开灌三十周年纪念碑（2020年5月6日）

人民胜利渠建设指挥部 人民胜利渠建设指挥部前身是引黄灌溉济卫工程建设指挥部，系1950年黄河水利委员会为筹建中华人民共和国第一个引黄灌溉工程所建，位于嘉应观内禹王阁西侧围墙出口的一处小院落。院落内有南北相对两排房舍，苏式建筑风格，室内有木质天花板、木质地板，墙体厚、窗户大，室内宽敞明亮，屋顶有山窗通风，地板下有通风窗口，可防潮、防腐，它在建筑风格上和毛主席视察黄河休息室是完全一样的，这在当时是比较高的规格。

人民胜利渠（引黄灌溉济卫工程）建设指挥部于1951年1月成立，与引黄灌溉济卫工程处合署办公。指挥部指挥是耿起昌（平原省新乡专区副专员），副指挥是韩培诚（引黄灌溉济卫工程处处长），政委是刘刚（新乡地委书记）。指挥部主要负责施工方面的方针、政策、任务的决定，干部、工人的政治工作思想的领导，解决、安排与地方政府的联系。水利部部长傅作义以及首任黄委主任王化云、苏联专家布可夫、清华大学教授张光斗、北京地质学院教授冯景兰等，视察指导人民胜利渠工程建设时在此办公居住。

1952年1月，组建引黄灌溉济卫工程试水指挥部，部址在引黄灌溉济卫工程指挥部内，指挥为耿起昌，副指挥为王子元、马诚谦。

人民胜利渠建设指挥部（2013年7月7日）

1952年4月10日，引黄灌溉济卫工程第一期工程竣工。平原省政府把引黄灌溉济卫工程改为人民胜利渠。从此，嘉应观禹王阁西侧的小院，就命名为人民胜利渠建设指挥部。

人民胜利渠建设指挥部傅作义办公旧址（2018年1月10日）

人民胜利渠展览馆　　人民胜利渠展览馆是2012年为纪念毛泽东主席视察人民胜利渠60周年暨人民胜利渠开灌60周年兴建，占地面积365平方米。

馆内设计呈环形结构，共分人民胜利渠概况、历史背景、工程建设、管理篇、引黄科技、水文化建设、友好交流、荣誉展示、领导关怀等9个功能区，以文字、图片和实物等形式，呈现了人民胜利渠发展历程和辉煌成就。展览馆浮雕形象墙书写着"新中国引黄第一渠——人民胜利渠"。

人民胜利渠概况功能区展示了人民胜利渠基本情况和开灌后灌区的可喜变化。

历史背景功能区展示了灌区兴建前，该地区旱涝频仍、盐碱广布、风沙肆虐，每幅照片都承载着劳动人民对自然灾害的压抑和无奈，为这段历史定下了沉重的基调。

工程建设功能区分别展示了初期工程建设、工程改建扩建、续建配套与节水改造3个时期有代表性的工程图片。

管理篇功能区以图片、文字和架构图，介绍了河南省人民胜利渠管理局的机

人民胜利渠展览馆（2019年12月27日）

构设置及任务管理。

引黄科技功能区以灌溉试验科学用水、井渠结合巧用水源、泥沙处理浑水灌溉、防治盐碱改良土壤和科技攻关持续发展5个方面内容，配合科技资料、成果证书等实物展示，突出人民胜利渠的科研成果。

水文化建设功能区主要以图片形式展示灌区水文化建设方面，取得的丰硕成果。

友好交流功能区展示出人民胜利渠的成功经验吸引了国内外同行的目光，人民胜利渠人也以积极的姿态接纳外界的先进经验与技术，相互交流与合作，相互促进与发展。

荣誉展示功能区以众多奖牌和奖杯等实物形式展示人民胜利渠在70年发展历程中取得的成就和荣誉。

领导关怀功能区展示人民胜利渠开灌后，备受中央和地方各级领导的关注、关怀以及视察、考察、调研、指导工作，特别展示了毛泽东、江泽民亲临视察的图片和文字介绍。

人民胜利渠展览馆形象墙（2016年7月5日）

人民胜利渠展览馆科技展板（2014年11月12日）

形象墙后展板内容为"大事记",记录自引黄灌溉济卫工程前期工作以来的重大事件。最后一块展板"展望",展望新的治水时代,挑战和机遇并存,人民胜利渠全体职工肩负治水使命,再上征途、精益求精,继续造福灌区人民,助力中原经济区建设。

休息室广场 休息室广场是在毛泽东主席视察人民胜利渠60周年暨人民胜利渠开灌60周年修建,2019年管理局利用维修养护资金又对休息室广场进行了提质改造,休息室台阶增加两块浮雕陛石,广场台阶周边加装仿汉白玉栏杆。浮雕陛石和栏板内涵丰富,上承毛主席视察黄河休息室下接广场,是呈现渠首历史文化的重要载体。

浮雕陛石由花岗岩石材精心雕刻而成,分别长3.98米(含边框)、宽2米(含边框)、边框厚0.20米。陛石由下而上分别为《造福百姓》和《时代礼赞》组成,体现了渠首厚重的历史文化内涵和新中国的时代风貌。《造福百姓》浮雕陛石安置台阶下部。浮雕以呈现渠水惠及万民,泽被天下,取得的丰收成就为主题。渠水欢涌、彩带飘扬,醒目"丰"字装饰的小麦、水稻、玉米、水果等丰收硕果惟妙惟肖,呈现出人民胜利渠取得的巨大成就;更有荷花、牡丹、石榴等栩栩如生,烘托了吉庆祥瑞、繁荣景象的喜悦气氛。《时代礼赞》浮雕陛石安置于台阶上部。浮雕以水波涌托而出的巨大花篮为图案,花篮中美丽的牡丹、荷花、梅花、玫瑰、兰花、绣球等争相开放,花篮顶端彩带凌空飘逸,富丽堂皇,呈现出欢乐吉祥的气氛,寓意着人民胜利渠人牢记党和毛主席的关怀嘱咐、不忘初心、牢记使命,以实际行动向党向人民献礼,为新时代再创新成就新贡献。

浮雕栏板由芝麻白花岗岩精心雕刻而成,设计规格为望柱高1.29米、栏板高度0.90米,沿台阶坡度安装。栏板在"海棠池"内饰以浮雕,以黄河、渠首为表述理念,奔涌流淌的浪花,彰显出人民胜利渠为灌溉水系源头的寓意,浪花托涌出"人民胜利渠"的标识图案,望柱圆形以云水纹为装饰,寓意出人民胜利渠如水利明珠,造福于民的美好愿望。

"第一渠"文化石位于广场正前端,由横形粉红色花岗岩巨型独石立成,石

"第一渠"文化石

长 10 米、高 1.952 米、厚 0.6 米。文化石正面红色大字"人民胜利渠"是集毛泽东主席手书字体而成，小字内容为"新中国引黄第一渠"，背面详细篆刻的《开国领袖毛泽东视察人民胜利渠》，介绍了毛泽东主席于 1952 年 10 月 31 日，视察人民胜利渠的情况。整体浑然大气、庄重典雅，是渠首重要的文化景观。

展览馆广场　展览馆广场改建于 2018 年，广场中央设置入党宣誓台，党旗两面分别是入党誓词和社会主义核心价值观内容。

观澜亭位于渠首闸上游左岸，人民胜利渠引水渠与武嘉引水渠交汇处，登亭眺望，上可顺水远观黄河，下与渠首闸相接，旁与武嘉闸相连，故名观澜亭。亭六角形，内径 3.05 米，檐高 3.07 米，亭石质，结构玲珑，飞檐下有楹联一副，亭匾一块，亭内置浮雕绿石碑一座，是丰富文化内涵的好去处。

观澜亭匾长 1.2 米、宽 0.6 米，漆黑色金字木质板。"观澜"二字由首任中国书法家协会主席、原山东省委书记舒同手书。观澜亭楹联，长 2 米、宽 0.35 米，漆黑色、石绿文字木质板。楹联镌刻"黄河九曲水，民族万年情"文字。此联由

人民胜利渠渠首广场观澜亭（2022年5月）

我国著名诗人、书法家、中国楹联学会创会会长、中国民间文艺家协会党组书记马萧萧撰联并书。

观澜亭中有"黄河母亲"文化石，下为花岗岩基座，基座方形，边宽1.2米、高0.8米，采用传统须弥座样式，刻以牡丹图案，显得端庄大方，质朴利落。上为天然绿石，高1.6米、宽1米、厚0.7米。依绿石天然形状、颜色、纹理精心设计，以浮雕与名家手迹相结合，使之具有丰富文化内涵和天人合一的珍贵艺术价值。正面文字"黄河母亲"篆书，由我国著名诗人、书法家、新中国第一枚邮票设计者、北京天安门大标语书写者钟灵先生书写。背面镌刻我国著名文学家、河南大学教授高文的《黄河》，诗曰："春天势压大江雄，流贯中州疾似风。养育儿孙逾万亿，不辞辛苦不言功"。侧面，迎古秦场大坝遗址方向，镌刻着"秦厂坝头"字样。

"黄河龙"文化石，位于渠首闸门前端的水渠北岸。黑色花岗岩基座高0.8米、宽1.6米、长2.6米。文化石高4.1米、宽2米、厚1米，天然莲花瓣状，迎空挺立，

（a）正面　　　　　　　　　（b）背面

"黄河龙"文化石

巍峨壮观，依原石隐约龙纹形状、天然颜色，赋予黄河龙的文化内涵，采用天然纹理与传统图腾有机结合。正面浮雕巨龙腾飞、火纹飘扬、水浪翻卷、祥云涌动，巨龙生动形象气势磅礴，青、红、黑白相间石纹石色与浮雕图案浑然一体交映生辉宛若天成。背面磨平素石，稍事雕刻纹理，石上呈现出大地上九曲黄河的河道曲线，活现一幅天然黄河流域图意境，上镌刻"九曲黄河、天然画图，国庆七十周年纪念"文字。

人民胜利渠总干渠　人民胜利渠总干渠从武陟县嘉应观乡引黄河水至新乡市饮马口入卫河，与京广铁路线平行，全长52.71公里，两岸白杨参天，绿柳垂荫，花木连绵，是一条百里绿色长廊。渠上亲水平台、观景亮点、温馨提示及安全警示标识随处可见。沿途还有老京汉铁路、抗日战争时期的碉堡、毛泽东主席视察过的良田、牧野大战的古战场以及黄河故道遗迹等。

总干渠一号枢纽位于武陟詹店何营村东南约500米，总干渠桩号9+526处。院内为中国传统园林构建，亭台、假山、小桥相映成趣。何营小电站雕梁画栋古色古香，融古代建筑风格与现代风格于一体。这里有对人民胜利渠倾注毕生心血

人民胜利渠总干渠

的引黄灌溉济卫管理局第一局长牛立峰之墓。

总干渠二号枢纽位于获嘉县冯庄镇王井村总干渠16+560处,始建于1951年3月,1983年扩建。整体采用江南园林风格打造,假山、小桥、流水一应俱全,是一座四季皆景的小型生态公园。由于地处总干渠弯道,沿渠驾车时,远远就能

人民胜利渠二号枢纽

看到一红绿相间的亭台楼阁矗立渠上,在周围金色稻田的辉映下绚烂多姿。

总干渠三号枢纽位于新乡县翟坡镇田庄村境内,总干渠39+920处。始建于1951年3月,1979年扩建。主体建筑田庄三号节制闸于2011年7月6日被新乡县人民政府公布为新乡县第四批文物保护单位。办公的白色小房坐北朝南建于20世纪50年代,正门上方装饰有颜色亮丽的红色五角星,一侧墙壁上浮刻鲜红的大字"毛主席万岁!"。渠边文化石上篆刻着行书"水韵"两字,一旁土山上的六角凉亭与远处的白塔遥相呼应。高高的白塔建于20世纪50年代,是以前专供这里职工饮水的水塔,历经岁月变迁,依然静默坚守。

人民胜利渠三号枢纽水韵(2017年9月8日)

总干渠亲水景观工程主要建在人民胜利渠市区段。渠堤全线照明设备齐全,桥上刻有人民胜利渠渠首的浮雕,渠堤建有多处文体广场,设有人民胜利渠文化宣传栏。每一个景观细节都富有特色和诗意,为人们打造出环境优美的娱乐休闲空间。

入卫口位于人民胜利渠、卫河、西孟姜女河交汇处的三水屿。这里凉亭悠然矗立夹角,木质吊桥横跨总干渠,垂柳轻抚渠岸石栏,紫荆与红叶李顾盼生姿。

70年前,毛泽东主席视察人民胜利渠时从渠首沿着渠堤一路来到这里,遇到放羊农民,毛泽东主席让司机停车,下车与放羊农民亲切交谈,询问生活状况和政策落实等问题,平易近人的话语、温和朴实的交谈,给当地群众留下了美好的回忆。

新中国计划用水起始地碑　　新中国计划用水起始地石碑坐落在李胡寨枢纽工程处,李胡寨枢纽由东三干三支节制闸、三支进水闸、六支进水闸和李胡寨退水闸组成。三支节制闸(桩号25+637)始建于1952年,1979年扩建。李胡寨枢纽工程是东三干重要的控制性建筑物,承担着延津县、卫辉县、滑县20万亩农田灌溉和补源任务,在人民胜利渠引黄灌溉的发展历程中有着十分重要的影响。

新中国灌区计划用水起始地碑(2020年6月)

1953年10月,在苏联专家指导下,东三干渠三支渠作为人民胜利灌区首个实行计划用水配水的试点支渠,借鉴苏联计划用水的一些做法,科学总结了一套灌区用水计划的编制方法、步骤、内容及应运表格。1953年12月,水利部组织山东省、山西省、陕西省、天津市、北京市等19个省(自治区、直辖市)59个单

李胡寨枢纽工程简介（2020年6月）

位代表，到人民胜利渠东三干三支渠进行参观座谈。其后，全国农业水利大专院校、各灌区到东三干三支渠参观学习计划用水的有50余次2200多人，灌区计划用水由点到面在全国逐步得到推广应用。

人 文 景 观

文化遗址　人民胜利渠灌区境内有古阳堤、张良渡等文化遗址。

古阳堤。古阳堤在西汉时期河南省境段的黄河左堤称古阳堤。西南起自武陟县，东北止于山东省德州东北，残堤共分9段，河南境段长约230千米。自武陟冯堤入获嘉县，东北延伸经新乡县大阳堤村、关堤村、卫辉市秦堤村、大张庄村、柳卫村等地出新乡市境至鹤壁市浚县。

古阳堤兴起于春秋，形成于战国，统一完整于秦代，汉代具有一定规模。区域残堤西南邻武陟县汤王堤村东北，残存堤基宽30余米，高出背河地面1.5米，该处因历代沁河决溢和近期引黄沉沙，地面已有抬高；延津县夹堤村至卫辉市柳卫村之间，残堤顶宽15米，高出背河地面2.5米，东北邻浚县大屯村以北1千米许，残堤顶宽10~19米不等，高出临河地面2.5米，高出背河地面5.5~6米，悬差3~4米。

西汉右堤西南起自现原阳县，东北止于山东省平原县西。残堤共分5段，河南省境长约240千米。该堤自原阳县磁固堤村起，东北延伸经福宁集村、秦庄村，

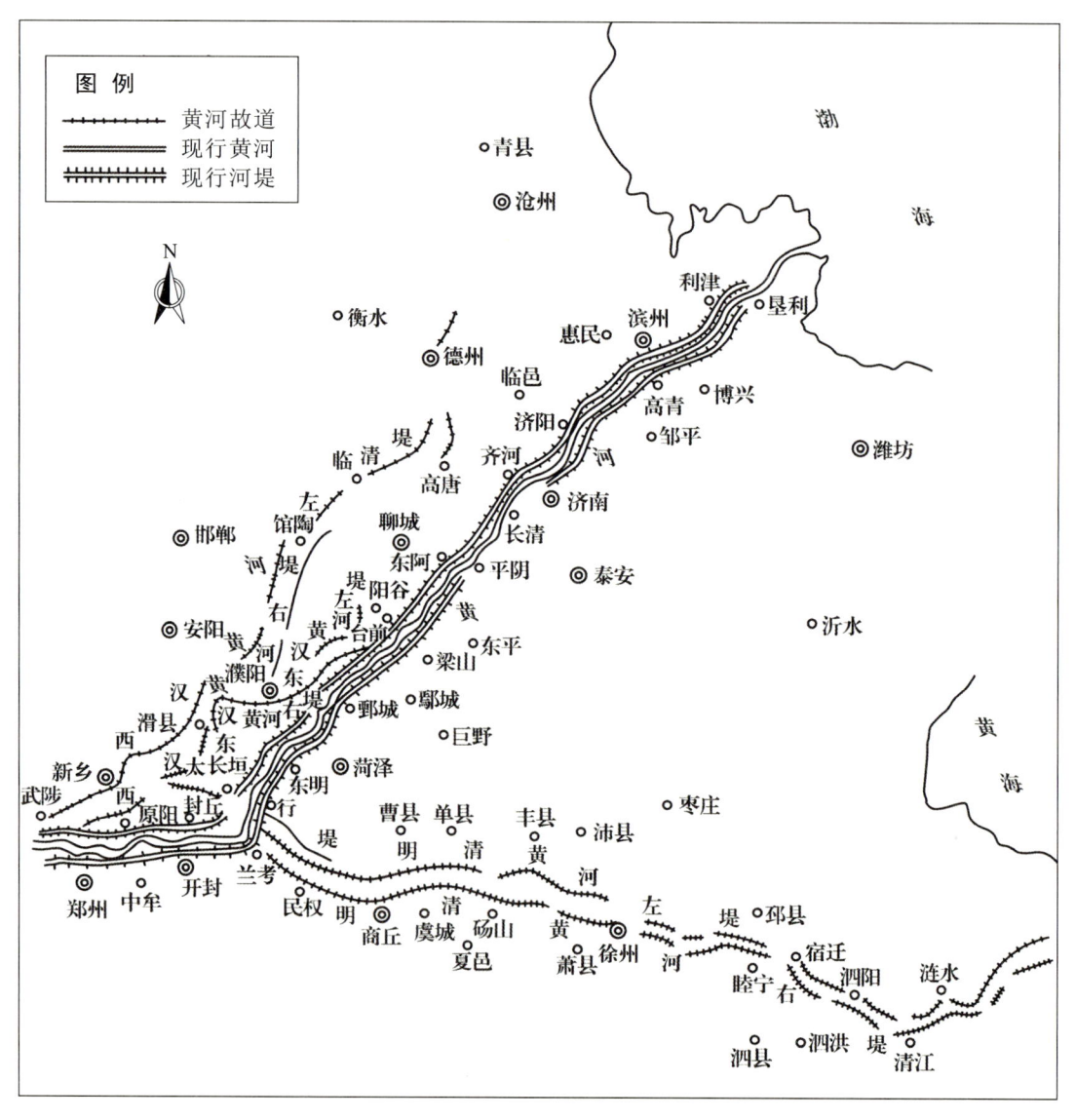

黄河堤防示意图

延津县石堤村、夹村堤至小庄村，以下堤断，至胙城复见堤形，东北出新乡市境至安阳市滑县沙店。右堤在起点磁固堤村保存较好，该村房舍西南至东北向沿故堤呈条形坐落，长 5 千米余，以后不见堤形。至福宁集乡以下，故堤遗迹较多。福宁集乡东北 1 千米处，现存堤基宽约 100 米，高出地面 4～5 米；夹堤村北现存故堤宽约 80 米，高出地面 5～6 米。

西汉故堤左、右两堤之间堤距变化较大。原阳磁固堤村至福宁集段宽约 22 千米；磁固堤村、黑羊山村堤距分别为 10 千米和 16 千米，至福宁集村宽仅 7 千米；延津县夹堤村至蒋班枣村段长约 32 千米；夹堤村、胙城村堤距分别为 16 千米和 13 千米，至蒋班枣村宽仅 3 千米。

张良渡。张良渡位于原阳县蒋庄乡南部与郑州接壤的黄河滩区北岸，西距黄河二桥 1 千米，南部与姚桥乡来潼寨水上渔村一衣带水，北部与国家级蒋庄经济林基因库、麋鹿野生放养园连片开发，形成以黄河湿地旅游为主线的旅游区。仅

张良渡碑

蒋庄乡内就有4万多亩的黄河滩区,空气清新,田园风光如画,被称为北方大氧吧、坝上草原。北岸已经建成张良渡客栈,设有餐饮、住宿、旅游船、跑马、快照等旅游服务和项目。可提供滩地野菜、黄河野鱼等几十种滩区水、陆菜肴和原阳风味小吃。还有当地特有的手工柳编工艺品和手工木机纺织的纯棉布。黄河滩区有独特的顺河风气候,即使炎热的盛夏,泊船黄河之中也有习习凉风。住宿船上或岸边客栈,夏天也要盖夹被。由于特殊的地理因素,形成"黄河二桥长虹飞渡""驳船黄河一锚碇三县"等特殊的人文自然景观。

古建筑 人民胜利渠灌区境内有百泉、妙乐寺塔等古建筑。

百泉。百泉为省级文物保护单位,位于辉县市区西北3千米百泉镇村西北侧,太行山支脉苏门山南麓,以湖底泉眼无数而得名。东临麦垛山、九山,西接辉陵公路,北靠太行山,南面为山前冲积平原,是中国北方著名的、河南省仅有的自然山水古典园林。百泉由苏门山和百泉湖组成,呈不规则多边形,内存大量明、清时期的建筑。

百泉在商周时期已闻名于世,记载见诸《诗经》《荀子》等。秦时始就有人文建筑,隋唐时逐渐增多,清朝中期已形成园中园格局,并初具规模。有93处名

百泉

胜，百泉古建筑47座200余间。著名的有卫源庙、清晖阁、孔庙、天爷庙（无梁殿）、邵夫子祠、启贤祠、龙亭、啸台、振衣亭、洗心亭、放鱼亭、湖心亭、下马亭、课桑亭、金梭桥、飞虹桥、云桥等。苏门山南麓的碑廊内存350余通北魏至清代的古碑刻、墓志、造像碑、画像碑、诗词对联碑等，以及民国时期的一些石刻。另外，还有安乐窝、百泉书院、翠华行宫、啸竹庐、白露园等名人故居或书院遗址。其自然山水优美，名胜古迹繁多，历史、科学、教育、文化、艺术等内涵丰富以及特有的园林景观、风貌为中原地区所罕见，白栋在《思亲亭记》中赞叹百泉"实河朔之丽境，中土之奇观也"的美誉。为研究中国南北方古典园林及明清地方建筑手法提供了重要的实物资料。1952年中央确定百泉为平原省四大名胜古迹之一。

百泉从唐至清，历代都有增修、创修和修葺，大小维修无以计数，大规模的维修有3次。一次是清乾隆十五年（1750年）进行了全面维修；另一次是清宣统元年至三年（1909—1911年），徐世昌、袁世凯等人捐资数千万金，历时3年进行整修；最后一次是1992—1993年，河南省文物局拨款30万元，辉县市委、市政府投资800万元，社会筹资2000万元，全面整修百泉，共维修古建筑33处，复修古建筑7处。

妙乐寺塔。妙乐寺塔位于武陟县阳城乡东张村西北隅，古怀城西南隅，紧沿古城墙。据周显德二年（公元955年）立的《妙乐寺重修真身舍利塔碑并序》记载："自大周广顺三年（公元953年）癸丑岁兴工，至显德元年（公元954年）甲寅岁年毕功"。此塔始建于唐。后周重修，明清又修3次，1949年后又小修1次。

妙乐寺塔塔高30余米，塔底平面呈正方形，边长10米，为13层叠涩密檐式方砖塔，下大上小，外轮廓呈曲线，塔身南面外壁2~13层，各辟1龛，内置铜佛，其余3面或辟佛龛，也置铜佛，诸层檐的翼角下有木质角梁，梁头悬挂铁风铎，微风吹动作响。塔顶有铁刹，相轮7层，上有8角形铜宝盖和仰月、宝珠、第十三层上四角有2铜2铁4个狮子，各系1条铁链拉着铁刹。塔的底层，供着巨大泥塑金身佛像，身高7米，头大如斗。佛像面前有1口井，井口有碗口大，善男信女向井内投掷铜钱之类。妙乐寺塔因紧沿沁河，屡遭水患。1939—1942年，

妙乐寺塔

玲珑塔

日本侵略军和国民党军队两次破坏堤防，使洪水直冲寺塔，寺院全毁，唯塔独存。1963年6月河南省人民委员会公布为省第一批文物保护单位。

玲珑塔。玲珑塔为省级文物保护单位，又名宝塔或徽塔。位于原阳县城西南17千米处的原武（旧县治）镇东关外，为宋朝崇宁四年（1105年）建，明朝万历二十九年（1601年）重修。塔外轮廓略成抛物线形，平面六角13层楼阁式砖塔。由于明景泰年间黄河南徙和清代黄河多次决口，下部第一层塔身被泥沙淤于地下，现地面仅有12层。塔通高47米，向左倾斜2度33分。该塔现门面南，为第二层塔室的券门所改。1979年在第一层塔室发现北壁上有叠涩洞道，南壁下有登临磨损的圆形砖头。证实，原塔向北辟门。塔身全用青条砖砌成，每层塔檐为叠涩砖砌出，上加莲瓣平座。每面有半圆券门，置毯纹格眼和破子棂式假窗。斗拱砖、莲瓣砖、假窗砖均为条砖磨制，有雕砖的效果。塔身还有"曰"字形的栏线凸出。该塔层层券门，数量多少不等，面向也不统一。第六层内有小方神龛，神像早失。各檐的翼角下有木质角梁，梁头下悬铁风铎。塔内第一层塔室深2.3米，高3.2米，室内呈平面六角形，每角都有砖柱。第二层塔室面阔5.8米。自下而上，面阔与高度递减。塔中间有宽0.6米的砖梯塔道，可拾级而上至塔顶。塔室每层均为斗拱攒顶。上面五层为中空塔室，木板棚底，中心置直径为0.6米的木刹柱，上穿铸铁覆体形六角刹基座。原刹顶置有铜质镇顶饰件。1979年在塔基处发现"重修宝塔记"碑。此碑为修塔笔记，上刻善人、石匠、施财人等姓名，落款"万历年岁次辛丑冬吉立碑为记"，高42厘米，上刻小楷书13行，每行13字，四边雕波浪图案。

历史文物 人民胜利渠灌区境内有御坝石碑、渡河词碑等历史文物。

御坝石碑。御坝石碑位于武陟县二铺营乡御坝村南，黄河大堤北侧。清康熙六十年（1721年），黄沁河溃决成灾。雍正元年（1723年），为治河堵口，雍正皇帝亲临武陟县抢险工地视察，决定在此修一挑水坝，次年坝成，称为御坝。雍正皇帝降旨立石碑一通，碑首雕有盘龙图案，碑身阳刻皇帝亲书的"御坝"二字，1957年列为县级文物保护单位。

渡河词碑。渡河词碑为省级文物保护单位。位于获嘉县南17.5

御坝石碑

渡河词碑

千米亢村镇西街村。该碑圆首，龟趺，通高 4.18 米。碑身高 3.45、宽 1.32 米、厚 0.66 米，碑文 9 行，字大 10~15 厘米，共 169 字，行书，其三分之二是一首词，三分之一是作者释文和落款，为明朝内阁首辅夏言在嘉靖十八年（1539 年）三月，亲随世宗朱厚熜祭黄河望嵩岳南巡游幸，于己巳圣驾渡黄河时所书。镌勒后立于当时黄河北大堤上的河南卫辉府获嘉县亢村驿前，迄今 470 年。

碑文内容："九曲黄河，毕竟是，天上人间何物。西出昆仑东到海，直走更无坚壁。喷薄三门，奔腾积石，浪卷巴山雪。长江万里，乾坤两派雄杰。亲随大驾南巡，龙舟凤舸，白日中流发。夹岸旌旗围，铁骑照水甲，光明灭。俯视中原，遥瞻岱岳，一缕青如发。壮观盛事，己亥嘉靖三月。"

夏言（1482—1548 年），字公瑾，贵溪（江西贵溪县）人。明正德进士，嘉靖初为谏官，后任武英殿大学士，被严嵩排挤去官，并为其所害。著有《南宫奏稿》和《桂洲集》。1966 年碑被拉倒，碑座砸损。1984 年由新乡地区文物管理委员会拨款 2000 元，在原址上建高台碑楼，重树此碑。该碑为记事而立，有补正史籍的作用，词文跌宕，气势恢弘。作者借用《词》的形式，寓真实于浪漫之中，艺术地描绘了祖国的宏伟河山和嘉靖帝南巡渡河时的壮观盛况，碑文行书镌勒，词文、自注、落款挥之一体，布白自然，错落有致，颇具观赏价值。

祠馆　人民胜利渠灌区境内有卫源庙、嘉应观、青龙宫等祠馆。

卫源庙。卫源庙坐落于百泉湖畔，北靠苏门山，是祭祀河伯的庙堂。史载：庙内清晖殿创建于隋代，唐、宋、金、元诸代多次重修。明洪武元年（1368年），改御河为卫河，在清晖殿前建门楼，匾名卫源庙。到明朝嘉靖三十三年（1554年）进行扩建。清康熙、乾隆、道光等年间又有整修。清晖殿，又称壬癸殿，九脊绿瓦，重檐飞甬，绘梁画柱，金碧辉煌，十分壮观。在清晖殿东侧，有一唐碑，名"百门陂碑铭"，为武周长安四年（704年）孙去烦书写，字迹遒劲，虎虎有生。

卫源庙

庙前湖面有3.4万平方米，水深2～5米，总容量6.50万立方米。湖面靠北有三亭，东西排列，伸入湖内，中为灵源亭，东为涌金亭，西为喷玉亭。灵源亭又名灵源寺，建于唐代，内有方井1口，井中冒泉眼，相传唐代薛仁贵搠刀于此，又有搠刀泉之称。亭内灵源碑，为清道光二十年（1840年）正月立。涌金亭创建于北宋，金代重修，后毁于元，又经明、清两代多次重修。亭壁嵌有碑刻50余块，内有北宋苏轼书写《苏门山涌金亭》碑刻。喷玉亭创建于金代明昌年间，明朝嘉靖三十四年（1555年）和清道光二十年（1840年）又两次重修，亭中有碑记。

百泉湖中的亭台楼阁，以折形石桥与两岸相连。古人赞美诗云："琉璃半顷碧，跳珠颗颗圆，小桥锁亭阁，云天共一川"，以誉湖中景色。湖中东亭名"放鱼亭"，始建年代无考，清道光十四年（1834年）辉县知县周际华主持重建。湖西北有冯泉亭，系冯玉祥1929年主持修建。再南接金梭桥，止于清晖亭。清晖亭创建于元代，《辉县志》载：园内建小亭，前有水池亩许，池中植莲，翠色上浮，故亭前木匾题"挹翠楼"。明朝万历二十年（1592年）辉县知县纪云鹤主持改亭为阁，阔三间，四周植翠柏，更名清晖阁。清康熙二十九年（1690年）辉县知县渭彬在清晖阁前又建飞虹桥。清晖阁景色宜人，有"云影碧波天上下，恍疑神女弄珠游"之美誉。

嘉应观。嘉应观俗称庙宫，位于武陟县二铺营乡杨庄村南，建于清雍正元年（1723年），占地93334平方米，为清代大型建筑，耗银288万两，历时4年建成。嘉应观的建筑呈南北中心轴线、东西殿宇对称。观对面原有舞楼1座（已拆除）、山门外有铁狮1对，东西各有旗杆和牌坊，山门上有长方形石匾，上横刻"敕建嘉应观"，入观内中轴线上有御碑亭、拜殿、大殿、禹王阁。两边有钟鼓楼、阁亭、陪殿、暖阁、道院和将军祠，共有房子100多间，分为8个院落。大殿为该观的中心建筑，亦称金龙四大王殿，面阔7间，进深4间，雄伟高大，居群殿之上，为重檐歇山回廊式建筑，与登封县中岳庙的天中阁、大殿等主体建筑相同，为河南省第二处清代建筑群。嘉应观内的御碑亭，亭正中有清雍正二年（1724年）立的铜碑一通，碑高430厘米，宽90厘米，厚24厘米，碑首雕有二龙戏珠图案和篆书"御制"二字，碑身及碑侧刻有游龙云水花纹。碑文为雍正皇帝亲笔撰写，字体潇洒，书法流畅，内容详记修观本旨，碑身下为麒麟喷云座，造型生动。1963年6月20日，

嘉应观俯瞰图

河南省人民委员会公布嘉应观为省重点文物保护单位。1985 年在嘉应观内建立中原石刻艺术馆，成为郑州市黄河游览区重点游览点之一。

青龙宫。青龙宫是当地百姓祈雨的地方，又称龙王庙，位于武陟县西北 2 千米龙源镇万花庄。始建于明朝永乐年间，清朝嘉庆十八年 (1813 年) 奉旨重修，更名为青龙宫。后经道光、光绪年代几次增修。建筑面积 1024.81 平方米，占地面积近 30 亩。主要建筑有戏楼、玉皇阁、拜殿、后寝宫等。

戏楼正对主殿玉皇阁，面阔三间，进深六架椽，为单檐歇山式建筑。檐下施异形斗拱。两山墙上端分别嵌正方形砖雕，图案为形态各异的麒麟、鸟兽图。戏楼正中为青龙宫正门，门前照壁雕刻华丽，戏楼两侧各有一掖门。

玉皇阁两层楼阁，面阔五间，进深二间，为重檐歇山式建筑，灰筒板瓦覆顶。

大额枋、平板枋、斗拱均作华丽雕刻。明、次间均用格扇门，上层前檐安置木制栏杆，上下层正中挂匾。玉皇阁前东西两侧有配殿，均为面阔三间，进深二间，单檐硬山式建筑，前檐为隔扇门，门上端走马板上彩画二十四孝图。

拜殿位于戏楼与玉皇阁之间，面阔三间，进深三间，为单檐歇山式建筑。前檐为开放式，后檐明间装隔扇门，门楣上悬清光绪皇帝《惠普中州》御笔匾。殿东、

青龙宫

西各有一座配殿（东、西官厅），面阔三间，进深一间。

后寝宫位于玉皇阁之后，面阔三间，进深二间，为单檐歇山式建筑。前檐格扇门上刻 12 幅人物花草、山水画。

青龙宫建筑群布局严谨，左右对称，建筑布局似一条青龙，整个宫内的建筑装饰为各种形态的龙，与青龙宫内涵融为一体。1995 年 5 月 9 日，武陟县人民政府公布为县级重点文物保护单位，2000 年 9 月 25 日被河南省人民政府公布为省级重点文物保护单位。

园林 人民胜利渠灌区境内有延津黄河故道森林公园、豫北黄河故道湿地鸟类国家级自然保护区等园林。

延津黄河故道森林公园。延津黄河故道森林公园是以延津县林场为基础，1993 年建立公园。园内面积 6.3 万亩，分布有大面积的湿地、沙丘等，森林覆盖率近 90%。有豫北面积最大的刺槐林，1995 年被定为省级森林公园。公园内还保

延津黄河故道森林公园

留有战国名将吴起扼守黄河渡口的"吴起城",姜子牙蒙难落户靠卖锅贴度日的"汲棘"遗址等人文景观。延津黄河故道森林公园内有大面积槐树林。2012年4月,延津县在黄河故道森林公园举行了第四届槐花文化节。

豫北黄河故道湿地鸟类国家级自然保护区。豫北黄河故道湿地鸟类国家级自然保护区位于新乡市东南30千米,横跨卫辉市、延津县和封丘县3县(市)境。总面积247.8平方千米,是河南省第一个湿地型鸟类自然保护区,也是黄河中下游面积最大的一块湿地。保护区内有大小天鹅、白鹳、白鹭、鸳鸯、野鸭等鸟类130种,被列入国家重点保护的鸟类有34种。其中国家一级保护鸟类7种,国家二级保护鸟类27种。保护区内有各种植物700多种,不少为河南省内其他地域罕见的种类。芦苇和香蒲等水生植物成簇成片,轻风吹过,一望无际的芦苇荡如碧海波涛,此起彼伏,颇为壮观。

豫北黄河故道湿地鸟类国家级自然保护区

民 间 传 说

共工治水 共工，中国早期的治水英雄，被公认为中国最早的"水神"。共工的部族主要生活的区域为太行山南麓一带，中心区域就是辉县市。在中国早期文明史上，共氏在水利史上具有不可磨灭的功绩，而共工治水表现出来的永不言败的精神，也是中华民族宝贵的精神财富。

根据考古资料显示，辉县市孟庄遗址就是共工部落的族民生活的地方。辉县最早的地名就叫共地、共邑。辉县在西周分封诸侯，首次设置行政区域时，便称为共国。汉代，辉县始置县，名曰共县，皆因这里是共工的居住地。2017年10月29日，辉县市被中国先秦史学会正式命名为"共工故里"。

船城 很早以前，邙山东头北侧有座笔架山，阻滞黄河水流不出去，因此，从太行山到邙山之间全是一片泽国。大禹凿通了笔架山，黄河水向东流了。但是从太行山到邙山之间还有不少河汊，到夏秋汛期，这儿又是一片汪洋。为了开辟这一片土地，大禹带着数万民工，坐着大船进行治理。他把船停在这一带腹地——也就是武陟县旧县城老城。分派一部分人筑黄河北堤，叫黄河水靠邙山根流；分派另一部分人疏通沁河道，筑沁河堤，让它向东南流入黄河。

完工后，黄河北岸露出了一大片肥沃的土地，谁知那只大船竟与土地连在一起扒不动，撬不起，大禹无法只好留下了。后来，禹的子孙就在这条大船上建立了城。此后，黄河和沁河决口无数次，城周围多次成为泽国，但城里没进过一次水，老百姓说："因为它是个船城，水涨船高嘛！"抗战前，这里还是县衙门所在地。老年人都见过衙门里有个高高的铁桅杆和铁锚，老百姓说，那是大禹治水留下的大船的标记。

孟姜女哭长城　孟姜女哭长城的传说故事，与梁祝化蝶、白蛇传、牛郎织女并称为"中国四大民间传说"，广为流传。其夫范喜良（卫辉人）被征召修筑长城（今卫辉市与辉县交界的战国长城）劳累而死，埋于长城之下。孟姜女寻夫哭至卫辉池山段长城，感动天地，哭塌长城，露出丈夫尸骨。至今在卫辉池山乡歪脑村一带还流传该故事，山上能见到孟姜女哭塌长城的泪滴石。新乡市区有孟姜女河、孟姜女路、孟姜女桥等名称。

东孟姜女河

黄河河神柳毅　　柳毅，卫辉市庞寨乡柳卫村人。据《汲郡志》记载，唐高宗麟德元年（公元664年），20岁的柳毅赴京赶考，途中突然狂风骤起，将范县县令之女卢秀英所乘之船打翻，卢秀英坠入河中。柳毅见状拼命将其救起，后又安排卢秀英在孟津驿馆疗养，却误了自己的考期。卢秀英为报恩，以身相许，一时传为佳话。唐高宗闻知，破例钦点柳毅为进士，并命其为水利都督，统管全国各地水利工程。柳毅为官清正廉明，尽职尽责。唐高宗仪凤元年（公元676年），黄河发大水，柳毅在带领百姓抢险救灾时不幸以身殉职。皇帝念柳毅治理黄河有功，下旨敕封柳毅为黄河河神。并由此引发了许多关于柳毅的神话故事、传奇小说、戏剧、评书等。

在柳毅的故乡柳卫村，有"柳毅故里"碑，"柳毅的传说"为河南省非物质文化遗产。当地人们还把柳毅的生日农历三月二十二日定为庙会会期。

柳毅故里

诗 词 碑 文

诗词

《诗经·卫风·河广》
〔先秦〕佚名

谁谓河广？　一苇杭之。

谁谓宋远？　跂予望之。

谁谓河广？　曾不容刀。

谁谓宋远？　曾不崇朝。

卫　河
〔明〕王世贞

河流曲曲转，十里还相唤。

哪比下江船，扬帆忽不见。

卫水咏
〔清〕畅泰兆

湛湛苏门水，城隅瀿漩过。

晴晖珠吐浪，斜照玉飞波。

鼓棹澄光碎，连天素练多。

川流长不息，隔莘听渔歌。

金堤柳浪
〔清〕任　洵

今古河防重，长堤壮柳衙。

风过眠未稳，烟动舞常斜。

缥缈浮空际，扶疏趁水涯。

巡方驱马渡，逸兴放平沙。

阅百门泉五闸改建石络偶赋

〔清〕王新命

泉源载风诗，水利由来久。

居人建五闸，蓄水灌畎亩。

卫河漕百万，亦藉此清浏。

每岁五月初，启闸有典守。

五月正农时，农人良掣肘。

圣皇轸如伤，纶言甚明剖。

漕运与民生，自当计不朽。

余来细探验，设闸均平否。

上塞下不流，未免滋弊薮。

启板流即竭，苗槁谁之咎？

水利本自然，何必多拘狃。

约守一更定，用竹编成篓。

掇取嶙嶙石，贮之各渠口。

涓涓昼夜流，不先亦不后。

终岁水常盈，公私均得有。

此法无偏枯，只在一举手。

驻马百门泉，歌诗喻童叟。

碑文 御制武陟嘉应观碑文：朕抚临寰宇，夙夜孜孜，以经国安人为念。惟兹黄河发源高远，经行中国，纡回数千里，与淮、沁、泾、渭、伊、洛、沂、泗合流以入于海，古称河润九里。其顺轨安澜，滋液渗漉，物蒙其利。然自武陟而下，土地平旷，易以泛滥，其来已久。频岁南北堤岸冲决，波浸所及，田畴失业，而横突运河，为漕艘往来之患。其关于国计民生甚钜。屡下谕旨，亟发帑金，修筑堤防，期于洒沈澹灾，成底定之绩。夫名山大渎，必有神焉主之，《诗》云："怀柔百神，及河乔岳。"朕思龙为天德，变化莫测。云行雨施，品物咸亨。又能安水之性，使行地中，无惊涛沸浪之虞，有就下润物之益。待命河臣于武陟建造淮黄诸河龙王庙，祇申秩祭，以祈庥佑。《礼记·祭法》曰："圣王之制，祭礼也。能御大灾，则祀之，能捍大患，则祀之。"乃者，水循故道，不失其性。自春徂秋，经时历汛，靡有衍溢。中州兆庶离垫溺之忧，获丰穰之乐。所谓御灾捍患有功功于民者，至明且著。斯庙之建，诚合于古法矣。河臣请为文以纪，刻诸丰碑。朕用推本龙德而明征礼经，以示永久。岁时戒所司，奉牲牷酒醴，恪恭祀事，以邀福于神。其继自今，风雨有节，涨潦不兴，贻中土之阜成，资兆民之利济，以庶几于永赖之勋，是朕敬神勤民之本怀也夫。

雍正二年九月初二月敬节

武陟县修堤纪念碑（大樊堵口纪念碑）碑文：黄沁历年为害我区，每决口数十万人惟难，生命不保，财产荡尽，良田变沙荒，村舍尽冲没，妻离子散，流离他乡，民不堪其苦。新中国成立后，在共产党与人民政府领导之下，奋力堵塞大樊决口加强堤防，安全渡过数年大汛，现中央人民政府为保护千百万人民的长期安全，乃决定进一步增强堤防，布置蓄洪、滞洪、修建分洪堰闸。我区除分滞洪任务外，修堤土方为6百万公方。由博爱、武陟、修武、获嘉、新乡、原阳、延津等7县担任。共动员民工174000人，均情绪奋发，踊跃争先。8日至15日左右，即完成任务，武陟县动员参加民工2244人，由县长张哲夫同志任指挥部主任，刘明朗、郭义保任副主任。王毅夫、洪波同志任正副政治委员，亲自率领上堤，对群众进行了深入的政治动员，在保卫生产、充实国防、增强抗美援朝力量的号召下，开展了热烈的爱国主义竞赛，每工平均效率由二方提高到四方，涌现了大批修堤模范。如傅村、大樊、古樊等模范村平均效率达到5.3方/工，大樊赵法杰、傅村宋明德，硪工队平均每日1800平方米。充分表现了劳动人民伟大力量与高度热情。这次修堤任

御制武陟嘉应观碑　　　　　　　　　大樊渡口纪念碑

务的完成，将使黄河进入新的历史阶段，两岸人民将永远摆脱洪水灾害，待以安全生产，争取丰收，走向富裕。这是由于毛主席及中央人民政府的英明领导及广大人民的伟大劳动与参加复堤干部、医务各方面工作人员的努力而实现的。特此纪念。

新乡专区治黄指挥部主任　于　健

副主任　韩培诚　田绍松

政治委员　刘　刚

1951 年 5 月 31 日

人民胜利渠开灌三十周年纪念碑碑文：人民胜利渠，是中华人民共和国诞生后，在黄河下游兴修的有历史以来第一个大型灌溉工程。从此，揭开了开发利用黄河中下游水利资源的序幕，结束了"黄河百害，唯富一套"的历史。标志着人民革命和治黄事业的胜利，显示了人民群众的智慧和力量，故命名为"人民胜利渠"。

人民胜利渠，是在中国共产党和人民政府的领导下，由黄河水利委员会规划设计，于 1951 年 3 月破土兴建，1952 年初第一期工程竣工，同年 4 月 12 日启闸放水，10月31日毛泽东主席亲临渠首视察，鼓舞了灌区人民。经过30年的努力，使此套灌溉工程日臻完善，现已初步形成灌排并举，渠井结合，工程配套，旱涝保收的大型灌渠。渠首位于武陟县境内秦厂大坝上，东邻黄河大桥，南对巍巍邙山，绿树成荫，花果满园，初设计引水40立方米每秒。由于闸后加固，闸前淤高，总干桥部分桥闸扩建，最大引水量增大90立方米每秒。总干渠自渠首而北，至新乡市入卫河，全长52.7公里，担负灌溉、排涝、发电和济卫多重任务。渠越黄河大堤处建5孔防洪闸1座，以下设跌水3处，一号跌水建发电站一座，装机625千瓦，灌溉渠系由总干渠和干、支、斗、农、毛渠组成。排水渠系以卫河为总干排，东西孟姜女为干排，田间有支、斗、农、排。总干渠下有干渠5条，支渠38条，加上斗、农渠总长1430余公里。灌区建沉沙池3处，打机井11000多眼。现已是渠道纵横交织、机井星罗棋布，灌溉着武陟、获嘉、新乡、原阳、延津、汲县和新乡市郊区88万亩农田。

忆往昔，灾害连年，岁月艰辛。看今朝，林茂粮丰，仓廪盈实，灌渠开灌前，高灌地十年九旱，大旱年赤地千里，低洼地盐碱沙荒，多雨期一片汪洋。1950年粮食亩产年仅177斤，棉花29斤，开灌后粮食产量逐年提高，人民生活不断改善。特别是党的十一届三中全会以来，制定了正确的农业政策，推广了科学技术，充分发挥了灌区旱涝排沉改土的作用，再加其他农业措施，从1979年起，粮食超千斤棉过百，至今有增无减，保持稳产高产，灌区呈现一派欣欣向荣、富庶昌盛的新景象。同时在供应新乡市、天津市用水上也发挥了应有作用。

三十年道路曲折，经验教训俱存，开灌后，加强灌溉管理，由点到面，实行计划用水，农业生产形势很好。1957年粮食亩产达到279斤、棉花53斤。1958年，在"左"的思想影响下，加上经验不足，采取了大引、大灌、大蓄、大灌大排、兴渠废井的错误做法，破坏了生态环境，排水系统淤死，地下水位升高，盐碱地面积由开灌时的10万亩，猛增到38万亩，实灌面积由74万亩，缩减到24万亩，粮食亩产1961年降到193斤，棉花33斤。党和政府领导灌区人民认真总结经验教训，采取全面疏浚排水渠系，节制引黄水量，打井架电，开发地下水源等措施，

人民胜利渠开灌三十周年纪念碑

逐步扭转局面。1965年灌渠开始恢复，粮食亩产升到400多斤，棉花70斤。在实践中总结一套"灌排并举，渠井结合，沉沙改土，科学配水"的成功经验，并提出了"处理泥沙，防治盐碱"的攻关科学项目。

展望未来，任重道远，前程似锦。今后，在党的十二次代表大会精神的指引下，需要继续完善灌排渠系，合理运用渠井，加强科学管理和技术改造，以扩大灌溉面积，保证稳产高产，为城市提供水源，并要努力向普遍实现工程规格化、大地园田化、渠道林网化、运用自动化、管理企业化的现代化灌区高标准进军，望沿黄为振兴中华的广大干部群众，续此大业，永远造福人民

中共河南省新乡地区委员会

河南省新乡地区行政公署

1982年4月立

沁河改道，老城搬迁纪念碑碑文：武陟旧名怀县、武德、两汉、魏、晋时为河内郡治所。隋开皇十六年始置武陟县，旋即裁并。唐武德四年复置，于沁南河湾处筑城建署。城有三门：东为临沁，西曰望行，南曰永赖。其北紧依沁堤，周长四里七十七步，自唐建置后，历代增修层城、谯楼、衙署、坛庙之属。公元一九三八年冬，日寇侵占武陟，人民惨遭蹂躏，公廨、居民、文物、古迹破坏殆尽，尔后，县署迁至木栾店，旧县城遂改名为老城村，原县城经一千三百一十七年之历史，今老城居民搬迁，盖因沁河之改道。沁水源出绵山，下游悬河多险，决溢频仍，为害甚烈。尤以木栾店与老城之间，河床狭窄，陡折而南，拱桥东迫，滞流不畅，洪水暴涨，危若累卵。若右堤决，则危及沁南18万人民之生命财产；如左堤决，则新太、京广两路段及新乡诸工业城市将为汪洋；倘黄沁并溢，则华北平原俱受威胁。据县志记载，县城初建，城基高于堤岸，后因泥沙淤积，河床渐高，城内大部水渍，常年不涸，河水暴涨，更有灌穴之虑。故清道光年间即有迁城之议，然清王朝及历届反动政府不顾人民死活，迁城之举，终未果行。新中国成立后，党和人民政府连年加固堤防，清除障碍，杜绝决溢之患。党的十一届三中全会后，为确保人民生命财产安全，防患于未然，经多方查勘，决定由杨庄村开一新河道，水流迤逦东南，经老城与下游故道相接。堤距由三百三十米扩为八百米，裁弯取直，水流畅通；且北岸有新旧二堤及悬河高滩作屏障，实为长久之计，方案拟定，报水利电力部批准、于一九八一年三月开工，百余日新河道右堤告成，堤长二千四百一十七米。一九八二年六月底，又筑成左堤三千一百九十五米，险工堤段一千六百四十一米及坝垛十六座，两堤共做土方二百七十二万四千立米，石方二万三千二百立米。与此同时，老城、东关、西关全部居民及南关、杨庄部分居民迁出河道区，共迁出公私房屋四千八百七十九间，政府以巨款资助，建设新村三处，老城居民迁至原老城西南一千米处为城西新村；南关居民迁至原老城正南五百米处为南关新村；东关居民迁居至原老城东北五百米处之旧河道右滩为东关新村；西关居民则分别迁入木栾店、韩原村、西马曲、东石寺等村镇。近五千居民安居乐业，各得其所，当斯时也，堤工甫竣，

沁河改道老城搬迁纪念碑

洪水骤至，四千二百八十秒立米之洪水排空而来，浊浪滚滚，涛声震天，为百年所罕见，而两岸新堤固若金汤，改道工程成效卓著，广大群众啧啧称赞。1983年6月，七百五十米之沁河大桥竣工通车。搬迁、筑堤、建桥历时二年零四个月，投资近三千万元，筑堤、建桥皆为机械化施工，速度之快、质量之高，为前所未有，足以显示共产党领导之英明、社会主义制度之优越。为使后人咸知老城兴废之始末、沁河改道之缘由，激励其建设社会主义物质文明和精神文化之热情，乃树此碑。

中国共产党武陟县委员会

武 陟 县 人 民 政 府

1984 年 4 月

民 情 风 俗

人民胜利渠区域所在独特的自然条件和社会环境，形成当地独特的民情风俗。先民们在与洪水的抗争中，共同协作，逐渐形成有一定节奏、一定规律、一定起伏的黄河号子；从军营战鼓、祭祀黄河龙王的祭祀鼓乐分流出来的武陟大圣鼓，产生在治理黄河的关键地段，两千年来在治黄工程中从不间断，是黄河文明的具体体现。

这里用黄河水浇灌，使昔日盐碱滩变成稻米乡。原阳大米作为米中上品，被指定为北京第十一届亚运会专用食品，在首届中国农业博览会上名列全国参展品榜首，2002年作为全国大米行业第一家获得国家工商总局颁发的"原产地证明商标"。武陟油茶被汉高祖刘邦给出"佳膳出武德，膏汤盛宫筵"赞语，清雍正帝赞其"怀庆油茶润如酥，山珍海味难比美"，1988年获首届中国食品博览会银奖。

民 俗 活 动

气象民谚 年前立春明年暖，正月立春二月寒；麦收三月雨，不如二月下；开门起，关门住，关门不住刮倒树；日晕三更雨，月晕午时风。三日东风不由天；不怕天不下，就怕东风刮不大。东风雨，西风晴，刮起南风下不成；旱刮东风不下，涝刮西风不晴。云从东南长，下雨不过晌；日出胭脂红，出门带伞行；天上鲤鱼斑，晒谷不用翻；瓦儿云，晒死人；云绞云，雨淋淋云往东，刮股风；云往西，观音老母披蓑衣；云往南，水涟涟；云往北，干研墨；黑云对着白云跑，一场冰雹少不了；黄云翻，下冷天；黑云挂红烧，一定下冰雹；雷响天顶，有雨不猛；雷响天边，大雨连天；久晴大雾必阴，久阴大雾必晴；月亮平凹，不久就下；月亮打伞，离下不远；月亮张弓，少雨多风；月亮竖橛，旱死老婆儿；星星稠，雨滴流；星星稀，雨无期；星星眨眼，离下不远；鸡早栖，好天气；蜜蜂出门早，天气一定好；蜜蜂窝里忙，有雨下一场；蚂蚁打架蛇挡道，燕子低飞雨来到；炊烟下埋，有雨要来。蛤蟆闷叫，雨将来到；茅粪发酵，有雨来到；一九、二九伸不出手；三九、四九沿凌走；五九、六九春风摆柳；七九六十三，行路客人把衣宽；八九七十二，遍地使牛子；九九杨落地；十九杏花开。

农事民谚 庄稼一枝花，全靠肥当家；种地不上粪，等于瞎胡混。麦收一盘耙，秋收一张锄；有肥无水，苗儿噘嘴。深耕加一寸，顶上一茬粪；提耧芝麻，按耧麦；有钱买种，没钱买苗；有苗不愁长，没苗哪里想；清明前后，种瓜点豆。

枣芽发，种棉花；谷雨麦挑旗，立夏麦穗齐；麦熟九成收，长到十成丢；麦熟一晌，蚕老一时；头伏萝卜末伏芥，三伏里头种黄叶（白菜）。

黄河号子 黄河号子是一种古老的中国民歌，2008年被国务院列入国家级非物质文化遗产名录。

黄河号子属于劳动号子的一种，先民们在与洪水的抗争中，共同协作，逐渐形成有一定节奏、一定规律、一定起伏的声音（号子）。在黄河治理过程中出现了不同的工种，黄河号子也相应分成许多类别，诸如河工号子、夯硪号子和船工号子等，各地区也出现不同的流派。据《宋史·河渠志》记载："凡用丁夫数百或千人，杂唱齐挽，积置于卑薄之处，谓之'埽岸'"，这种"杂唱"就是号子。河工号子按照节奏、腔调的不同又分骑马号、绵羊号、小官号、花号4种；按照工作场景、用途的不同又分为：捆枕号子、推枕（推笼）号子、打桩号子、搂厢号子等。黄河号子的一个主要特点是一领众和，分成喊唱、齐唱、呼喊等表现形式，以高亢、浑厚、雄壮、有力的节奏和声音，表现出协作一致、群情激昂的情绪与干劲，具有指挥协调的功用,也有极为强烈的艺术感染力。紧张型与舒缓型号子交替使用,还可以调节劳动强度,减轻河工们的疲乏。

黄河自古多洪泛。黄河号子产生于古代治河工地,产生于与黄河洪水抗争的堵口下埽、筑堤打夯的堤工现场,有鲜明的地域和行业特点,集合多方面的功能。河工在集体劳作时,领号者就是指挥者,他将技术要领传达给每一位劳动者,劳动者在统一指挥下,齐心协力,完成施工步骤。例如堵口下埽,为了"齐挽下埽",领号人高唱"丢这根、拉那根、余下人、挽绳扣""南头,用劲!北头,慢点!"一一指点。众人在"嗨!嗨!"的回应中整齐协调地完成卷埽、搂厢、推笼或推枕等施工。

号子在艰苦的施工环境中,还是鼓舞士气的良剂。抢险需要一鼓作气,工程施工要抢工期,还要保证施工质量。离乡背井的河工们,劳作时或冒雨或头顶烈日。施工关键时刻唱起号子,那有节奏、有规律、跌宕起伏的歌唱,时而高亢,时而低沉,凝聚众人精神,引领众人力量。引领者气势豪放,众人或和声低吟,或诙谐应答,在单调的工地上营造出一片音乐之声。蕴含着丰富的传统文化内涵。

武陟大圣鼓 大圣鼓是一种独特的庙会祭祀鼓乐,也是一种极富地方特色的传统民间音乐。武陟县嘉应观乡西营村内有一座修于清咸丰元年的大圣庙,传说农历三月初三是齐天大圣孙悟空的生日,现每年的这一天,周围数十里的群众会到大圣庙参加庙会庆典活动,并且有剧团助兴演出。大圣鼓是大圣庙会的传统表演,已传承了十一代人。

西营村祭祀河神龙王的鼓乐历史源远流长。大圣鼓是从军营战鼓、祭祀黄河龙王的祭祀鼓乐分流出来,配合齐天大圣的表演特性形成的独特的庙会祭祀鼓乐。大圣鼓场面宏大,惊天动地,无铜器鼓板指挥(据说是为了避讳孙大圣被压五行山500年,故演奏不能动用铜铁乐器),全体鼓手必须集中精神、配合默契,难度极高。大圣鼓仅存在于武陟县西营村,是鼓乐中的"独门绝技"。

整个祭祀过程包括"捆马童""催马童""起马童""划供""采供""上桌立椅""看戏""武当回马""抬回庙中床上"等环节。这其中"马童"是祭

武陟西营大圣鼓

祀活动和祈雨仪式中推出的神秘人物,被奉为神灵,是活动的核心人物,从始到终都左右着整个活动。从大圣鼓诞生起,得到认可的马童只出现了3位,分别是第一任马童王玉宾,又名王才,小名王提溜,西营村王街人,生活在清朝道光年间;第二任马童段自修,西营村三户街人,修建大圣庙的监工,死于清咸丰年间;第三任马童李玉风,又名李千枝,西营李十字人,1960年去世。发生在他们身上的神奇故事至今还在西普村流传。

大圣鼓对鼓手要求极高:一要谙熟鼓谱;二要协调一致;三要精力集中。鼓手必须注意看马童动作神情,将金箍棒当成乐队指挥棒,而且还要求众鼓手齐心协力、动作一致。大圣鼓最大的难点在于有基本鼓谱,但没有整场的固定编排,没有现场指挥,更没有程式化的"叫板"和一套套锣鼓经,全凭鼓手"心领神会",应急变通。

经过100多年的发展,大圣鼓已经非常纯熟、稳定,无论是朝代更迭、还是战事浩劫,西营村人一直坚持口授身传这一传统鼓乐,并从鼓乐文化中表达对美好生活的期盼，寻找和分享着人世间的乐趣。每当有重大的节日活动，大型祭祀庆典的时候，人们把鼓乐演奏起来，以祈求苍天降福、消灾灭祸，为黎民百姓带来风调雨顺的好年景。在很长的一段时间里，大圣鼓乐成为这里的人们祈雨保平安的法宝。

大圣鼓产生在治理黄河的关键地段，两千年来治黄工程从不间断，道教、佛教的祭祀鼓乐源远流长，加上受古代军队战鼓影响很大，所以大圣鼓虽然起于清代，但鼓乐的基本音乐元素却要早得多，是黄河文明的具体体现，具备了更大的文化历史承载。2017年，武陟县嘉应观乡西营村的周三保被河南省文化厅命名为省级非物质文化遗产代表性项目大圣鼓代表性传承人。

青龙宫庙会及祈雨习俗　青龙宫庙会及祈雨习俗是融民间艺术、宗教信仰、物资交流、文化娱乐为一体的传统民俗文化盛会。始建于明永乐年间的青龙宫距今已有约600年历史。据清道光年间的《武陟县志》记载，青龙神在明永乐年间化身为贫困少年，受雇于万花庄高家。适逢大旱，青龙夜间现身行雨，高家感念，以女妻之。后青龙神归隐于云台青龙峡，高女逝后托梦与亲人：凡遭遇旱灾前去求雨，有求必应。高家为龙王奶奶建冢，官府为龙王建庙，香火旺盛。此后，中州大地老百姓为使四季风调雨顺常来祭祀。加上文人墨士碑石纪念，百姓口头相传，久而久之成为今天的庙会。

特 色 饮 食

原阳大米　原阳县自古濒临黄河，地面低于河床6～8米，地下水位过高，土壤瘠薄多沙，饱经沙碱水患蹂躏，成为"冬春白茫茫，夏秋水汪汪，遍地蛤蟆叫，潮碱不打粮"的有名老灾区。历史上曾有改土种稻试验，但均以失败告终。1968年，原阳人民在原武公社53.33公顷土地上再次引黄种稻，获得亩产水稻225千克的好收成。此后不断扩大种植面积，逐步探索出一条"引黄淤灌改土治碱种植水稻，发展优质高效农业"的新路子，使全县水稻种植面积发展到2万多公顷，

原阳大米

年产各种优质大米1亿千克以上。昔日盐碱滩变成稻米乡，原阳被誉为"豫北小江南"。其米粒饱、个圆，蛋白质、脂肪含量较高，极富营养价值。蒸成米饭，洁白如脂，粒粒晶莹，黏而不腻，油润可口。全县还不断引进良种，积极发展经济价值较高的香米、黑米、红米、高蛋白米等特种米，并且大力开展精深加工，生产出彩米、礼品米、免淘米等系列产品。特别是经加工而成的精米，晶莹剔透，丰盈富腴，是米中上品。1990年，曾被指定为北京第十一届亚运会专用食品，1991年获国家"七五"星火科技博览会金奖，1992年在首届中国农业博览会上名列全国87家参展品榜首。2002年10月，原阳大米获得国家工商总局颁发的"原产地证明商标"，成为河南省第一枚获准注册的原产地证明商标，也是全国大米行业第一家。2003年12月24日，国家技术监督总局对原产地实施保护。

四大怀药　河南名贵中药材。它是怀地黄、怀山药、怀菊花、怀牛膝的总称，产于河南省黄河北岸的武陟、博爱、沁阳、修武、温县等地。因古属怀庆府所辖，故名怀药。

怀地黄。又名怀生地，多年生草本植物。《本草纲目》记载"以水浸验之，浮者名天黄，半浮半沉者为人黄，沉者名地黄。"人们都以沉下者为贵，久而久之，遂名为地黄。它原系野生，最早生长于咸阳一带，后传至各地，江、浙、京、津、湘、蜀、皖、鲁等均有产，但最佳者为"怀地黄"。《本草纲目》记载："汇浙壤地黄者，受南方阳气，质虽光润而力微；怀庆府产者，禀北方纯阴，皮有疙瘩而力大。"所以古今中外都以"怀货"为贵。地黄分生地和熟地，《本草纲目》记载："地黄生则大寒，而凉血，血热者需用之。熟则微温，而补肾，血衰者需用之。男子多阴虚。宜用熟地黄。女子多血热，宜用生地黄。"尤其是熟地，药用"填骨髓、长肌肉生精血、补五脏、利耳目、黑须发、通血脉"，确系祛病延年佳品。怀地黄的显著特点是：油性大，柔软、皮细，内为黑褐色并有光泽，味微甜，尤其是断面呈菊花心状。由于水土、气候等自然条件的差异，怀地黄被外地引种后，或药性顿减，或种一两年即退化。怀地黄的选择、炮制规格很严，熟地加工要九蒸九晒，直至内外漆黑、发亮，味微酸甜方成。

怀地黄

怀山药。山药又名薯蓣，原名薯豫。属薯蓣科，为多年生植物。《本草纲目》记载：因避唐代宗名"豫"讳，改薯蓣为薯药，宋朝，宋英宗名"曙"故又改薯药为山药。才有现在山药之名。它形似萝卜，用筷去皮后，肉呈白色，煮熟后糯软味美，块根去皮可入药。加工后呈圆柱形，表面黄白色，光滑，质坚硬，断面白色、粉质，气微甘味酸，嚼之发黏。其原产中国，南北各省均有栽培，尤以怀庆府所产名贵。怀山药又称白山药、怀参，为全国之冠。《神农本草》记载："山药各地均产，以河南怀庆各地产者良。"山药中含有皂碱、黏液质、尿囊素、胆碱、精氨酸、淀粉酶、糖蛋白、维生素C、维生素B等，黏液中含甘露聚糖与植酸。其性味甘平，入肺、脾、肾经，具有健脾止泄、补肺益肾功用，为滋补佳品，素有"怀参"之称。《本草纲目》记载山药："补虚羸，除寒热邪气，补中，益气力，长肌肉，强阴，久服耳目聪明，轻身延年。"

怀山药

怀菊花。怀菊花（又名地薇蒿），为菊科菊属植物，以头状花序供药用。怀菊花内含菊甙、腺嘌呤、胆碱、黄酮类元素。味苦、微甘、性寒、无毒。怀菊花以白菊为药用佳品。怀菊花有疏风散热、清肝明目、祛翳膜止头痛之功能。主治外感风热、疔疮痈肿、高血压等，对金黄色葡萄球菌、β-溶血性链球菌有抑制作用，对治疗心血管病有显著疗效，有显著扩张冠状动脉、增加管脉流量的作用。

怀菊花

怀牛膝。又名牛膝，又称山苋菜、对节菜等，苋科，系多年生草本植物。根呈圈柱形，茎有棱角，节部膨大、状似牛的膝盖，故称牛膝。怀牛膝特点是条子粗壮、明亮，色泽鲜艳，油性多、药效高。李时珍《本草纲目》记载"滋补之功，如牛之力"。它性味苦酸平，主治寒湿痿痹、四肢拘挛、膝痛不可屈伸、伤燃火烂，逐血气老。适宜于沙土和两合土种植。

沙土地牛膝颜色白亮，而垆土地牛膝发黑。牛膝收获时将根茬取出，晒半干后报成小把，按个大小挑选，分头肥、二肥、平条3种，头肥4~6根500克，二肥6~8根500克，平条8~14根500克。挑选后加工炮制、削把晒干、装箱外运。

怀牛膝

延津小麦　延津小麦是延津县特产，是我国地理标志产品。延津属黄河故道区，位于华北黄河冲积平原，属暖温带大陆性季风型气候，日照充足，土壤结构特殊，适合小麦生长。加上井渠配套灌溉工程建设后的便利，以及单纯的农区极少有工业污染源，促成了优质小麦的成长。延津县小麦色泽光亮、味甜、皮薄。贵州茅台集团将延津小麦确定为唯一制曲专用原料，并在延津县建立有机小麦原料基地2万亩。

　　延津县被称为是"中国第一麦"的故乡，曾一举创下全国第一家注册原粮商标、第一船出口食用小麦、第一家创立小麦中介服务组织、第一家制定地方生产标准、第一家实现大宗农作物产业化经营、第一家实现小麦期货经营、冬小麦单产全国第一等7个"全国第一"。延津县被国家质检总局确定为"全国优质强筋小麦品牌创建示范区"。以"延津小麦"为主的"新乡小麦"品牌价值97亿元，荣登2016年我国品牌价值评价榜单。延津县先后被评为"全国小麦全产业链产销衔接试点县""国家优势制种基地县""全省小麦供给侧结构性改革试点县"。

民情风俗

延津小麦生长期

延津小麦成熟收割

红焖羊肉　红焖羊肉起源于中原大地——新乡。红焖羊肉火锅汤浓色重,酥烂不膻,冬天食用,既可享受拥炉欢聚的乐趣,又有滋补健身,生热避寒的功效。红焖羊肉火锅肥而不腻、汤红不辣、原汁原味、纯香不膻。吃起来"上口筋,筋而酥,酥而烂,一口吃到爽"。随之一勺鲜汤入口,顿觉心旷神怡。并以肉嫩、味鲜、汤醇、

红焖羊肉

价廉深受各路食客的好评,很快便风靡牧野,成为名一道豫菜新品。在最鼎盛的1995年,新乡市、郑州市等地甚至出现了"红焖炊烟浩荡处,今日早市没有羊"的奇特景观。

武陟油茶 武陟油茶是武陟县传统特产。成名于2000多年前的秦朝末年,秦代称甘醪膏汤,汉代称膏汤枳壳茶,后简称为油茶。武陟油茶由面粉、花生、芝麻、豆类、果仁等加上多种天然调料精做而成。它味感纯厚、浓而不腻、淡而不寡、制作快捷、食用方便、老少皆宜。在武陟民间,关于油茶的传说随处可闻,妇孺皆知。据历史记载公元前206年楚汉争霸中,刘邦受伤,从荥阳微服出逃,途经黄河避居武德县(今武陟县)老城,寄宿在一位卖枳壳茶的吕氏家中。吕氏以麦粉为糊,加入花生米、胡麻、牛骨髓油等油脂食物,佐以调料和20多种中药香料,精制膏汤,为刘邦调养。3月余刘邦伤愈,精神甚为充沛,大悦,赐以"佳膳出武德,膏汤盛宫筵"赞语。公元前206年刘邦称帝后,在长安思食膏汤不得,即召吕氏入宫,官封五品油茶御师,封油茶为西汉王朝宫廷御膳。唐朝诗人李商隐品食油茶后,曾赋"芳香滋补味津津,一瓯冲出安昌春"(安昌指当时的安昌府,即武陟县大封镇赵庄村前身)的诗句。清朝雍正元年(1723年)六月,黄河溃决武陟县马营，清世宗胤禛御驾亲临武陟，堵口筑坝，当时武陟知县吴立禄特令朱姓名厨为皇帝精制五香稀食油茶，世宗正膳后称赞"怀庆油茶润如酥，山珍海味难比美"。知县随令在武陟开设油茶馆，除御用外，还招待来往文武百官，由此油茶更负盛名。之后不少人为谋生计，竞相外出，身负铜壶盛以油茶，沿街叫卖，使油茶传遍河南、陕西、山西等地，并曾远销南洋各国及非洲。中华人民共和国成立后，党和政府对武陟油茶这一传统食品十分重视，大力扶持个体商贩在全县开设近百家各具特色的油茶摊点。1979年又组织专业人员利用现代科学技术，研制出精致方便的袋装油茶粉。原先品种单一的大众化油茶粉，被高中低档、品种俱全的营养油茶、三珍油茶、黑芝麻油茶、五仁油茶、中老年油茶、儿童油茶等系列产品所取代。

武陟油茶

牛忠喜烧饼 牛忠喜烧饼始创于20世纪80年代,由牛忠喜领头研制,在1980年省名菜名点味小吃展销会上被评为优质产品。1989年10月,获商业部金鼎奖;1990年5月,牛忠喜烧饼店将"牛忠喜烧饼"正式申请在国家工商局注册。1993年,获商业部"中华老字号"称号;1996年1月被河南省消费者协会评为"消费者喜爱的商品";1996年4月,被新乡市政府授予"新乡一绝"称号。牛忠喜烧饼选料严格,操作讲究,在和面、配料、加工、火候等方面都与众不同。牛忠喜烧饼松酥起层,香不腻口,无硬核,冬季可放一个多月仍然香酥而不变味。

牛忠喜烧饼

获嘉饸饹条 获嘉饸饹条为获嘉县传统面食小吃,起源于获嘉,形成于商代,定名于魏晋。相传为周武王伐纣勒兵于此修武练兵时的一种面条类食品。主料是:小麦面粉、盐。制作方法是:面加碱和成面团,充分揉制,而后放进饸饹床里压条入锅煮熟。以高汤炖猪肉或牛肉作卤,加上油炸辣椒,即可食用。20世纪80年代后,由电动机器替代木制人工操作。纯肉饸饹条条筋可口,味道鲜美,老少皆宜。

获嘉饸饹条

卫辉手工空心挂面　已有 400 多年历史,是卫辉市东部乡村的传统面条加工技术,以上乐村乡产量最多,以该乡东板桥村所产质量最佳。传说明万历年间,潞简王朱翊镠分封治藩卫辉时,曾把这种面食作为皇亲国戚的最佳食品列入御膳食谱。

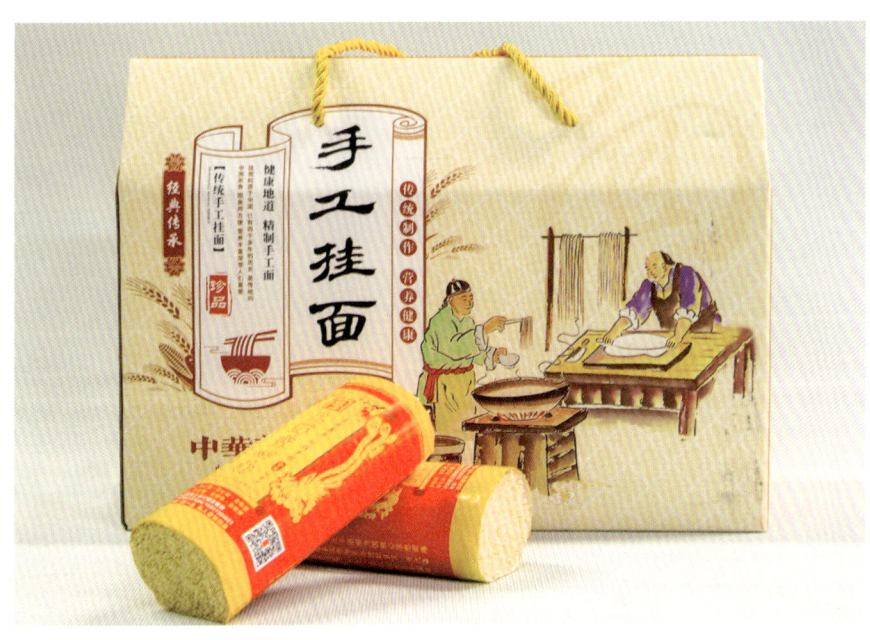

卫辉手工空心挂面

空心挂面为手工制作，传统工艺独特。它的特点是味甘色白，柔嫩可口，面体因经多次发酵而有微孔，故有"茎直中通"之说。煮熟后汤面不混，筋面不浓，咀嚼生津，光滑柔软易消化。为增加其营养成分，在制作过程中又分别加以韭汁、菠菜汁、鸡蛋精、鸡蛋黄、等制成不同的挂面等，满足不同消费者的需求。

道口烧鸡 道口烧鸡为河南省特产。豫北滑县道口镇素有"烧鸡之乡"称号。道口烧鸡具有五味佳、酥香软烂、咸淡适口、肥而不腻的特点。食用时不需刀切，用手一抖骨肉即可分离；无论凉热，食之均余香满口。其创始于顺治十八年（1661年），已有300多年的历史。据《滑县志》记载，在开始的100多年间，生意并不兴隆。到乾隆五十二年（1787年），现代烧鸡大师张存友的先祖张炳，一次在大街闲游，偶遇一位曾在清宫御膳房做过厨师的老友，从此得"要想烧鸡香，八料加老汤"的秘诀。八料为陈皮、肉桂、豆蔻、白芷、丁香、草果、砂仁和良姜8种佐料。张炳按其用法、用量依法烹制，制出的烧鸡果然大有成色。后在长期制作实践中，对严格选鸡、宰杀煺毛、开剖加工、撑鸡造型、油炸烹煮、用汤下料、掌握火候等方面不断进行探索改进，总结出一整套成功的经验。当时张炳烧鸡的

道口烧鸡

"色、香、味、烂"，被世人称为四绝。从此声誉大震，远近闻名，并定铺号名为"义兴张"。此后一代一代既传家珍绝技，又传百年老汤。张存友的祖父张和礼是河南省、滑县政协委员，被尊称为"烧鸡专家"。1955年，他慷慨无私、毫不保留地公开了祖传300余年的绝技秘方。此后道口烧鸡不仅远销京、津、沪、宁，而且销往香港。1981年以后先后获得河南省和商业部颁发的优良产品证书，张存友被授予"特级烧鸡技师"称号。许多国家元首、驻华使节和港澳同胞来河南参观访问、旅游，都要点名品尝道口烧鸡，凡食用者都赞不绝口。滑县食品公司增添现代化设备，营建"义兴张"烧鸡大楼，开辟营业门市部，每年销售量达30万只以上。张存友的同辈和父辈还分别到郑州、洛阳、鹤壁、邢台、西安等地带徒传艺，先后向来自湘、黔、皖、京、津、新等各省（自治区、直辖市）的许多单位传授烧鸡技术。

延津火烧　延津火烧是豫北地区特有的一种地方小吃。延津火烧似烧饼而比烧饼大，像肉盒而比肉盒焦，浑圆如饼，色如紫铜，中间鼓凸，层次分明，素以个大肉多、外焦里嫩、香而不腻、食用方便而备受食客青睐。2013年，延津火烧经新乡市人民政府公布为第三批新乡市市级非物质文化遗产保护项目。

延津火烧

原阳烩面 原阳烩面为河南著名面食,河南各地因为做法以及风俗不同而具有不同的特色。原阳烩面所用汤为各种调料调制的羊肉老汤。面在汤锅中煮熟后盛碗。碗中汤仍为老汤,配以味精、香油、羊肉片、香菜调制而成。上桌后,配有油炸辣椒,由顾客自行取用。原阳烩面不用粉条、鹌鹑蛋、海带等配料,单靠醇浓的羊肉老汤提鲜,以汤肥肉瘦、浓香爽口的风味在"烩面家族"独树一帜。

原阳烩面

附　　录

勘查引黄灌田及济卫工程报告

（耿鸿福、周相伦、孟宪煋）

（摘自黄委存档资料）

一、序言

引黄灌田及济卫工程是经敌人日本帝国主义和汉奸组织为了加强他们对中国人民的封锁、压迫和剥削，在一九四三年开始施工的，经过两年，到了敌人投降的时候，只做了总干渠的一部分。胜利以后，反动派把一切力量集中在内战上，没有把这个工程对于人民的利益作有评价的来完成。黄委会在人民政府的领导之下，照顾到人民的利益，对于引黄问题，曾经加以分析，认为有兴修的必要，并且经中央的指示，为了明确这个工程的具体情况，派了我们三个人会同平原省人民政府水利局吴宏文同志共同来勘查。我们是从十一月一日由开封出发的，二日开始勘查，七日勘毕，并和平原省水利局秦主任秘书交换意见，完成任务。八日由新乡回开封。现在把我们所了解的情况叙述在下面。

二、具体情况

（1）引水渠首。原来的引水渠口在京汉路黄河铁桥上游北岸，距桥约有八〇〇公尺，是在河岸上开了一个敞口，宽约三〇公尺。这个口是临时引水用的，在这个口的下游距桥约有四〇〇公尺的地方，是正式渠口的所在地。原计划预备做一个水闸。这个闸塘已经挖开，作凸字形，长和宽都有三〇公尺左右。现在还存有水，水深没有探测，估计最深的地方有二点五公尺。塘边的土坡已经有一部分坍塌，混凝土闸基工程还没有施工，闸口河边已露出浅滩，黄河大溜三分之二在北，三分之一在南，水面高程，因找不到标准高，没能够观测引水渠口附近的形势。

（2）总干渠渠道。渠道从河道临时渠口起和京汉路平行向北走，在距离渠口三公里多的老田庵车站以北约五〇〇公尺的地方，穿过京汉路，再沿铁路向北，在距渠口约九公里的地方，到张菜园村穿过黄河大堤，这里有一段套堤。在这大堤和套堤之间的有两平方公里的地面，作为沉沙地方，在套堤上作一个跌水口门，再顺着铁道向北到小冀镇（现在新乡县人民政府在此地）稍向东偏在新乡市城东关接到卫河。渠道全长约五二公里，原来底宽一五公尺，现在渠道大致完整，只是渠岸有些坍塌之处，渠底落淤。将来恢复土渠还不甚费工。

（3）已成建筑物。有一个渠闸和四个跌水。

（子）渠闸。

在黄河大堤上，五孔每孔三公尺宽，三公尺高洞是半圆拱式的石座。混凝土涵（石旋）洞长二四公尺，闸底至闸顶高六点四公尺，一九四五年四月完成的。现在全闸还完整，能够使用。闸门用木板做成的，已经损坏，提门的门杠都坏了。闸前因为防备黄河灌水，用土填讫。闸底淤泥四公尺厚。

（丑）跌水　总干渠上共有四座。

第一号跌水在黄河套堤上，三口，每口宽二公尺。口门兼有闸门的用处，大都用混凝土造成的，上下游户岸砌石修筑的。上下游跌差二点五公尺，下游护底还有莱克白（Rekbock）消力拦一道，一九四五年完成的。前年因为套堤里由渠道串来河水，把地淹了。水经跌水口流不回去，被当地民众将上游护底和跌水墙炸毁，使水浅。大幅度冲刷左岸护岸下部也被毁坏了，将来修补比较费工。

第二号跌水在京汉铁路忠义车站东边，也是三口，每口也是两公尺宽。跌水墙墩都是混凝土造成的，很完整。护岸全是砌石的，上下游跌差约一点六公尺。

上游护坡毁一部分，下游护坡全部毁坏。

第三号跌水在小冀镇东北。口门与式样与第二号跌水相同，跌差二公尺，全部很完整。

第四号跌水在新乡东关，卫河的河边。一道堰口，没有墩子，堰口宽一〇公尺，跌差二点六公尺。勘查时下游已经落淤。上下渠底相差只有一公尺，堰口两边堰墙用混凝土造成的，护岸用砖砌成的，全部工程还完整。

第一、第二、第三，三个跌水口上，原来都有木桥，都已经损毁。

（4）灌溉区域。总干渠从南到北微向东偏，和京汉铁路相并行，把灌溉区分为两个区域。一个在东，一个在西。

（一）西边从忠义车站以南，第二号跌水分出水来，越过铁路便可以浇地。看过的地方，经尹寨向北，过南吴，罗其营，甫马，越过道清铁路，至永康，在这道线以东，和卫河以南，除了极少数的土地不能灌溉外，大部都能够浇灌。约计可灌面积有三十万亩。如果再向西开展，还可增加一部分土地。南吴一系沙土，微有起碱现象。程孝一带，因地势低下，有积水，砂量很多。道清铁路以北在永康以西地势很高，永康到合河镇一带，地势稍有起伏，合河以东地势平坦，土质也很好，宜于灌溉。

（二）东边从田庄第三号跌水以上分出水来，向东经过朗公庙，关堤，李胡寨到汲县城边，这个区域有二十多万亩地，在这个区域的南边，是黄河故道。有一道废堤，废堤以南有二三公里宽一条地带，土质很好，也可以灌溉。在田庄以东，废堤以北，有一部分洼地，起碱现象比较严重。主要的是水排不利。但大部分的土地还很好，都适宜于灌溉。

以上两个区域，主要要的农作物是麦和棉。一般的产量，旱地每年每亩可收麦七至八市斗，秋什可收六至七市斗，棉花可收三十至四十市斤。

（5）卫河河道和航运。因为勘查全部灌溉区域，所以没有顺着河边走，只重点看了几处。在合河镇和新乡所看到的河道情形都差不多，一般的情况是河湾甚多，河槽比较有规律。在转弯的地方，凹岸坡陡，凸岸坡坦，没有洪水和低水河槽之分。勘查时（一九四六年十一月六日）在新乡附近河面边约二〇公尺，水深自一点五至二点七公尺，河面最大流速约〇点八秒公尺，估计流量约有十八秒公尺方。至于全河的河道情况，因没找到参考资料，还不了解。

关于卫河现在的航运情况，只了解了一部分。水运的船只都是木船，大小不等，有的载重几十斤几万斤，有的还能达到二三十万斤。小的船都是一节的，大的船是两节的。船身长短、宽窄也随船的大小而决定。载重十万斤的船宽约一丈，长约十丈。载二十万斤的船，宽约一丈三四，长约十二三丈，一般的吃水深都在三尺到四尺。中水时期，上行的船从天津到新乡需要一个月以上（三十到四十天），下行的船从新乡到天津，需要二十天左右，一次往返需要两个月。冬冻期，间停航约三个月。载运的货物，往天津运的有煤、棉花为大宗。往新乡运的有盐、火柴、什货为大宗。

三、总结

（一）引黄的目的是在于灌田和济卫。照这次勘查所了解的情况，认为两者兼顾是有利益和需要的。这一点经和平原省水利局秦主任秘书代表平原省人民政府交换意见，他说平原省的要求也是灌田和济卫并重的。并且希望从速施工，及早完成。

（二）根据我们（治理黄河初步意见）的规划和平原省所提出来的从速施工，及早完成的要求，认为现在应该赶快着手测量。测量的目标有两方面，一方面是关于灌溉上的，要测量的地形包括引水地点附近地区，沉沙地区和灌溉区域；另一方面是关于航运上的，需要测量卫河河道平面和纵横断面，不过卫河全河的情况还不甚了解。最好先勘查一次，以后再作测量计划。关于卫河水文的测验也要回复（在查勘时已经向平原省水利局建议在新乡市卫河边即时设立水尺，从事观测），以便作计划时的参考。

（三）关于引水地位和水位问题，因为了解到的情况还不够，必须等待测量以后才能做进一步的研究。原来拟定的引水地点附近，河边已经露出浅滩，将来引水地点还有考虑的必要。再者更要顾虑到京汉路黄河桥改建时拟选定的地位，应事先取得联系了解情况。至于引水水位问题，根据以往秦场水文站的水位记录，在一九三四年一月最低为九二点三五。按照以前的计划，引水口闸底高程为九〇点六三二。渠口的水深还有一点七二公尺。如果将来渠道内计划水深为二点〇公尺，则相差无几，而枯水位时期补偿，有多半不在灌溉季节，所以引水当不成问题。

（四）关于沉砂池地位问题。原拟在套堤以内的一段，据查勘了解的情况，套堤以内地势并不很低，将来在沉沙方面也不会发生多大效用。而在套堤以东一带洼地，因为地势起伏，幅面不宽，容量恐也有限，不过还需要将地形测出再作研究。

（五）关于泥沙处理问题。因为沉砂池地位和条件不一定很能合乎要求，所以联系到泥沙处理的问题。如果不能适当地解决，对于引水灌田和济卫都有很大的影响。甚至于可能使全部工程归于无用。这个问题要详加研究，在将来设计时要特别注意。

（六）关于灌溉洗碱。照所勘查过的地区来说，在京汉铁路两侧的土地，一般的都需要灌溉。按照全面地形来论，可能灌溉面积很广，如果预计引用四〇秒公尺方的水量，全都用在灌田上也是可能的，不过为了调剂卫河的航运，这个灌溉的区域就要有了限制。根据本会治理黄河初步意见上所拟定的，并经华北人民政府同意的规划，引用水量是四〇秒公方。究竟多少水量用到灌田，多少水量用到济卫航运，这个问题还要加以研究。因为卫河河道和水运的情况还不了解，而将来航运上的具体要求还没决定，所以必须再作进一步的了解才能确定。关于洗碱问题也是值得注意的。因为在现在计划灌溉的地区里，已经有一部分发生起碱现象。将来在排水、输水、洗碱上都要特别注意，洼地路沟也要尽量利用。

（七）关于卫河航运。前面已经说过关于这一方面的情况还了解得不够，应当先做河道测量和运输的调查，而后才能做适当的计划。据一九三四年至一九三六年间的水文观测，在新乡附近，卫河最低流量竟有小于一秒公方者，但为时甚暂。一般说来，在春季流量最低还能有三秒公方左右。初夏的时候有时水量最低，但日期并不长。秋季水是比较大，冬季有十秒公方左右。雨在汲县以下淇河汇入以后，水量都在三秒公方以上。所以估计卫河在新乡附近的有效水量，最低也可按三秒公方来计算。假若从黄河引入十七秒公方的水量,将来航行二百吨的汽船是不成问题的。照共同纲领经济政策,城乡互助的条件下,这个济卫航运的目的也是很重要的。关于卫河水道运输的情况,已经向平原省水利局提出,让他们就近调查和我们机关取得联系。

总括以上七项来看,引黄灌田及济卫工程是合乎经济发展的要求,在工程和技术上虽然还存在着许多困难,但是能克服的。所以这个工程有继续完成的必要。

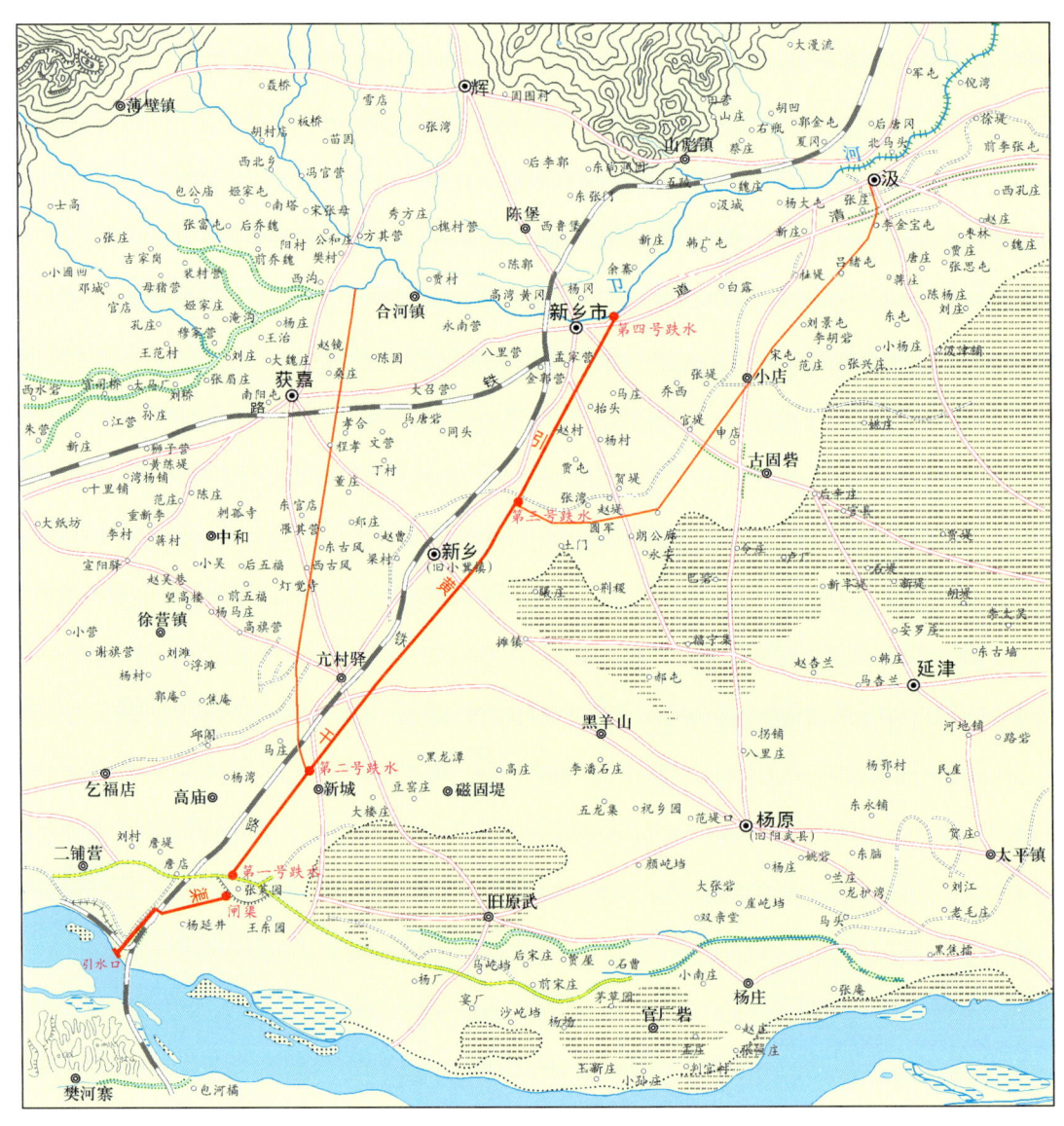

引黄灌溉及济卫工程区域图

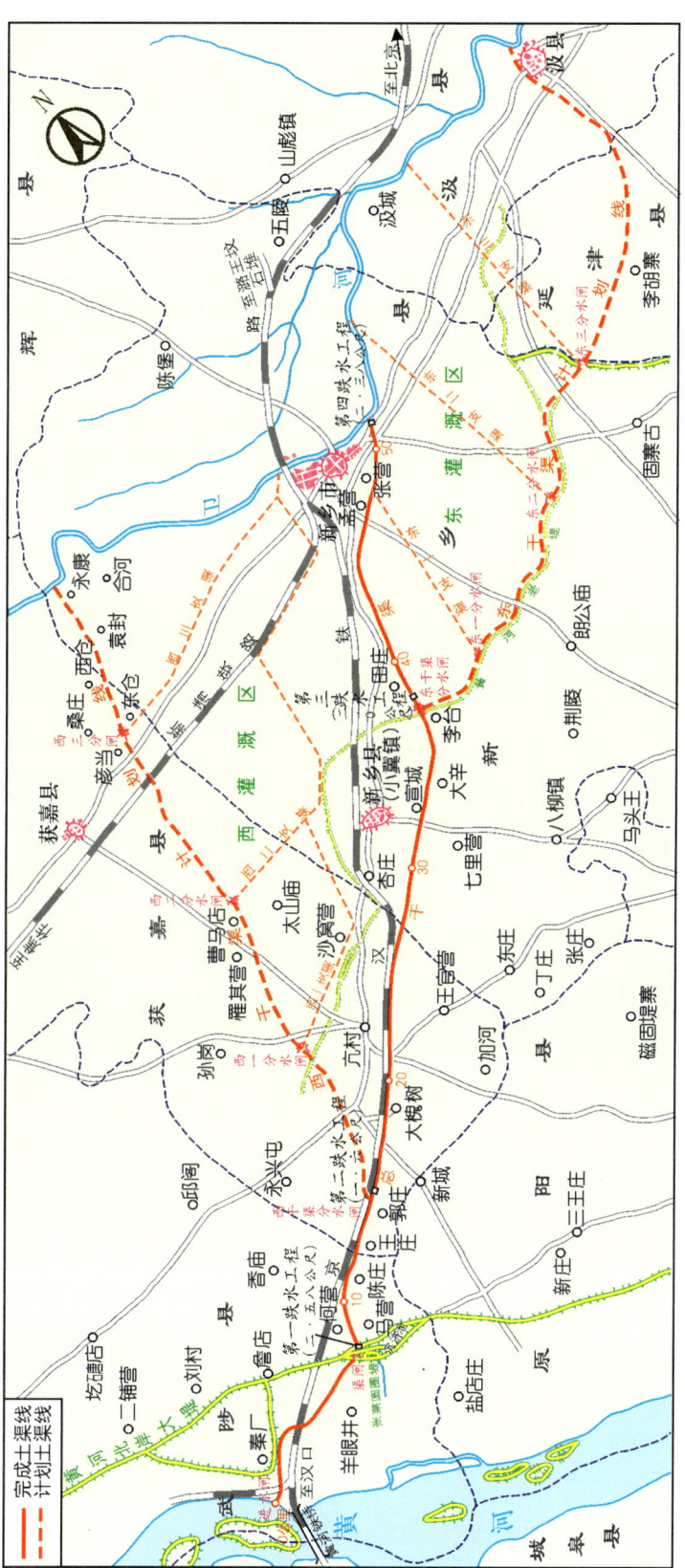

引黄灌溉济卫工程布置图

附录

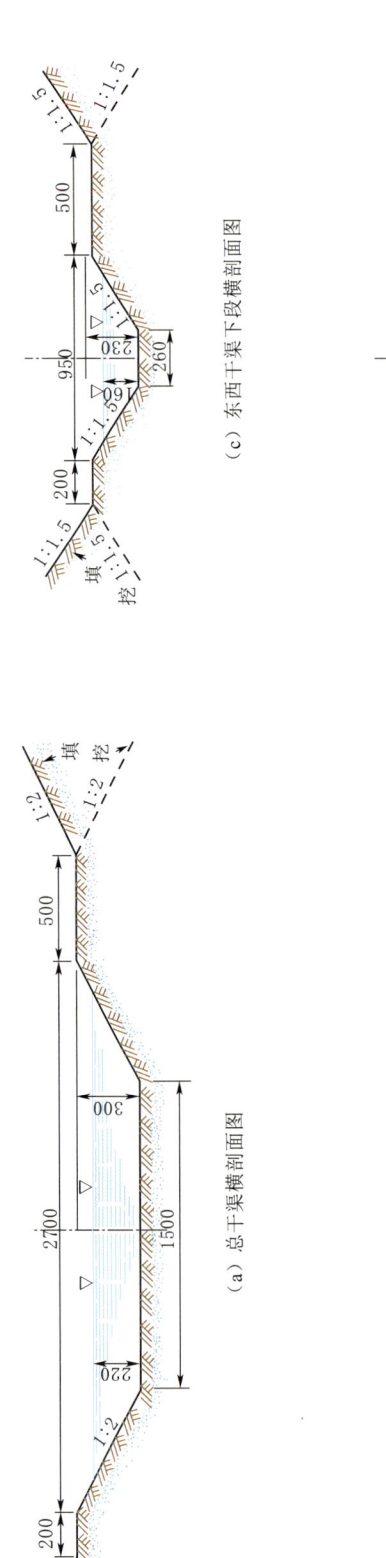

引黄灌溉济卫工程干支渠标准横剖面图（单位：厘米）

引黄灌溉济卫第一期工程胜利完成
人民胜利渠已经正式放水

1952年4月17日《人民日报》第二版刊文：《引黄灌溉济卫第一期工程胜利完成"人民胜利渠"已经正式放水》记载：

黄河下游"引黄灌溉济卫"的第一期工程已经基本完成。4月10日，工程处在渠首举行了放水典礼，把这条渠道正式命名为"人民胜利渠"。参加典礼的有平原省人民政府副主席罗玉川和中央水利部、山东省、河南省水利部门及平原省水利局、河务局等机关的代表三十九人，有来自新乡、获嘉、汲县、原阳、延津的灌溉区农民代表一百八十一人。

这个工程是在1950年秋开始设计的，1951年3月开始局部动工，9月工程全面展开到年底第一期工程基本完成，现在已可灌溉新乡、获嘉的二十三万亩农田。第二期工程正在修建，到明年六月底全部完成后，至少可灌溉新乡、获嘉、汲县、原阳、延津、博爱、武陟等区的八十六万亩农田。引水济卫之后，并可保证卫河当年（冰冻期除外）通航二百吨的轮船。四个跌水工程（在河水往下流时，忽然下面地形低的很多，在这里就必须用坚固的材料建筑工程，这就叫跌水。它的作用是为了减少水的冲力和速度，保护河床），均可供发电之用。

在放水典礼大会上，平原省人民政府副主席罗玉川、引黄灌溉济卫工程处副处长韩培诚及灌溉区农民代表、各机关来宾都讲了话。罗玉川副主席在讲话中指出："人民胜利渠"的重要意义概括起来有三点：一是巨大的水利工程只有在人民革命胜利之后才有修建的可能。过去日寇为了掠夺人民财产和从天津运送武器，也曾经动手挖通"小黄河"，遭到了人民的激烈反对，未能完成。日本投降后，腐败的国民党根本就没想到办对人民有利的事。只有在共产党毛主席领导下才能够完成这样与人民有利的伟大工程。二是这一工程的成功，是人民变黄河为利河的开端。今后在黄河下游将更多地发展水利，使我们沿黄区人民的生活一天一天地好起来。三是引黄灌溉后，农业生产会发生许多变化，可以用黄河水把沙碱地慢慢地变成好地，过去生产靠天下雨，不能按时收种，今后就可以有计划地适时播种了。他号召所有灌溉区农民克服自私保守思想，大家的渠大家来保护，把灌溉区的组织机构迅速建立起来，抓好渠道管理工作，召开灌溉区代表会议实行民主管理。

接着，灌溉区农民代表报告农民看到引黄灌溉的欢呼、愉快情形，和保证看护、管理渠道的决心。获嘉县四区亢村代表杨贵仁说："开始挖渠时群众说：黄河是没有良心的水，要是扒开口管不好，啥就淹没了。当看到黄河水平稳地流过来后，群众又说：在共产党毛主席领导下黄河也老实了，我们一定要像照顾父母一样地来照顾渠道。"

中午12时，在渠首闸上举行了剪彩礼。罗玉川副主席亲自剪彩后，闸门提起了，滚滚的黄河水通过闸门涌入总干渠。这时所有到场观礼的代表，特别是农民代表们，亲眼看到人民的巨大工程胜利成功，一向被喻为"洪水猛兽"一般的黄河水，第一次在人民控制下，开始驯服起来，人们都欢呼不止。

人民胜利渠开灌日期考证

人民胜利渠是新中国成立后在黄河中下游兴建的第一个大型引黄灌溉工程，备受各级水利部门的关注。长期以来，一直把1952年4月12日作为人民胜利渠灌区的开灌日期。在这次编志过程中，经深入考证，发现开灌日期应为1952年4月10日。证据材料如下。

1.《人民日报》的报道

1952年4月17日《人民日报》第二版刊载2篇报道，一篇为《人民胜利渠已经正式放水》，另一篇为《引黄灌溉区中的一个农村——王官营》。在《人民胜利渠已经正式放水》中记载："黄河下游'引黄灌溉济卫'的第一期工程已经基本完成。4月10日，工程处在渠首举行了放水典礼，把这条渠道正式命名为'人民胜利渠'"。在《引黄灌溉区中的一个农村——王官营》中记载："引黄灌溉的'人民胜利渠'4月10日放水了"。

2.书籍《引黄灌溉济卫管理工作介绍》中的照片

《引黄灌溉济卫管理工作介绍》是人民胜利渠早期专管机构——河南省引黄灌溉济卫管理局编印的一本书。该书对了解、认识人民胜利渠早期发展史具有重要意义，是一篇重要文献。该书未注明编印时间，但从内容上看，应该在1958—1963年。书中第3页附有一张人民胜利渠举行放水典礼的照片，照片下有一行文字说明："1952年4月10日人民胜利渠渠首闸落成，前平原省人民政府罗玉川副主席剪彩，开始放水"。

以上两份材料具有权威性、早期性，由此确定人民胜利渠开灌日期为1952年4月10日。

参 考 文 献

［1］ 牛立峰，刘好智.人民胜利渠引黄灌溉三十年［M］.北京：水利电力出版社，1987.

［2］ 河南省人民胜利渠管理局.人民胜利渠引黄灌溉50年［M］.郑州：黄河水利出版社，2002.

［3］ 新乡市水利局.新乡市水利志［M］.郑州：黄河水利出版社，2005.

［4］ 河南省新乡县水利志编纂办公室.新乡县水利志［M］.香港：香港新风出版社，2002.

［5］ 延津县志编纂委员会.延津县志［M］.北京：生活·读书·新知三联书店，1991.

［6］ 杨惠淑.河南历代治水人物［M］.郑州：中州古籍出版社，2015.

［7］ 卫辉市地方史志编纂委员会.卫辉市志［M］.北京：生活·读书·新知三联书店，1993.

［8］ 卫辉市地方史志编纂委员会.卫辉市志［M］.郑州：中州古籍出版社，2008.

［9］ 原阳县地方史志编纂委员会.原阳县志（1986—2000）［M］.郑州：中州古籍出版社，2010.

［10］获嘉县志编纂委员会.获嘉县志［M］.北京：生活·读书·新知三联书店，1991.

［11］获嘉县地方史志编纂委员会.获嘉县志［M］.郑州：中州古籍出版社，2008.

［12］《河南省水利志》编纂委员会.河南省水利志［M］.郑州：河南人民出版社，2017.

［13］河南省地方史志办公室.河南通鉴［M］.郑州：中州古籍出版社，2001.

［14］邓本章.中原文化大典［M］.郑州：中州古籍出版社，2008.

［15］王晓梅.薪火传承［M］.郑州：黄河水利出版社，2016.

［16］河南省地方史志编纂委员会.河南省志（1978—2000）［M］.郑州：中州古籍出版社，2019.

［17］河南省地方史志办公室.历代诗人咏河南［M］.郑州：中州古籍出版社，2019.

编 纂 始 末

人民胜利渠管理局早就想编纂一本志书。在1987年曾编过《人民胜利渠引黄灌溉三十年》，由水利电力出版社出版；在2002年曾编过《人民胜利渠引黄灌溉50年》，由黄河水利出版社出版，这两本书，只是对人民胜利渠引黄灌溉三十年、五十年的简要总结，远非完全意义上的志书。2011年，打算编纂一部标准的《人民胜利渠志》，记录人民胜利渠60年的发展历程。做了一些资料收集、整理和编写工作，后来由于种种原因而搁浅。

2020年年底，开始酝酿重启《人民胜利渠志》的编纂工作。2021年年初，决定重启编纂，列为单位年度重点工作，拟用一年多的时间完成编纂并出版，作为献礼献给人民胜利渠开灌暨毛主席视察70周年。

2021年2月，正式启动志书编纂工作，成立《人民胜利渠志》编纂工作委员会，加强志书编纂工作的领导，委员会下设办公室，负责日常工作，由从各部门抽调的有一定文字功底的同志组成。同月，制定编纂工作方案并组织实施。

3月底，完成《人民胜利渠志》篇目大纲。4月10日，组织专家对《人民胜利渠志》篇目大纲进行评审，专家一致认为：《人民胜利渠志》篇目设置合理、归属得当、体裁完备、特色鲜明，符合志书篇目编纂规范。根据专家意见修改后，可以作为编纂工作的依据。同月经中国名水志文化工程学术委员会评议审定，《人民胜利渠志》首批入选"中国名水志"。

4月，依据大纲分解任务，组织各单位、各科室和个人提供资料，分类整理保存，形成资料长编。

4月10日，形成编纂初稿。其间，各科室及局属各单位结合篇目进行对口落实撰写，形成草稿，经科室和局属单位负责人审查后，交编委会办公室对口工作人员，由其按志书要求进行严格把关，再交编委会办公室分管副主任进行审核，之后交局分管领导审核，局分管领导审核后由编委会办公室形成初稿。

3月30日，由志书编纂委员会进行二审，修改后形成二审稿。5月10日，提交特邀专家对二审稿进行三审，修改后形成终审稿。经河南省江河水利志工作机构同意，提交中国水利水电出版社审稿，根据出版社意见进行修改完善，于7月25日，提交水利部江河水利志工作指导委员会审查，2022年7月31日，经中国名水志文化工程学术委员会评议审定，认为：①作为首批"中国名水志文化工程"的《人民胜利渠志》，编纂指导思想正确，全面、系统、客观地记述了人民胜利渠建设、发展历程，突出反映了中华人民共和国成立以来引黄灌溉及其跨流域调水的实践与成就，记述了所在区域的河流山川、人文景观，彰显了名水的历史渊源和"名""特"属性。②《人民胜利渠志》纲目设置合理，资料翔实，图文并茂，内容丰富，层次清晰，行文严谨，符合中国名水志编纂要求，提交中国水利水电出版社。前前后后，领导、专家对《人民胜利渠志》提出的修改意见成百上千条，我们力争做到一条不放过，仔细研究，认真修改，加班加点，几乎成常态，其中甘苦，唯有自知。编纂过程，让我们深深体会到这么一个道理：志书是反复修改出来的。

在本志书编写过程中，还专门邀请在人民胜利渠工作过的老领导、老同志座谈，重点了解灌区初期基层管理组织及运作情况、灌区管理委员会召开情况、水费征收、盐碱地治理、泥沙治理、东三干渠扩建与渠系布置、沉砂池建设管理情况，等等，使得志书内容更加丰富、可信。

在资料收集工作中，黄河水利委员会、河南省水利宣传中心、新乡市水利局、新乡市档案局、新乡市档案馆、新乡市统计局、国家统计局新乡调查队、新乡县人民政府史志办公室及水利局、原阳县人民政府史志办及水利局、延津县人民政府史志办及水利局、卫辉市人民政府史志办及水利局、获嘉县人民政府史志办及水利局、修武县人民政府史志办及水利局、武陟县人民政府史志办及水利局、滑县水利局等单位给予大力支持。

在此，对上述指导、帮助、支持《人民胜利渠志》编纂工作的单位和同志们致以诚挚的感谢。

编者
2022年8月8日

索　　引

A

爱新觉罗·胤禛 ··· 297

B

避污工程 ··· 93
补源 ·· 185
百泉 ·· 322
碑文 ·· 336

C

沉沙池 ·· 135
长虹渠 ·· 141
城市供水 ·· 181
次生盐碱化 ·· 211
曹操 ·· 295
陈鹏年 ·· 296
船城 ·· 332

D

地质地貌 ··· 58
东一干渠 ·· 108
东二干渠 ·· 109
东三干渠 ·· 110
东四干渠 ·· 113
东五干渠 ·· 113
电站 ·· 131
东孟姜女河 ·· 139
大狮涝河 ·· 142
地下水 ·· 185

375

渡河词碑…………………………………………………………………………325
大圣鼓……………………………………………………………………………345

F

风景区……………………………………………………………………………246
傅作义……………………………………………………………………………300

G

古道………………………………………………………………………………67
工程………………………………………………………………………………86
固定泵站…………………………………………………………………………98
干渠………………………………………………………………………………106
共产主义闸………………………………………………………………………123
共产主义渠………………………………………………………………………137
供水………………………………………………………………………………151
灌溉制度…………………………………………………………………………199
灌区代表大会……………………………………………………………………274
管理委员会………………………………………………………………………275
古阳堤……………………………………………………………………………319
共工………………………………………………………………………………332

H

环境………………………………………………………………………………58
黄河………………………………………………………………………………65
黄河大堤闸………………………………………………………………………123
耗水量试验………………………………………………………………………196
河广………………………………………………………………………………335
黄河号子…………………………………………………………………………344
红焖羊肉…………………………………………………………………………353
饸饹条……………………………………………………………………………356
火烧………………………………………………………………………………359
烩面………………………………………………………………………………360

J

交通………………………………………………………………………………63
建筑物……………………………………………………………………………119
计划用水…………………………………………………………………………152
井渠结合…………………………………………………………………………166

济卫济津	172
节水灌溉技术	202
节水改造研究	226
交流	240
机构	260
江泽民	300
纪念碑	307
建设指挥部	307
计划用水起始地	318
嘉应观	328

K

| 科研成果 | 235 |
| 空心挂面 | 357 |

L

量测水	148
李廷然	283
李修印	283
李世军	284
卢凤民	284
玲珑塔	324
柳毅	334

M

马诚谦	280
马荣茂	283
毛泽东	298
妙乐寺塔	323
孟姜女	333

N

南分干渠	114
泥沙处理工程	135
农业灌溉	151
泥沙处理技术	221
牛立峰	281
农事民谚	344

P

排水 137

彭以忠 283

Q

区域经济 62

沁河水系 70

渠首泵站 97

渠道工程 99

渠首闸 119

渠井汇流 168

屈存兴 282

气象民谚 343

青龙宫 347

R

荣誉 258

S

水文气象 60

水旱灾害 60

水系 65

水源工程 86

水毁工程 96

水环境 145

水量测算 182

水价 189

水稻 202

输沙至田间 223

水稻旱种 232

苏志高 282

森林公园 330

四大怀药 348

烧饼 356

烧鸡 358

T

天然文岩渠 72

桃花峪……92
提灌……170
调蓄……188

W

卫河……72
王堤枢纽……133
文岩渠……141
吴卫梁……283
王卫民……284
王东……285
王化云……302
卫源庙……327
卫水咏……335
武陟油茶……354

X

西汉故道……67
现代河道……69
西一干渠……106
新磁干渠……110
西三干渠……112
西二干渠……114
西孟姜女河……140
信息化……143
宣传……245
休息室……305
休息室广场……312

Y

禹河故道……67
引水渠……87
移动泵站……97
用水计划……154
用水管理制度……156
盐碱地改良……205
用水户协会……277
杨传彬……285

杨广	296
御坝石碑	325
原阳大米	347
延津小麦	352

Z

政区及沿革	61
总干渠	100
支渠	117
张菜园闸	123
指挥系统	146
自动化量测水	160
自流灌溉	161
赵金盈	282
左奎孟	284
专业技术人员	291
展览馆	309
展览馆广场	313
张良渡	321
自然保护区	331